進化生態学最前線:生物の不思議を解く

生き物の進化ゲーム
大改訂版

酒井　聡樹
高田　壮則
東樹　宏和　著

共立出版

まえがき

　生き物の姿形や振る舞いを見て，「なぜだろう」と不思議に思ったことはないだろうか？　たとえば，多くの魚のように外見では雌雄の区別がつきにくいものもあれば，鳥のなかには，別種の生き物に思えるほど雌雄で外見が違うものもある．動物というと，雄と雌が別個体なのが当たり前に思えるが，植物では，雄しべと雌しべの両方がある花を持つ個体—雌雄を兼ね備えている個体—が普通である．自分の子に対する愛情は生物に普遍的なはずなのに，働きバチや働きアリは自分の子を産まずに，女王が産んだ子の養育に生涯を捧げる．カバのけんかは，口を開けて牙を見せあうだけで勝敗がついてしまう．負けたものは，そんな見せあいでなぜ納得するのであろう？

　こうした生き物の不思議さは，長い進化の歴史を経て生まれてきたものである．そしてその不思議さが進化した背景には，きっと何らかの合理的な理由があるのだ．本書は，生き物の不思議さがなぜ進化したのか，その理由を探る本である．とはいっても，進化の歴史を遡って生き物の不思議さの起源を探るわけではない．また，分子生物学的な手法を用いて遺伝子の暗号を解読するわけでもない．この本で紹介するのは，進化生態学・行動生態学とよばれる学問分野の研究成果である．簡単にいうなら，「生き物がうまく適応している」という視点から生き物の不思議さが進化した理由を探る本である．

　第1章ではまず，進化が起きる仕組みを解説する．この章に登場する自然淘汰説は，本書全体を通して，生き物の不思議さを解き明かすための根本的な拠り所となるものである．そして第2, 3章では，自然淘汰説に基づいて生き物の不思議さを解き明かすための2つの理論—最適戦略論とゲーム理論—を紹介する．特に明示していなくても，この2つの理論のどちらかが，第4章以降において生き物の不思議さを解き明かすための道具となっている．第4章以降には，生き物のさまざまな不思議さが登場する．

登場するのは，みなさんにとっても身近に感じることができる話題ばかりである．これは，身近な話題を選んだというよりも，「身近なものほど不思議」という法則が生物の進化にはある（？）からである．そしてその不思議さがなぜ進化したのかを，種の違い，ときには動物植物の違いを越えて，できるだけ統一的に理解することを目指していこう．本書を読んで，今までとは違った視点で生き物の不思議さを見るようになっていただけたとしたら，それは執筆者一同にとって大きな喜びである．

本書は，生き物に関する読み物として，一般の読者に楽しんでいただくために書かれている．そのため，生物学の知識が無くても理解できるように配慮している．章によっては多少の数式が登場するが，いずれもごく基本的なものである．また，大学1，2年生向けの講義の教科書にもなる．1つの章を1回の講義とすれば，半期15回の講義で本書の内容を終えることができる．

大改訂版に向けて

本書の初版が発行されたのは1999年の9月であった．いつしか，十数年の年月が流れてしまった．その間に，進化生態学・行動生態学の分野も大きく発展した．そこで，この間の発展を盛り込んだ大改訂版を発行することにした．いや，大改訂版というよりも，大幅に書き替えた新版といってよいだろう．それほどに，初版の内容から大きく変わっている．

以下に，改訂した章をまとめておく．

新しく加えた章：第7，9，11，12，13，14，15章
大きく書き替えた章：第4，5，10章

大改訂版では，著者の一人も入れ替わった．近　雅博さんにかわり東樹宏和が加わったのだ．近さんは今現在，生態学の研究から離れ，別の分野にてご活躍中である．そこで東樹が加わることになった．

最後に，各章の担当を紹介しておく．第1，2，4，9，10，11，12章の全部と第5章4，5節を酒井が，第3，6，8，13章の全部と第5章1〜3節を高田が，第7，14，15章の全部を東樹が担当した．ただし，内容につい

てお互いに十分議論を尽くしているので，どの章も三人の共著といえるものである．

酒井聡樹・高田壮則・東樹宏和

もくじ

第1章　ダーウィンの自然淘汰説　　1
1.1　「なぜ？」には4つの答え方がある ………… 1
1.2　ダーウィンの自然淘汰説 ………… 2
1.3　種にとって有利な性質が進化するのか？ ………… 9

第2章　最適資源投資戦略　　13
2.1　開放花と閉鎖花への資源投資 ………… 13
2.2　最適な卵の大きさ ………… 19
2.3　時間的な資源投資 ………… 21

第3章　進化的に安定な戦略（ESS）　　24
3.1　進化的に安定な戦略 ………… 25
3.2　タカ対ハトのゲーム ………… 29
3.3　混合戦略 ………… 33
3.4　進化的に安定な状態 ………… 35
3.5　ゲームの帰結 ………… 38

第4章　性比のゲーム　　40
4.1　なぜ，雄と雌の数の比は1対1なのか？ ………… 40
4.2　1対1から偏った性比 ………… 46

第5章　利他行動の進化　　54
5.1　社会性昆虫の生活史と利他行動 ………… 55
5.2　社会性昆虫の半倍数性 ………… 56
5.3　包括適応度 ………… 59
5.4　ポリシング ………… 62

	5.5	人間社会における強い互恵性 ································· *65*

第6章　親と子の対立　　69
- 6.1　利害の食い違いの原因 ······································ *70*
- 6.2　親の最適エネルギー投資量と子の要求エネルギー量 ······ *72*
- 6.3　種皮を通した争い ··· *75*

第7章　共進化　　78
- 7.1　軍拡競争：始まったらなかなか止められない共進化 ····· *79*
- 7.2　相利共生：助け合う生物たち ······························ *83*
- 7.3　共進化の力学 ·· *90*

第8章　時間的に変動する環境への適応　　97
- 8.1　簡単な思考実験：2つのタイプの種子の生産 ············· *98*
- 8.2　生存率のばらつきと混合割合 ····························· *102*
- 8.3　最適な混合割合の意味 ···································· *105*
- 8.4　種子休眠 ·· *107*

第9章　性的対立　　111
- 9.1　「浮気」が普通：性的対立の背景にあるもの ············ *111*
- 9.2　なぜ，複数個体と交尾するのか ·························· *113*
- 9.3　性的対立 ·· *120*
- 9.4　植物における性的対立 ···································· *126*

第10章　植物における性表現　　131
- 10.1　なぜ，雌雄同株植物が多いのか？ ······················ *131*
- 10.2　自殖のもたらすもの ······································ *132*
- 10.3　さまざまな性表現の進化 ································ *139*

第11章　花のジレンマ　　150
- 11.1　訪花者の誘引 ·· *150*

	11.2	花のジレンマ	152
	11.3	花のジレンマの軽減	160

第12章　訪花動物の行動　168
- 12.1　採餌経験がないときの戦略 … 169
- 12.2　採餌経験をつんでからの戦略 … 176
- 12.3　認知的な制約 … 181

第13章　葉っぱの寿命　187
- 13.1　最適戦略理論 … 188
- 13.2　重要なパラメーターと葉寿命の関係 … 191
- 13.3　目的関数 … 192
- 13.4　コストベネフィットモデル … 195
- 13.5　好適期間が変化するとどうなるか？ … 202
- 13.6　葉寿命研究のその後 … 205

第14章　生物の多様性と絶滅　207
- 14.1　なぜ生物は多様なのか？ … 207
- 14.2　系統樹で読み解く生物の進化 … 214
- 14.3　進化の袋小路と絶滅 … 220
- 14.4　大量絶滅 … 225

第15章　ヒトが歩む進化の道　228
- 15.1　ヒトらしさとは？ … 229
- 15.2　進化と人間心理 … 234
- 15.3　世界史を動かす力 … 237
- 15.4　ヒトの未来と進化学 … 241

あとがき … 246

さくいん … 248

コラム
1 進化は観察できる……………………………………………………… 4
2 それではなぜ？ 儀式的なけんかと集団自殺………………………… 12
3 最適解の数学的な求め方……………………………………………… 16
4 進化的に安定な戦略の条件の求め方………………………………… 28
5 遺伝子頻度の動態……………………………………………………… 36
6 皆が1対1の性比で子を産む必要はない…………………………… 46
7 倍数性，半倍数性の血縁度…………………………………………… 58
8 最適な混合割合の求め方……………………………………………… 103
9 異型花柱性……………………………………………………………… 135
10 ミトコンドリア遺伝子による雄性不稔がない場合の，雌雄同株集団で雌個体が広がる条件…………………………………………… 144
11 効率最大の点の求め方………………………………………………… 194
12 光合成不適期間がある場合の純利得の求め方……………………… 200
13 生態学的地位（ニッチ）と適応……………………………………… 209
14 性淘汰…………………………………………………………………… 231
15 人口増加と感染症予防の逆説的関係………………………………… 242

第1章

ダーウィンの自然淘汰説

　第1章では本書の性格を明確にしたい．どういう視点で生き物の不思議さを解き明かそうとしているのか．そのためにどういう理論を用いるのか．本書全体を通して用いられる重要な言葉—適応度—も解説する．

1-1　「なぜ？」には4つの答え方がある

　まず初めに，ある生物現象がなぜみられるのかという問いに対して，本書がどういう答えを求めるのかを述べておく．

　一般に，生物に対する「なぜ？」という問いかけには4つの答え方が可能である．たとえば，「なぜ，赤信号で車は止まるのか」（この譬えは，マーティンとベイトソン（1990）が使ったものである）という問いに対して，

　至近要因：赤い光に脳が刺激されブレーキを踏むから
　発生要因：自動車教習所で教え込まれたから
　歴史要因：赤で止まるという規則が歴史的に成立したから
　究極要因：止まるほうが有利（安全）だから

と答えることができる．至近要因は，車が止まる（ブレーキが踏まれる）メカニズムを説明するものである．発生要因は，「赤信号で止まる」という性質を備えた個体が発生した理由を説明する．どこかに隔離して育てられ，「青信号で止まりなさい」と教え込まれたら，その人は赤信号では止まらないであろう．だから，その人の発生過程が大切なのだ．歴史要因は，人類の歴史（より生物学的な問題の場合は進化の歴史）に答えを求める．たとえば，人類の歴史をもう一度やり直したら，今度は青信号で止ま

るという規則が成立するかもしれない．赤信号で止まるのは，歴史上のどこかで誰かがそう決めたからである．究極要因は，その性質を備えていることが有利なのか不利なのかという視点からの答えである．

これら4つの答え方はどれも正しい．また，どれかが本質的で他は非本質的なことであるというわけでもない．要は，その人が何を知りたいのかによって答え方が変わってくるということである．

本書で扱う進化生態学・行動生態学という分野は究極要因を求める分野である．つまり，赤信号で止まることが無視することに比べ，事故を起こす可能性や警察に捕まる可能性が低いからであると答える．植物の例でいうならば，ある植物が黒い花をつけるのは，他の色よりも，花粉を媒介する昆虫をより多く惹きつけるからであるといった答えを求める．繁殖において，黒い花をつけることが有利だからであるという答えである（有利という言葉は後で厳密に定義する）．もちろん，黒色の発現機構を探る至近要因に関する本や，つぼみや花の中での黒い色素の発生過程を追う発生要因に関する本，花の進化の歴史をひもとき黒い花の起源を論ずる歴史要因に関する本も可能である．

1-2　ダーウィンの自然淘汰説

それでは，どういう理論に基づいて究極要因を探るのか？　進化生態学・行動生態学が基づく理論は**ダーウィンの自然淘汰説**である．自然淘汰説は否定されたというような言説がときどきみられるが，それは間違いである．おそらく，自然淘汰説は科学理論のなかで最も成功したものの1つであろう．

自然淘汰説の説明に入る前に進化とは何かを定義しておこう．その定義は何ともあっさりしたもので，「**生物の遺伝的性質が世代を通して変化していくこと**」である．「単純なものから複雑なものへ」「下等なものから高等なものへ」変化することが進化だと思っていたならば，その考えはぜひ改めていただきたい．単純なものから複雑なものへ変化したとしても，それは進化の結果にすぎない．進化は，「変化していくこと」を指しているだけであり，変化の方向性に関しては何も触れていない概念である．複雑

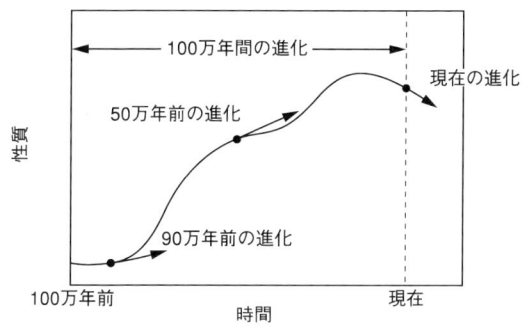

図 1.1　ある量的な性質（体の大きさなど）の進化の仮想的な例
進化とは，ある時間内に起こる変化を指す概念である．過去から現在までの 100 万年間の変化も進化ならば，90 万年前・50 万年前・現在の各時点での変化（ベクトルの傾き）も進化である．

なものから単純なものへ変化したとしてもそれはやはり進化である．一方，「高等なもの」が進化するという考えは人間中心主義の現われといえる．植物のように光合成もできなければ，土壌微生物のように枯れ葉を分解してエネルギーを生産することもできないのに，どうして人間は他の生物より「高等」だと思えるのであろうか？　また，進化というと，何百万年何千万年という時間スケールの間に「生物がたどってきた変化の歴史」を指すものと思うかもしれない（進化＝歴史）．しかし，進化それ自体は歴史的な概念ではない．たとえば，図 1.1 のようにある性質が時間的に変化してきたとする．100 万年間に起きた変化の積み重ねも進化ならば，それぞれの時点での変化（ベクトルの傾き）もやはり進化である．こんな短い時間では進化は起こらないと思われるかもしれないがそんなことはない．進化とは，連続する二世代間でも起こりうる現象である（コラム①参照）．

それでは，進化（＝遺伝的な性質の変化）はなぜ起きるのであろうか？　進化を起こす要因は，自然淘汰とランダムな浮動の 2 つに分けることができる．

自然淘汰による進化が起こるためには以下の 3 つが必要である．
変異：個体間である性質に違いがある．

コラム 1

進化は観察できる

　進化は，非常に長い時間をかけてゆっくりと起きるものであり，現生の生物を見ても進化している姿は観察できないと思っている人が多いかもしれない．しかしそんなことはない．進化の「目撃例」はいくつも報告されている．ここでは，そうした研究例を1つ紹介しよう．

　イグアナ科のアノールトカゲの仲間 *Anolis sagrei* は，キューバに起源しバハマ諸島に分布域を拡大しているトカゲである．このトカゲは，直径数 cm ほどの止まり木に掴まって生活しており，後ろ足が木を掴みやすい構造になっている（図1.2）．島が違うと植生も違うので，このトカゲが好んで使う止まり木の太さも島間で異なる．これに対応して後ろ足の長さが島間で変異しており，止まり木が太い島ほど後ろ足も長い．これは，止まり木を掴みやすい後ろ足の長さがあるということであろう．

　さて，生育する島の止まり木の太さに適した長さの後ろ足は，どれくらいの年月を経て進化したのであろうか？　バハマ諸島におけるこのトカゲの進化を観察

図1.2　アノールトカゲの仲間 *Anolis sagrei*

　淘汰：性質が異なる個体間では，残す子の数の平均や子の生存率が違う．

　遺伝：その性質は多少とも遺伝する．

たとえば（図1.4），ある集団（ある地域において遺伝的に交流している同種個体の集まり）の中に，黒い花をつける個体と白い花をつける個体とがあるとする（**変異**）．花粉を媒介する昆虫の訪花頻度の違いなどにより，

し続けたわけではないので，本当のところはわからない．しかし，十数年もあれば十分であるという実験結果があるのだ．1977年と1981年に，バハマ諸島のStaniel島でこのトカゲを捕獲し，トカゲ（近縁の多種を含む）が生育していない近隣の14の島にそれぞれ5または10個体ずつ移した．同じ島で捕獲した個体をいろいろな島に無作為に移したので，それぞれの島には平均してほぼ同じ長さの後ろ足の個体が移されたことになる．1991年の時点で，移住させたすべての島でAnolis sagreiは定着しており，なかには700個体にまで膨れ上がった島もあった．そして1991年に，このトカゲが利用している止まり木の太さの平均と後ろ足の長さの平均を各島で測ったところ，止まり木が太い島では後ろ足が長いという相関ができ上がっていた（図1.3）．移住後ほんの十数年で，止まり木の太さにあった長さの後ろ足が進化してしまったのである．

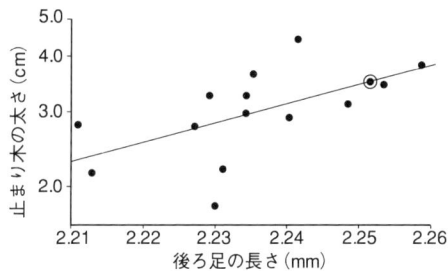

図1.3 アノールトカゲの仲間 Anolis sagrei における，後ろ足の長さ（体の大きさの違いを補正してある）の平均と止まり木の太さの平均の関係
1つの点は1つの島の値を示す．白丸で囲んであるのはStaniel島の値．[Losos, J. B. et al. : Nature 387, 70-73 (1997) より]

黒い花をつける個体のほうが白い花をつける個体よりも平均的に多くの種子を残すことができるとする（**淘汰**）．そして，黒い花由来の種子は黒い花をつけるようになりやすく，白い花由来の種子は白い花をつけるようになりやすい（**遺伝**）．すると次の世代では，白い花の頻度が減り黒い花の頻度が増える．これが，自然淘汰による進化である．そしてこの過程が何世代も繰り返されれば，白い花は消え去り黒い花をつける個体だけになっ

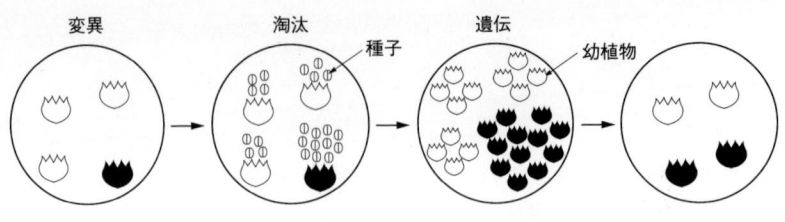

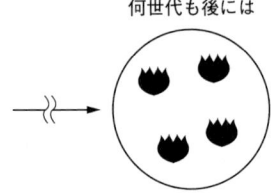

図1.4　自然淘汰による花の色の進化
〇は1つの集団を表わす．幼植物の生存率には黒い花と白い花で差がなく，全幼植物のうち4個体だけが生き残るとする．変異・淘汰・遺伝の3つがそろえば自然淘汰による進化は起こる．この過程が何世代も繰り返されれば，白い花は消え去り黒い花をつける個体だけになってしまう．

てしまうであろう．自然淘汰による進化の結果，黒い花が集団内で固定した（短くいうと，黒い花が進化した）ということである．

　もしも花の色に変異がなければどうであろう（図1.5）？　白い花しかない集団では花の色の頻度は変わりようがないので進化は起こらない．また，変異があったとしても淘汰が働かないとだめである．黒い花をつける個体と白い花をつける個体とで残す種子数の平均が同じならば，世代を経ても両者の頻度は変わりにくいからだ．花の色が遺伝しない場合にもやはり進化は起こらない．黒い花由来の種子も白い花由来の種子も，同じ確率で黒い花（白い花）をつけるようになるならば，黒い花と白い花の頻度は結局は元に戻ってしまうからである．

　一方，**ランダムな浮動による進化**には淘汰という過程は必要ない．黒い花をつける個体も白い花をつける個体も平均して同じ数の種子を残したとしても，ある一世代だけを見れば，何かの偶然でどちらかの種子が多いこともあるであろう．たとえば，黒玉と白玉が同数入った袋からランダムに10個の玉を取り出したとき，黒玉7個・白玉3個と偏ることもある．そ

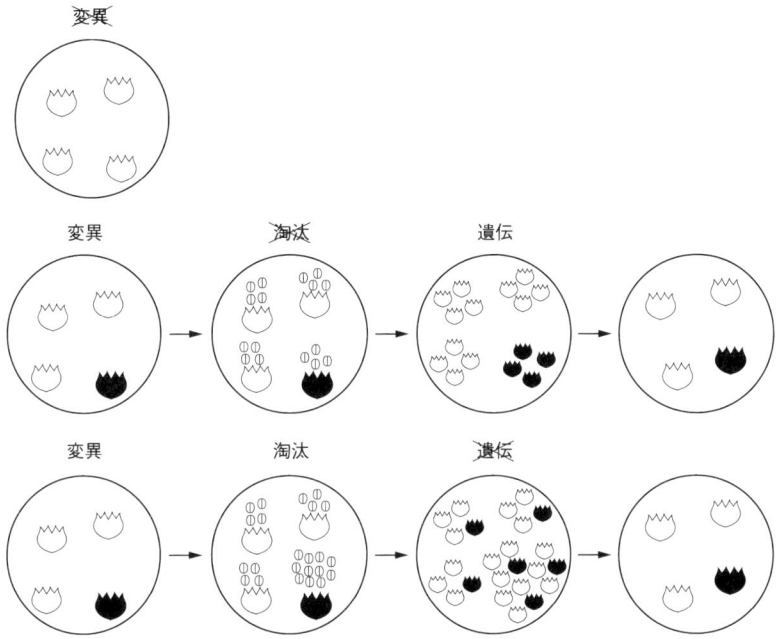

図 1.5　変異・淘汰・遺伝のどれか 1 つが欠けたら自然淘汰による進化は起こらない

して第二世代として，黒玉と白玉が 7：3 の割合で入った袋を用意し，そこからランダムに 10 個の玉を取り出したら，黒玉 9 個・白玉 1 個とますます偏よることもある．同様に，残す種子数に平均的には差がなくても，偶然が重なって黒い花をつける個体が増え続けることもありえる．変異・淘汰・遺伝の 3 つがそろったときに起こるのが自然淘汰による進化，変異・遺伝があれば起こるのがランダムな浮動による進化である．

　さて私たちは今，黒い花と白い花のどちらが自然淘汰によって進化するのかを調べるのに，それぞれの 1 個体が残す種子の平均の数を比べた．実はこの作業は，自然淘汰による進化を調べるときの根幹をなすものである．そこで，適応度というとても大切な言葉を定義する．適応度とは，**ある遺伝的性質を持った型（遺伝子型）の個体が，1 個体あたり次世代に残す成熟個体の数の平均**である．厳密には，

　適応度 = 1 個体あたりの子の数の平均 × 子の繁殖齢までの生存率

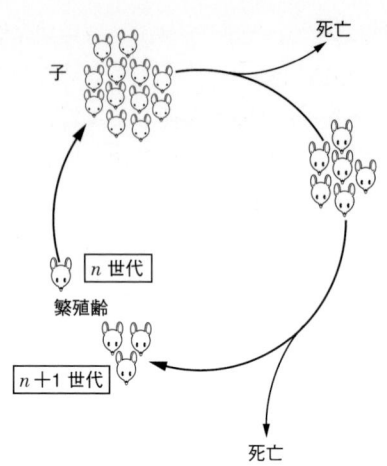

図 1.6　適応度の定義
適応度とは，繁殖齢に達した個体が残す子の数の平均×子の繁殖齢までの生存率である．つまり，ライフサイクルが1周したら，ある遺伝的性質を受け継ぐ個体が何倍になっているのかを表わす言葉である．

となる．これは，繁殖齢に達した個体がどれくらいの子を残し，その子が再び繁殖齢に達するまでどれくらい生存するのかを表わしている．つまり，その生物のライフサイクルが1周したときに，ある遺伝的性質を受け継ぐ個体が何倍に増えているのかを表わす言葉である（図 1.6）．だから，適応度が大きいほどその遺伝的性質は世代とともに広がりやすい．そして十分な世代数を経れば，存在しえた遺伝子型のなかで適応度の最も高いものが集団を占めるようになる（ただし，第3章で紹介するゲーム状況では話は複雑となる）．図 1.4 の例では，存在しえた遺伝子型として黒い花をつけるものと白い花をつけるものとがあり，適応度の高い黒い花をつける遺伝子型が集団全体を占めるようになった．このように適応度は，自然淘汰による進化を調べるときに不可欠な尺度である．

　ただし実際には，関連した他の尺度を適応度の代用とすることが多い．たとえば，種子の生存率に遺伝子型間で差がない場合には，残す種子の数を適応度として扱うし，光合成生産量が大きいほど種子生産量が大きいならば，光合成生産量を適応度として扱ってもよい．また，ここで定義した

適応度は基本バージョンともいえるものであり，個体間の血縁関係を考慮した発展バージョンの適応度も登場する．具体的にどういう適応度を用いるのかについては，それぞれの章を参照してほしい．

必要な概念がそろったところで，究極要因を探るという本書の狙いに立ち返りたい．ある性質を持つことが有利であるとは，**その性質を持った遺伝子型の適応度が他の性質を持った遺伝子型の適応度に比べ高いということ**である．「なぜ有利なのか？」という究極要因に関する問いかけは，「自然淘汰に対してなぜ有利なのか？」という問いかけであり，「その性質を持つ遺伝子型の適応度が高いのはなぜなのか？」と置き換えることができる．

なお，生物が意識的に有利な性質を選ぶ（有利な行動をとる）必要があるとは考えないでほしい．事実，今までの議論ではどこにも生物の意志は登場しなかったではないか．生物の意志にかかわらず有利な性質を進化させるのが自然淘汰である．

1-3 種にとって有利な性質が進化するのか？

読者の多くは，種の保存が生物の本能であると考えているかもしれない．たとえば，同種の動物のけんかは相手を傷つけないようにうまく調整されている．北欧のレミング（ネズミの一種）の集団自殺の伝説のように，個体数が増えると，共倒れを防ぐために一部の個体が移動（自殺）してしまう．しかしこの考えは本当に正しいのであろうか？ 簡単な思考実験をしてみよう．

🐭 は，種の利益のために行動する個体，🐭 は，自身の利益のために行動する個体とする（図1.7）．多くの個体が種の利益のために行動するので，🐭 の多い集団ほど繁栄するであろう（たとえば増殖率が高いとか）．🐭 ばかりの集団は，どの個体も自身にとって有利な行動しかとらないのであまり繁栄できないかもしれない．だから確かに，種の利益のために行動する性質が進化するように思える．しかし，🐭 ばかりの集団に 🐭 が現われたらどうなるであろうか？ 🐭 は種の利益など考えずに行動するから（🐭 のように，自身の利益を犠牲にして種のためにつくさな

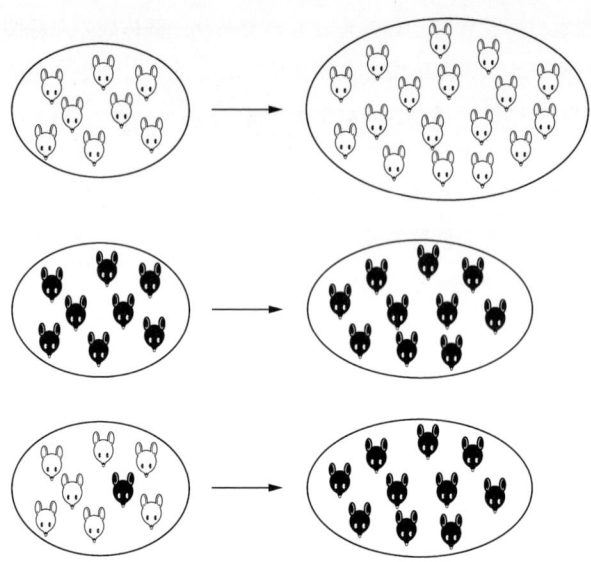

図1.7　種にとって有利な性質は進化しない！
種の利益のために行動する個体（🐭）からなる集団は，自身の利益のために行動する個体（🐭）からなる集団に比べ増殖率が高い．しかし，🐭ばかりの集団に🐭が現われたら，その集団は🐭に占有されてしまう．

い），その適応度は🐭の適応度よりも高いであろう．つまり，🐭と🐭とが混ざった集団では🐭の頻度が増え，やがては🐭ばかりの集団になってしまうということである．これは，自身の利益のために行動する性質を持った個体がひとたび現われたら，その性質は必ず広がっていくことを意味している．

集団自殺についても同じように考えてみよう（図1.8）．🐭は，個体数が増えると移動して自殺する遺伝的性質を備えた個体，🐭は，個体数が増えても移動しない遺伝的性質を備えた個体とする．個体数が増え共倒れの危険が増すと，🐭が移動して自殺するので個体数は下がり集団は安泰となる．このとき，移動せずに残った個体のなかでの🐭の頻度は増えている．残った個体が繁殖して個体数が再び増えると，またまた🐭が自殺してくれて個体数は下がる．するとますます🐭ばかりになる．このようなことを繰り返すと，やがて🐭はいなくなってしまうであろう．つまり，種の保存のために自殺するという性質は消え去ってしまう．言いかえ

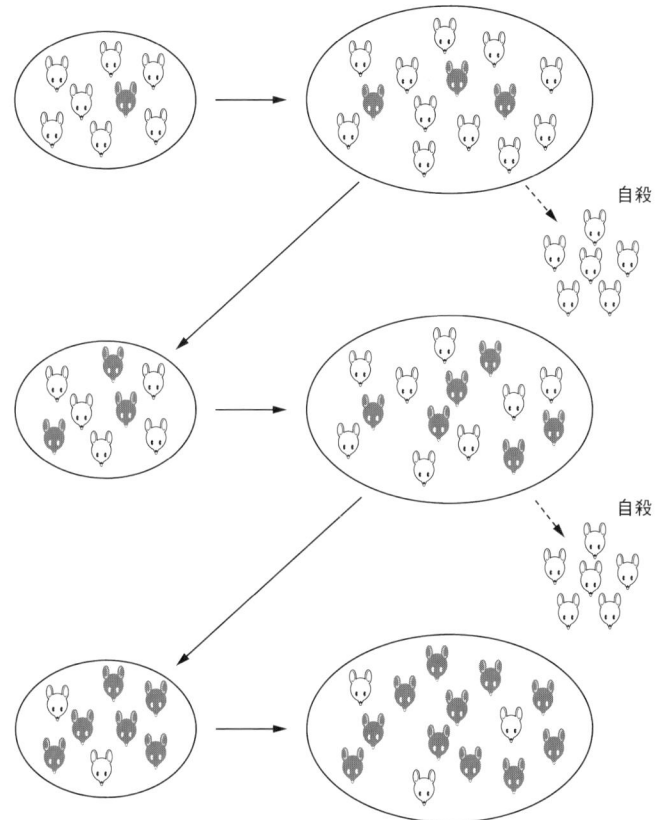

図 1.8 種の保存のための自殺は進化しない！
個体数が増えると移動して自殺する遺伝的性質を備えた個体（薄いネズミ）と，個体数が増えても移動しない遺伝的性質を備えた個体（濃いネズミ）が集団内に混ざっているとする．個体数が増え共倒れの危険が増すと，薄いネズミが移動して自殺するので濃いネズミの頻度が増える．このことを繰り返すと，濃いネズミが集団を占有してしまう．

るならば，移動後の繁殖機会を放棄してしまうため，移動して自殺する遺伝子型の適応度は移動しない遺伝子型の適応度よりも低い．そのため，たとえ共倒れの危険が増そうとも，進化するのは自殺しない性質である．

このように，「**種にとって有利な性質が進化する**」ということは**論理的にありえない**ことである．もちろんこれは思考実験だから，これをもって「個体にとって有利な性質が進化する」と結論するのは性急である．しか

> **コラム 2**
>
> ### それではなぜ？ 儀式的なけんかと集団自殺
>
> それでは，同種の動物どうしの儀式的なけんかはなぜ進化したのであろうか？ 実は儀式的なけんかも，「個体にとって有利な性質が進化する」ということで説明できてしまう．詳しくは，第3章で紹介されるタカ対ハトのゲームの項を読んでほしい．
>
> レミングの集団自殺はどうか？ これは，自殺するというのはそもそも嘘であって，事実は集団移動である．集団移動の過程で川で溺れ死んだりしたレミングを見て，「集団自殺」の伝説が生まれたのであろう．

し，現実の生物の研究から得られた証拠は，「個体にとって有利な性質が進化する」ということを示している．第4章を読んでこのことを納得してほしい．

参考文献

1) 長谷川眞理子：生き物をめぐる4つの「なぜ」，集英社新書（2002）
2) 長谷川眞理子・三中信宏・矢原徹一：現代によみがえるダーウィン（ダーウィン著作集 別巻1），文一総合出版（1999）
3) 長谷川眞理子・河田雅圭・辻 和希・田中嘉成・佐々木顕・長谷川寿一：行動・生態の進化（シリーズ進化学 6），序章〜第1章，岩波書店（2006）
4) リチャード・ドーキンス：利己的な遺伝子（日高敏隆・岸 由二・羽田節子・垂水雄二 共訳），紀伊國屋書店（1991）
5) P・マーティン，P・ベイトソン（粕谷英一・近 雅博・細馬宏通 共訳）：行動研究入門：動物行動の観察から解析まで，東海大学出版会（1990）

第2章

最適資源投資戦略

　第1章では，「（ある）性質を持つ遺伝子型の適応度が高いのはなぜなのか？」という問いに対する答えを得ることが本書の狙いであると述べた．その答えを得るためには，生物の性質と適応度との関係に関する理論を構築する必要がある．そのための手法の1つとして，最適戦略を探る数理モデルが発達している．ここでいう戦略とは生物の性質と同義である．たとえば，黒い花を持つという性質は黒い花を持つ戦略をとるということであり，白い花を持つという性質は白い花を持つ戦略をとるということである．そして生物は，黒い花・白い花・赤い花・黄色い花・緑の花などさまざまな戦略をとりうると考える．そのとき，ある戦略と，その戦略をとる遺伝子型の適応度との間には何らかの関係があるであろう．その関係を数式化し，適応度が最大となる戦略（最適戦略）を予測できれば，現実の生物にあてはめて理論の妥当性を検証することができる．現実と合わない部分が見つかれば，理論を作り直してさらなる検証を行なう．こうした作業を繰り返すことにより，私たちの問いに対する答えに近づくことができるはずである．

　第2章では，いくつかの簡単な例を用いて，最適戦略を探る数理モデルを紹介したい．なおここでは，最適戦略のなかでも最適資源投資戦略とよばれるものに例をしぼる．金や時間を何に使うか（投資するか）ということと基本的には同じ問題だと思っていただきたい．

2-1　開放花と閉鎖花への資源投資

　花というと，虫を呼び寄せるために目立つ花びらをつけたり蜜を出した

りする花（虫媒花）を思い浮かべる方が多いであろう．なかには，見た目は地味な風媒花も花であると指摘する方もいるかもしれない．これらの花は開放花と総称され，虫媒にせよ風媒にせよ，他の花と花粉をやりとりするために咲く花である．

　ところが，スミレ類・ツリフネソウ類・ミゾソバ類などは，開放花だけではなく，閉鎖花という何とも不思議な花も「咲かす」．閉鎖花は決して開かない．つまり，他の花と花粉のやりとりをしない．ミゾソバにいたっては，土の中に閉鎖花を咲かすというひねくれようである（図2.1）．開かずにどうするのかというと，同じ花の中の花粉と胚珠が受精する自殖という生殖を行なう．自殖をすると生存率の低い種子ができてしまうが（10.2.1項参照），花粉媒介者に頼らず確実に種子生産できることや，花粉獲得器官（虫媒花の花びらや蜜，風媒花の，空中の花粉を捕えるために長く伸びた柱頭など）を作るコストがかからないことなどの利点がある．

　閉鎖花をつける植物では，個体の持つ資源量に応じて，開放花と閉鎖花とをさまざまな割合でつけることが知られている．それでは，それぞれの花生産にどれくらいの資源を投資することが有利なのであろうか？

　この問題を解くには以下のような手続きを踏む．まず初めに，問題とする性質は何なのか，つまり，何を戦略として扱うのかを明確にしなくてはならない．ここでは，開放花生産と閉鎖花生産への資源投資が戦略である．これは同時に，この性質は遺伝的なものであるという仮定をおくこと

図2.1　ミゾソバの開放花と閉鎖花
　　　［平塚　明氏のご好意による］

でもある（遺伝的でなかったら進化は起こらない）．すなわち，個体の資源量と，それぞれの花生産への投資量との関係が遺伝的に決まっているということである．次に，開放花生産と閉鎖花生産への資源投資量がどういう範囲内で変化しうるのかを仮定する．これは，進化が起こる条件の1つである，戦略の変異に関する仮定である．たとえば，親個体がTの量の資源を持つとき，そのうちのxの量を開放花生産に，yの量を閉鎖花生産に投資するとする．そしてxとyは，

$$T = x + y$$
$$T \geqq x, \ y \geqq 0$$

という制約の範囲内で自由な値をとりうるとしよう．つまり，花生産への資源投資に関する性質に関して，これだけの幅の変異が集団内に存在しうるということである．そして最後に淘汰に関する仮定，つまり適応度に関する仮定をおく．ここでは，開放花と閉鎖花を通して残すことができる次世代の数（繁殖齢に達した子の数）の合計を適応度とする［実をいうとこの仮定には問題がある（10.2.1項参照）が，本章での議論には影響しない］．つまり，開放花によって残すことができる次世代の数はxに依存して変化するので$f(x)$と表わし，閉鎖花によって残すことができる次世代の数も同様に$g(y)$と表わすと，

$$\text{適応度} = f(x) + g(y)$$

となる．xとyの値が違うと適応度も違うので淘汰が働くということである．

　さてそれでは，適応度を最大にする最適なxとyを求めてみよう．ここでは，最適解の求め方のイメージをつかんでもらうために直感的な説明を心がける（より数学的な求め方はコラム3参照）．そのイメージとは

① 袋に入った資源をほんの少しつまみ出す．
② 開放花生産と閉鎖花生産のどちらにその資源を投資するのが得かそのつど吟味したうえで，得なほうに投資する．

コラム ③

最適解の数学的な求め方

初めから微分を用いてしまうと解析は簡単である．適応度の極大値を与える点を求めればよいのであるから，微分してゼロとなるところを探せばよい．適応度から y を消去して $f(x)+g(T-x)$ とし，この式を微分してゼロとおくと $f'(x)-g'(T-x)=0$ となる．つまり，$f'(x)=g'(y)$ が解の条件である．ただし，この解が極大値を与えるものであるのかどうか２回微分をして確かめる必要がある．また，極大値を与えたとしても最大値を与えるとは限らない．$x=0$ や $x=T$ という境界値と適応度の大小を比較する必要がある（境界値の問題は，最適投資の基本原理を用いる場合にも注意してほしい）．

最適な卵の大きさについても，適応度から N を消去して $W(S)T/S$ とし，この式を微分してゼロとおけば $W'(S)=W(S)/S$ を導くことができる．

③ 袋が空になるまでこの作業を続ける．

といったものである．指につまんだ資源をどちらに投資するのかというと，そのほんの少しの投資の増加に対する見返りの大きいほう，つまり，

【最適投資の基本原理 1】「適応度の増加量/投資の増加量」の最も大きい対象にその資源を投資する．

というものである．このとき，つまみ出す資源の量がゼロに近いほど評価は正確となる．

さて，すでに x の資源を開放花生産に投資しているとき，さらにほんの少しの資源 h を開放花生産に投資した場合を考えよう．このとき，「適応度の増加量/投資の増加量」は，

$$\frac{f(x+h)-f(x)}{h}$$

である．h をゼロに近づけると（$h \to 0$；これはまさに微分の定義）

$$\frac{\text{適応度の増加量}}{\text{投資の増加量}}=f'(x)$$

であり，関数 $f(x)$ の x における接線の傾きとなる．同様に，すでに y の資源を閉鎖花生産に投資しているとき，さらに h の資源を閉鎖花生産に投資したときには，「適応度の増加量/投資の増加量」は，

$$\frac{g(y+h)-g(y)}{h}$$

である．h をゼロに近づけると

$$\frac{\text{適応度の増加量}}{\text{投資の増加量}}=g'(y)$$

であり，関数 $g(y)$ の y における接線の傾きとなる．結局，

$f'(x)>g'(y)$ のときには開放花生産への投資を増やす
$f'(x)<g'(y)$ のときには閉鎖花生産への投資を増やす

ことになる．

具体例で見てみよう（図 2.2a）．花粉を媒介する昆虫の不足のために開放花の受粉数に限りがある場合には，$f(x)$ は，x が増えるにつれて増加率が減少する頭打ちの関数となる．一方，媒介者を必要としない閉鎖花には

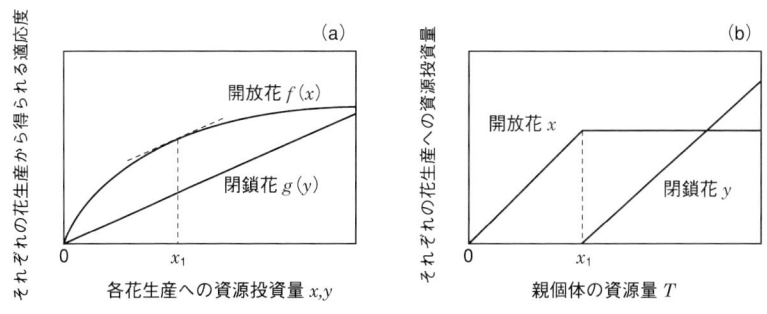

図 2.2　開放花生産と閉鎖花生産への最適資源投資
x_1 は，$f'(x_1)=g'(y)$ となる点である．

そのような制約はないので，$g(y)$ は y に比例して増える．このような場合，最適資源投資は個体の資源量 T に依存してどう変化するであろうか？　まず初めに，どちらにも資源投資していないところ ($x=y=0$) から始めよう．$f'(0)$ [$f(x)$ の原点での接線の傾き] が $g'(0)$ [$g(y)$ の原点での接線の傾き] より大きいということは，開放花生産に資源を投資したほうが適応度の増加の見返りが大きいということである．だからまず初めは，開放花生産に資源投資することになる．同様に，開放花生産への投資量が x_1 よりも小さい間は $f'(x)>g'(0)$ である．したがってこの間も，閉鎖花生産には投資せず開放花生産にだけ資源を投資し続ける．個体の持つ資源量 T が x_1 よりも小さいならば，その個体は開放花しか作らない ($x=T$, $y=0$) ということである（図2.2bで T が x_1 より小さい部分）．花粉不足のために，x の増加とともに $f'(x)$ は減少し，開放花生産への投資量が x_1 のところで $f'(x_1)=g'(0)$ となる．そのため，T が x_1 よりも大きい個体の場合，開放花生産への投資をさらに増やすと $f'(x)<g'(0)$ となり見返りの大きさが逆転してしまう．そこで x_1 の点で開放花生産への投資を止め，ようやく初めて閉鎖花生産へ資源を投資する．y が増えても $g'(y)$ は変わらないので，これ以降は，閉鎖花生産への投資量が増え続け，開放花生産への投資量は x_1 のままである．資源量 T の多い個体ほど，開放花の数は一定のまま閉鎖花が増える ($x=x_1$, $y=T-x_1$) ということである（図2.2bで T が x_1 より大きい部分）．

　ところで，開放花と閉鎖花の両方を作る個体においては，$f'(x_1)=g'(y)$ が保たれていることに気づく．つまり，両者における「適応度の増加量/投資の増加量」は等しい．これも基本原理としてまとめておこう．

　【最適投資の基本原理1′】　複数の対象に資源を投資しているときは，各対象の「適応度の増加量/投資の増加量」は等しくなっている．

　これは，【基本原理1】の当然の帰結である．$f'(x)>g'(y)$ ならば x を増やし $f'(x)<g'(y)$ ならば y を増やすとき，最終的に行き着くのは $f'(x)=g'(y)$ となる点だからである（上記の例と異なり，$g'(y)$ が y とともに変化したとしてもこの点に行き着く）．

　最適投資の基本原理は，資源投資に関するどんな問題に関しても適用できる．以下の例でも試してみよう．

2-2 最適な卵の大きさ

ほとんどの魚は,卵を産みっぱなしにして子育てはしない.子は,卵黄として親からもらった栄養を頼りに生長していく.植物も同様であり,種子内の胚乳や子葉に蓄えられた資源を頼りに生長していく.こうした,出生後の親の保護を受けない生物の場合,卵(種子)に蓄えられた資源が大きいほど子の生存率は高いであろう.しかし,1つ1つの卵を大きくすると,生産できる卵の数は少なくなってしまう.かといって,小さな卵をたくさん作っても,どの卵も生長できずに死滅してしまうことになる.卵の大きさと数が変異しうるとき,どのような大きさの卵を作る性質が進化するのであろうか?

この問題も,最適資源投資戦略として解析することができる.戦略として扱うのは卵の大きさと数である.先ほどと同様,親個体は,ある一定の資源 T を持ち大きさ S の卵を N 個作る.そして S と N は,

$$T = SN$$
$$S, N > 0$$

という制約を満たす範囲内で変異するとする.卵1つあたりの次世代までの生存率は,卵の大きさ S に依存して変化するので $W(S)$ と表わす.適応度は,卵1つあたりの生存率×卵の数であるので,

$$適応度 = W(S)N$$

となる.生存率 $W(S)$ はどのような形を描くであろうか? S が小さいと生存率はほとんどゼロである.S が大きくなるとともに生存率はだんだん大きくなり,やがて飽和するのが普通である(図2.3).

最適な卵の大きさは,コラム ③ のように微分を使って計算すれば簡単に求まる.しかし,ちょっと面倒ではあるが先ほどと同様なやり方をして,最適投資の基本原理の一般性を確認しよう.今度は,卵の「大きさ」と「数」が投資の対象である.そして,ほんの少しの資源 h を用いて,卵を

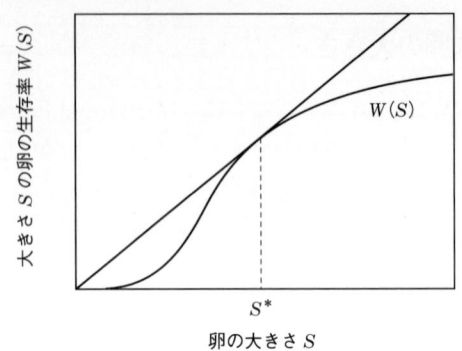

図 2.3 最適な卵の大きさ
$W'(S)$ は，関数 $W(S)$ の S における接線の傾きである．$W(S)/S$ は，原点から $W(S)$ に引いた直線の傾きである．だから，$W'(S)=W(S)/S$ となるのは，原点から引いた直線が $W(S)$ に接する点（S^*）である．

大きくするのと数を増やすのとでは，どちらが投資に対する見返りが大きいであろうか？ 卵を大きくする場合，N 個の卵で h を分割するのだから，卵の大きさは $S+h/N$ となり，卵1つあたりの生存率は $W(S)$ から $W(S+h/N)$ に高まる．したがって投資に対する見返りは

$$\frac{\text{適応度の増加量}}{\text{投資の増加量}} = \frac{W\left(S+\frac{h}{N}\right)N - W(S)N}{h}$$

$$= \frac{W\left(S+\frac{h}{N}\right) - W(S)}{\frac{h}{N}}$$

となる．$h \to 0$ とすると

$$\frac{\text{適応度の増加量}}{\text{投資の増加量}} = W'(S)$$

である．一方，卵の数を増やす場合，h の資源を使って大きさ S の卵を作るのであるから，卵の数は h/S 個増えることになる．したがって，

$$\frac{\text{適応度の増加量}}{\text{投資の増加量}} = \frac{W(S)\left(N+\frac{h}{S}\right)-W(S)N}{h} = \frac{W(S)}{S}$$

である．ここで，$S, N>0$（「大きさ」と「数」という２つの対象に投資している）でなくてはならないから，【最適投資の基本原理1'】が成り立つはずである．したがって，

$$W'(S) = \frac{W(S)}{S} \qquad (2.1)$$

を満たす S が最適な卵の大きさであることがわかる．

ややこしそうな解に見えるが何のことはない．原点から引いた直線が関数 $W(S)$ に接するところが最適な卵の大きさである（図2.3）．$W(S)$ の形だけで最適な大きさ S^* は決まってしまうので，最適な卵の大きさは，卵生産へ投資できる資源量 T に依存しない．つまり，持っている資源量にかかわらずどの親個体も同じ大きさの卵を産むということである．卵の数は，資源の多い親個体ほど増える．このことは，卵の数は同種個体間で大きく異なるのに，卵の大きさはほぼ一定していることをうまく説明している．

2-3 時間的な資源投資

一年草は，種子から発芽生長して葉・茎・根などの栄養器官を作り，やがて種子を生産してその年のうちに生涯を終える．栄養器官で生産された光合成産物は，栄養器官の拡大生長や種子繁殖に投資される．あまり早い時期に種子繁殖に資源を投資しては，栄養器官が発達できずに光合成生産力が大きくなれないであろう．これは結果として，将来的に種子生産へ投資できる資源量の低下（適応度の低下）をもたらす．かといって，いつまでも栄養器官に資源を投資していては種子繁殖を行なう時間がなくなってしまう．それでは，栄養器官と種子繁殖にどのようなスケジュールで投資

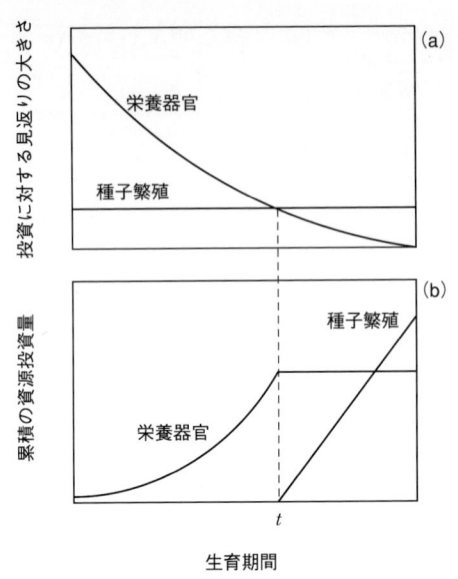

図 2.4　一年草における最適な資源投資スケジュール
栄養器官への資源投資に対する見返りは季節が進むとともに小さくなる．それに対して，種子繁殖への資源投資の見返りの大きさはあまり変わらない．両者の見返りの大きさが逆転する t の時点で投資を切り替えるのが最適である．t 以降，栄養器官は生長せず種子繁殖量だけが増大する．

する性質が進化するのであろうか？

　これは，時間的な資源投資問題である．そしてここでも，最適投資の基本原理が役に立つ（ただし，厳密な解析法はこの本の範囲を越えるので触れないことにする）．まず初めに，栄養器官に投資することの見返りを考えてみる．栄養器官に投資するのは光合成生産を増やすためである（このことが，最終的に種子繁殖に投資できる資源量を増やすことにつながる）．だから，生育期間の最後に栄養器官に資源を投資しても見返りはない（光合成を行なう時間がないから）．生育期間の残り時間が長いほど光合成を行なえる期間は長くなるので，栄養器官への投資の見返りは大きくなる（図 2.4a）．葉の老化や食害の影響が無視できるならば，発芽のときが一番見返りが大きい（光合成できる時間が一番長い）であろう．一方，種子繁殖への投資の見返りの大きさは，生育期間の残り時間にあまり影響されない（図 2.4a）．散布された種子は翌春まで休眠してしまうので，生育期

間のどの時点で作られた種子も適応度に対する寄与はほとんど同じだからである．

　栄養器官への投資の見返りと種子繁殖への投資の見返りが図 2.4a のように変化するとき，種子繁殖への最終的な投資量を最大にする資源投資のスケジュールはどうなるであろうか？　発芽から t の時点までは前者の見返りのほうが大きく，それ以降は後者の見返りのほうが大きい．だから，すべての光合成生産物を t までは栄養器官に投資し，それ以降はすべてを種子繁殖に投資するというのが最適である．つまり，t の時点で栄養生長から種子繁殖に完全に切り替わることになる（図 2.4b）．

　現実には，ある時点で資源投資が完全に切り替わる一年草は少なく，栄養器官と種子繁殖へ同時に資源投資する中間時期が現われるものが多い．これは，種子繁殖に入る前に死亡する危険があるからだともいわれている．一年草の場合，種子を残さずに死亡してしまうと子孫は完全に途絶えてしまう（第 15 章参照）．だから，図 2.4b の栄養繁殖のみに投資する時期にも，保険としてある程度の資源を種子繁殖に投資しておくということであろう．

参考文献

1) 巌佐　庸：数理生物学入門－生物社会のダイナミックスを探る，第 11，12 章，共立出版（1990）
2) 巌佐　庸：生命の数理，第 7 章，共立出版（2008）
3) 日本数理生物学会 編集：「行動・進化」の数理生物学（シリーズ数理生物学要論 3），第 1，3 章，共立出版（2010）
4) 平塚　明：ミゾソバ（河野昭一 監修），Newton 別冊「植物の世界」第 3 号，教育社（1988）

第3章

進化的に安定な戦略（ESS）

　第1章で述べたように，自分の利益のみを追求し，適応度を高めることのできる個体のほうが有利であるというのが，自然淘汰の基本原理である．その基本原理から考えると，餌を取り合うときや，交尾相手を奪い合うときには，どちらも限りある資源なので，手段を選ばず自分のものにしてしまうほうがよいように思える．それにもかかわらず，同種の動物どうしの闘争では，相手を殺戮するほどまでの攻撃性を示さないことのほうが多い．ある程度の小競り合いや儀式によって，闘争相手の実力を評価すると，劣位を認めた個体が立ち去り，優位な個体も深追いはしない．この矛盾に疑問を投げかけ，1つの解答を提示したのが，イギリスの理論生物学者メイナード=スミスと当時イギリスの大学に在籍していたアメリカ人プライスの2人である．1973年に書かれた彼らの論文の序文には，次のように書かれている．「同種の動物個体間の闘争は，普通，儀式的な闘争であって，双方ともに相手にひどい怪我を負わせることはない．この事実はしばしば，個体ではなく種に利益をもたらす行動に対する自然淘汰のためであると説明されてきた．しかし，儀式的な闘争が個々の動物に利益を与える戦略であることを，ゲーム理論とコンピュータシミュレーションによって示そうと思う（趣意）」．この序文には，第2章までに登場しなかった「ゲーム」という言葉が使われている．また，この論文が発表されたのち，さまざまな動物の行動がゲーム理論の考え方を用いて説明される一時代を迎えることになる．では，「ゲーム」とはいったい何だろう．

3-1 進化的に安定な戦略

　第2章で紹介されている最適戦略をとる例を振り返ると，すべての例に共通な状況がみられる．それは，どの例も，同種の他の個体とは無関係に，最適戦略を決定しているという点である．第2章で紹介された例の中に登場する生物が相手にしているのは，その生物に与えられた生存環境や資源の量であって，それらの限定された条件の中でいかに最適な戦略をとるかが議論されていた．メイナード=スミスたちは，そのような状況を**「自然とのゲーム」**と称している．それに対して，餌や交尾相手の取り合いは同種他個体を相手にしている．すなわち，自然との戦いではなく，同種他個体との戦いである．囲碁や将棋のように相手があるゲームでは，自分の着手の価値は，相手の応手に依存して変化する．碁盤上の同一の点に石を打ち込んでも，その石の価値は相手の手次第で最低にも最高にも変わりうる．じゃんけんゲームの場合も同様で，自分がチョキを出しても，相手の手がパーであるかグーであるかによって勝ち負けが異なる．このように，ある戦略をとる個体の利得（第1章で定義した適応度に対応する）が，**自分の戦略に依存しているだけではなく，相手の戦略にも依存している場合，**そのような状況を「ゲーム」とよぶ．したがって，ゲーム的状況のときには，ある個体の適応度はその個体の戦略と相手の戦略の双方を用いて表現されることになる．この章では，戦略Xを採用している個体の適応度を $E(X, Y)$ という形で表記することにする．すなわち，自分自身

表3.1　有利な戦略の決定

(a) 最適戦略の理論

自分の戦略		自分の適応度	
	A	8	決定可能
	B	5	

(b) ゲームの理論

自分の適応度		相手の戦略	
		a	b
自分の戦略	A	8	6
	B	5	9

（決定不可能）

の戦略をかっこの中の前側に，相手の側の戦略を後ろ側に配置する．このとき，$E(X, Y)$ は，「戦略 X を採用した個体が戦略 Y の個体と出会ったときの，戦略 X を採用した個体の適応度」と定義される．

　第1章の最適戦略の理論では，個体にとって有利な戦略を適応度の大小によって決めた（表 3.1a）．戦略 A のときの適応度が 8 で，戦略 B のときの適応度である 5 を上回っている場合，戦略 A が有利であると決定することができた．ゲームの理論では，最適戦略の理論のように，有利不利を単純に決めることはできない．なぜなら，自分が戦略 A を採用していたとしても，相手の戦略に依存して適応度が決定されるからである．たとえば，表 3.1b のように適応度が決められているとき，自分が戦略 A を採用したとしよう．相手の戦略が a であれば，そのときの適応度 $E(A, a)$ は 8 となり，戦略 B を採用したときの適応度 $E(B, a)$ の値 5 よりも勝っているから，戦略 A は有利である．しかし，相手の戦略が b であれば，適応度 $E(A, b)$ は 6 に減少する．この値は戦略 B を採用したときの適応度 $E(B, b) = 9$ よりも少なく，戦略 A は不利である．このように，相手の戦略によって有利不利が変化するのがゲームの特徴である．したがって，表 3.1b の例では，戦略 A, B のいずれが有利であるかを決定することはできない．そこでメイナード＝スミスたちは，**「進化的に安定な戦略」**という概念を提唱した．

　図 3.1a のように，ある戦略 A を採用している個体だけで構成されている集団を想定しよう．その集団に，A 以外の戦略をとる個体が侵入してきたとする．集団は A ばかりで占められているから，侵入個体は必ず戦略 A をとる個体と出会う．したがって，侵入個体がある戦略 X を採用したとすると，侵入個体の適応度は $E(X, A)$ である．もし，

$$E(X, A) > E(A, A)$$

であれば，戦略 X を採用する個体は A 集団中で徐々に増加していくだろう．なぜなら，$E(A, A)$ は，A 集団の中の戦略 A の個体の適応度を意味する（図 3.1b）ので，侵入個体のほうが数多くの子どもを残すことができるからである（図 3.1：ケース 1）．この場合，戦略 X は侵入可能であ

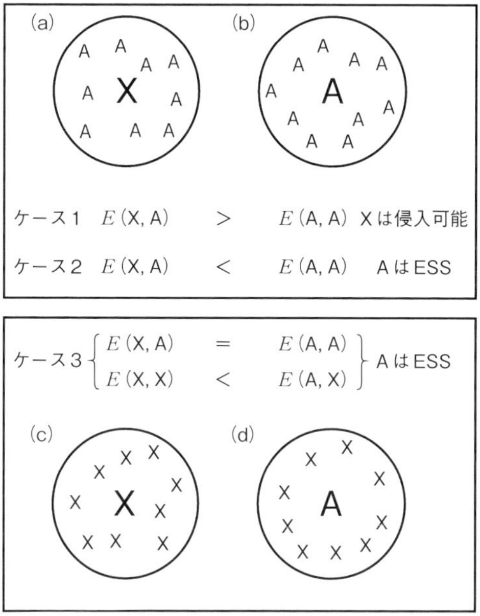

図3.1 侵入可能性と進化的に安定な戦略（大きな文字は侵入個体）

る．しかし，侵入個体がどんな戦略 X を採用したとしても，

$$E(X, A) < E(A, A) \quad (X \neq A) \tag{3.1}$$

であれば，A 以外の他の戦略を採用している個体は，A 集団中に侵入することはできない（図3.1：ケース2）．このとき，戦略 A を「**進化的に安定な戦略（Evolutionarily Stable Strategy；ESS）**」とよぶ．進化的に安定な戦略は，ある戦略を採用する個体で占められている集団に，他の戦略を採用する個体が侵入できるかどうかによって決定される．

ここまでの議論では見過ごしてきたが，戦略 A が ESS であるための条件が，もう1つある．それは，

$$E(X, A) = E(A, A) \tag{3.2}$$

コラム 4

進化的に安定な戦略の条件の求め方

このコラムでは，進化的に安定な戦略の条件の厳密な求め方を解説する．興味のない読者は，読み飛ばしてほしい．

簡単のため，Xの戦略をとる個体がpの割合で，Aの戦略をとる個体が$1-p$の割合で集団中に存在すると仮定する．このとき，Xの戦略をとる個体の利得は，平均でどのくらいだろうか？ pの割合でXと出会い，$1-p$の割合でAと出会うのだから，

$$\text{Xの利得} = p \times E(X, X) + (1-p) \times E(X, A) \quad (A1)$$

である．同様に考えると，Aの利得は，

$$\text{Aの利得} = p \times E(A, X) + (1-p) \times E(A, A) \quad (A2)$$

となる．では，どのような戦略が進化的に安定な戦略であるかを調べるにはどうしたらよいだろうか？ ある戦略Aが進化的に安定な戦略であるなら，集団のほとんどすべての個体が戦略Aをとるとき（pが0に近いとき），戦略Aをとる個体の利得が，A以外のどんな戦略の個体の利得よりも大きいはずである．Aの利得が他の戦略よりも大きい条件は，(A1)式 < (A2)式であるから，pが0に近いということを考えて，第二項だけを比較すると，

$$E(X, A) < E(A, A) \quad (X \neq A) \quad (3.1)$$

である．あるいは，

$$E(X, A) = E(A, A) \quad (3.2)$$

の場合には，(A1)，(A2)式の第二項が等しく，第一項を無視することができないため，第一項を比較して，

$$E(X, X) < E(A, X) \quad (3.3)$$

が得られる．

が成立する場合である（図 3.1：ケース 3）．(3.2) 式が成立する場合には，A 集団の中では，戦略 X の個体と戦略 A の個体の間に優劣はない．そこで，X 集団中での両者の優劣をみて，進化的に安定な戦略であるかどうかを決定する．したがって，(3.2) 式が成り立つ条件のもとで，

$$E(X, X) < E(A, X) \tag{3.3}$$

が成立するときに，戦略 A は進化的に安定な戦略である．なぜなら，(3.3) 式は，戦略 A を採用する個体が，戦略 X を採用する個体で構成されている集団中に侵入可能（図 3.1c, d）であることを意味しているからである（コラム 4 参照）．

この節では，進化的に安定な戦略には，二種類の条件があることを示した．上述したメイナード＝スミスたちの一連の研究は，動物個体間の闘争が儀式的であることの進化的意義を，これらの条件を用いて説明している．以下では，その研究の内容を詳しく解説しよう．

3-2　タカ対ハトのゲーム

動物個体間の闘争が儀式的である意味を説明するために，メイナード＝スミスは二種類の動物を登場させた．一種はタカ，もう一種はハトである．タカは非常に攻撃性に富み，闘争相手がタカであろうがハトであろうが，攻撃を開始する．その結果，タカどうしの闘争では餌を獲得する確率が 1/2，闘争で傷ついたり疲弊することによってコストがかかる確率が 1/2 であるとしよう．しかし，ハトが相手のときにはまるごと手に入れることができる（図 3.2a）．一方，ハトは平和的に振る舞い，ハトどうしの場合には餌を半分ずつ分け合うが，タカが相手のときには何も得られない（図 3.2b）．このようなゲーム設定のもとで，上記の 4 つの組み合わせの利得を以下の例でそれぞれ求めてみよう．4 つの利得は，3.1 節の適応度の表記法にならって，

第3章 進化的に安定な戦略（ESS）

(a) タカの利得

$E(タカ, タカ)$
$= \frac{1}{2} \times 10 - \frac{1}{2} \times 6 = 2$

$E(タカ, ハト) = 10$

(b) ハトの利得

$E(ハト, タカ) = 0$

$E(ハト, ハト) = \frac{1}{2} \times 10 = 5$

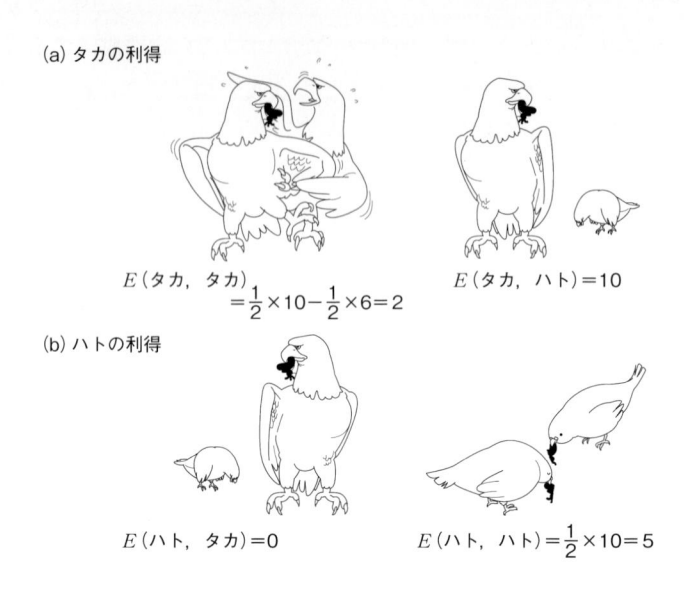

図 3.2 タカとハトの利得

タカの利得：$E(タカ, タカ)$, $E(タカ, ハト)$
ハトの利得：$E(ハト, タカ)$, $E(ハト, ハト)$

と表わすことにする（図 3.2）。

[例1： 餌の価値 > 闘争のコスト の場合]

一番目の例では，餌の価値が闘争のコストよりも高い場合について，進化的に安定な戦略がタカ・ハトのいずれであるかを調べてみよう．餌の価値は 10，闘争にかかるコストが 6 であると仮定してみる．

まず，タカの利得から計算してみる．タカどうしの闘争の場合には餌を得ることができる確率が 1/2 であるから，餌の期待値は $10 \times 1/2 = 5$ となり，またコストがかかる確率も 1/2 であるから，コストの期待値は $6 \times 1/2 = 3$ となる．その結果，

$$E(タカ, タカ) = 10 \times \frac{1}{2} - 6 \times \frac{1}{2} = 5 - 3 = 2$$

が得られる（図3.2a）．ハトが相手のときにはまるごと手に入れることができるので，

$$E(タカ，ハト)=10$$

である．

ハトの利得を考えると（図3.2b），タカが相手のときには何も得られないため，

$$E(ハト，タカ)=0$$

であり，ハトどうしの場合には餌を半分ずつ分け合うために，

$$E(ハト，ハト)=10\times\frac{1}{2}=5$$

となる．

この状況のもとで，ハトは進化的に安定な戦略だろうか？ (3.1) 式に対応する

$$E(タカ，ハト)<E(ハト，ハト)$$

が成立するかどうかを検討してみると，左辺が10，右辺が5であることから，ハトは進化的に安定な戦略ではないことがわかる．この不等式の左辺は餌の価値そのものを意味しており，右辺は餌の価値の半分を意味することを考えると，ハトは決して進化的に安定な戦略になることはないと予測される．

それでは，タカについてはどうだろう？ 同様に，(3.1) 式に対応する

$$E(ハト，タカ)<E(タカ，タカ)$$

を検討してみると，左辺が0，右辺が2であることから，タカは進化的に安定な戦略であることがわかる．この不等式の左辺は常に0であり，右辺は餌の価値と闘争のコストの差の半分を意味していることから，餌の価値がコストよりも高い場合には，常にこの不等式が成立し，タカは進化的に安定な戦略である．この章の序文で考えたように，攻撃的であることがベストな戦略であるという，直感どおりの結論である．しかし，この結論はメイナード=スミスたちが求めている答え，儀式的な戦いを支持する答えではないため，自然界では例1の前提が成立していない可能性が高い．もし，求める答えが得られるとすれば，例1の前提が成立しない場合，すなわち，餌の価値よりも闘争のコストが高い場合だと考えられる．次の例では，その場合について検討してみよう．

[例2： 餌の価値 < 闘争のコスト の場合]

この例では，餌の価値は6，闘争にかかるコストが10である場合について，進化的に安定な戦略がタカ・ハトのいずれであるかを調べてみよう．前の例と同様の計算をしてみると，タカの利得は

$$E(タカ, タカ) = 6 \times \frac{1}{2} - 10 \times \frac{1}{2} = 3 - 5 = -2$$
$$E(タカ, ハト) = 6$$

となり，ハトの利得は，

$$E(ハト, タカ) = 0$$
$$E(ハト, ハト) = 6 \times \frac{1}{2} = 3$$

となる．

ハトが進化的に安定な戦略であるかどうかを，(3.1)式に対応する

$$E(タカ, ハト) < E(ハト, ハト)$$

を使って検討してみると，左辺が6，右辺が3であることから，やはりハトは進化的に安定な戦略ではない．例1で予測したとおりの結論である．

それでは，タカについてはどうだろう？ 同様に，(3.1) 式に対応する

$$E(ハト, タカ) < E(タカ, タカ)$$

を検討してみると，左辺が0，右辺が−2であることから，タカも進化的に安定な戦略ではないことがわかる．すなわち，この例では，進化的に安定な戦略が存在しないという難問につきあたる．その解決策として，メイナード＝スミスたちは，ある個体が確率qでタカの戦略を，確率$(1-q)$でハトの戦略をとる戦略，いわゆる「**混合戦略**」というものを想定した．

3-3 混合戦略

混合戦略が進化的に安定な戦略である場合には，ある大きな特徴がある．たとえば，タカ戦略をある確率qで採用する混合戦略（「混合戦略q」とする）をとる個体の集団があったとしよう．その集団中に侵入したタカの利得$E(タカ, 混合戦略q)$と，同じ集団に侵入したハトの利得$E(ハト, 混合戦略q)$を比較すれば，

(1) $E(タカ, 混合戦略q) > E(ハト, 混合戦略q)$
(2) $E(タカ, 混合戦略q) < E(ハト, 混合戦略q)$
(3) $E(タカ, 混合戦略q) = E(ハト, 混合戦略q)$

の3つの場合があるだろう．もし，第一の場合ならば，ハトよりもタカの利得が高いのだから，タカの戦略をとる確率をもっと高くした混合戦略（混合戦略$q'：q<q'$）のほうが高い利得を持ち，その新たな混合戦略q'が侵入可能であろう．第二の場合でも，同様のことが起こり，ハトの戦略をとる確率をより高くした混合戦略（混合戦略$q''：q''<q$）が侵入可能であろう．すなわち，いずれの場合も「混合戦略q」は，異なる確率の混合戦略に侵入されてしまう．したがって，侵入されない混合戦略のqがあ

るとすれば，第三の場合の条件，E(タカ，混合戦略 q)＝E(ハト，混合戦略 q) を満たしていなければならない．**どの純粋な戦略（たとえば，タカやハト）の利得も等しくなるような相手になること**，それが混合戦略が進化的に安定な戦略である場合の大きな特徴である．

　さてここで，第三の場合の条件を満たす混合戦略の確率 q を，上述の議論に基づいて求めて見よう．タカが混合戦略の集団に侵入したときの利得 E(タカ，混合戦略 q) は，q の確率でタカどうしの闘争になり，$1-q$ の確率でタカがハトと出会ったときの闘争になるため，例2の場合には，

$$E(\text{タカ，混合戦略 } q) = q \times E(\text{タカ，タカ}) + (1-q) \times E(\text{タカ，ハト})$$
$$= q \times \frac{1}{2} \times (6-10) + (1-q) \times 6$$
$$= 6 - 8q \qquad (3.4)$$

と期待される．一方，ハトが混合戦略の集団に侵入したときの利得 E(ハト，混合戦略 q) は，q の確率でハトがタカと出会ったときの闘争になり，$1-q$ の確率でハトどうしの闘争になるため，

$$E(\text{ハト，混合戦略 } q) = q \times E(\text{ハト，タカ}) + (1-q) \times E(\text{ハト，ハト})$$
$$= q \times 0 + (1-q) \times \frac{6}{2}$$
$$= 3 \times (1-q) \qquad (3.5)$$

である．第三の場合の条件は，(3.4) 式＝(3.5) 式であるから，

$$6 - 8q = 3 \times (1-q)$$

より，$q = 3/5$ が求められる．このとき，

$$E\left(タカ, 混合戦略\frac{3}{5}\right)=(6-8q)=6-8\times\frac{3}{5}$$
$$=\frac{6}{5}=E\left(ハト, 混合戦略\frac{3}{5}\right) \quad (3.6)$$

となる．したがって，混合戦略 3/5 は ESS である．強い攻撃性と平和的な対応とを，ある確率で上手に使い分ける戦略が進化的に安定な戦略であり，そのために儀式的な戦いが自然界で進化したのだろう．

3-4 進化的に安定な状態

　混合戦略という考え方をきっかけにして，その後の研究から新たな概念も誕生した．同じ略称を持つその概念は，**進化的に安定な状態**（Evolutionarily Stable State；ESS）とよばれている．たとえば，集団内にタカ戦略，およびハト戦略の遺伝子を持つ個体が，時刻 t において，それぞれ，頻度 q_t，$1-q_t$ で存在するとしよう．それぞれの戦略の個体は，与えられた適応度に従って，子孫を毎世代残し，両者の遺伝子頻度は変化していく．その動態を記述する式は，

$$q_{t+1}=\frac{W_{タカ}}{\overline{W}}q_t \quad (3.7)$$

となる（コラム5参照；数式に興味のない読者は読み飛ばしてほしい）．式中，$W_{タカ}$ はタカ遺伝子の適応度を，$\overline{W}$ はタカ遺伝子とハト遺伝子の適応度の平均を表している．タカ遺伝子の個体は，確率 q_t でタカ遺伝子の個体と出会い，利得 $E(タカ, タカ)$ を獲得し，確率 $1-q_t$ でハト遺伝子の個体と出会い，利得 $E(タカ, ハト)$ を獲得するのだから，

$$W_{タカ}=q_t E(タカ, タカ)+(1-q_t)E(タカ, ハト) \quad (3.8)$$

である．同様に，

コラム 5

遺伝子頻度の動態

このコラムでは (3.7) 式の導き出し方を解説する。t 世代目のタカ遺伝子を持つ個体の数を N_t，ハト遺伝子を持つ個体の数を M_t とする。タカ遺伝子，ハト遺伝子の適応度を，それぞれ $W_{タカ}$，$W_{ハト}$ とすると，次世代のタカ遺伝子個体の数 (N_{t+1})，ハト遺伝子個体の数 (M_{t+1}) は，単純に

$$\begin{cases} N_{t+1} = W_{タカ} N_t \\ M_{t+1} = W_{ハト} M_t \end{cases} \quad (B1)$$

という差分方程式で表すことができるだろう。次世代のタカ遺伝子の頻度 q_{t+1} は，(B1) を用いて，

$$q_{t+1} = \frac{N_{t+1}}{N_{t+1} + M_{t+1}} = \frac{W_{タカ} N_t}{W_{タカ} N_t + W_{ハト} M_t}$$

となり，分母と分子を $N_t + M_t$ で割ることによって，

$$q_{t+1} = \frac{W_{タカ} \dfrac{N_t}{N_t + M_t}}{W_{タカ} \dfrac{N_t}{N_t + M_t} + W_{ハト} \dfrac{M_t}{N_t + M_t}} = \frac{W_{タカ} q_t}{W_{タカ} q_t + W_{ハト} (1 - q_t)} = \frac{W_{タカ} q_t}{\overline{W}}$$

と q に関する差分方程式 (3.7) を得る。式中の分母はそれぞれの適応度にそれぞれの頻度を乗じたものの和であり，その量を $\overline{W}$ とした。この量がタカ遺伝子とハト遺伝子の適応度の平均値に等しくなることに気づいてほしい。したがって，(3.8)，(3.9) 式より，平均適応度は

$$\overline{W} = q_t^2 E(タカ, タカ) + q_t(1-q_t)\{E(タカ, ハト) + E(ハト, タカ)\} \\ + (1-q_t)^2 E(ハト, ハト)$$

となる。

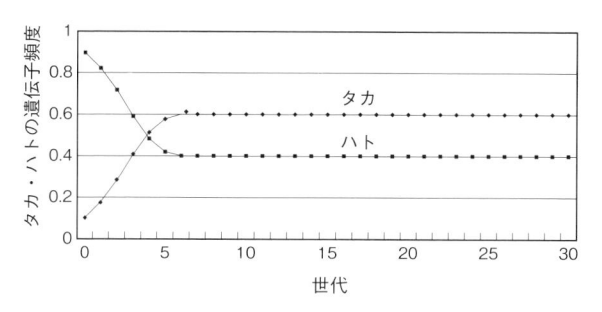

図 3.3 タカ・ハト遺伝子のダイナミクス

$$W_{ハト} = q_t E(ハト, タカ) + (1-q_t) E(ハト, ハト) \qquad (3.9)$$

となる．(3.8)，(3.9) 式から，タカ戦略の個体の頻度が高いときには，タカ戦略の適応度がハト戦略の適応度がより低くなり（$W_{タカ} < W_{ハト}$），ハト戦略の個体の頻度が高いときにはハト戦略の適応度が低くなる（$W_{タカ} > W_{ハト}$）ため，この例は頻度に依存する適応度を持つ**頻度依存淘汰**の一例になっている．この例では，両者の頻度は時間とともにそれぞれある値に近づき，平衡状態に達する（図 3.3）．図 3.3 では，V と C の値を例 2（32 ページ）の場合と同じにしてある．そのため，タカ遺伝子の頻度は，進化的に安定な混合戦略の値と同じ 0.6 へと収束していく．その平衡状態を「進化的に安定な状態」とよぶ．

自然界では，ある 1 つの集団内において，複数の行動パターンや生活史がみられることがある．これらの複数のパターンは**代替戦術**とよばれている．ESS の代替戦術には，混合戦略である場合と，進化的に安定な状態である場合が考えられる．混合戦略が進化的に安定な戦略である場合には，ある確率でそれぞれの戦略を示す遺伝的には単型な個体だけで，集団が構成されている．それに対して，進化的に安定な状態にある集団は，それぞれの戦略の遺伝子を持つ個体がある一定頻度で存在する「**遺伝的多型**」になっている．したがって，代替戦術が実際にみられる集団において，どちらの ESS であるかを判断するためには，1 個体を追跡調査する必要がある．1 個体を追跡調査して，複数の行動パターンを示す場合には，代替戦術は進化的に安定な戦略であるが，1 つの行動パターンしか観

察されない場合には，進化的に安定な状態である可能性が高い．

3-5 ゲームの帰結

第2章で最適戦略論について議論したときには，最大の適応度を得ることのできる戦略が自然淘汰の結果，選び取られると考えた．この章で解説した，生物の進化ゲームの帰結である「進化的に安定な戦略」は，最大の適応度を保証しているのだろうか？このことについて，再び例2に戻って確かめてみることにしよう．例2の4つの組み合わせに対応する利得を見直してみると，最高の利得が得られるときは，自分がタカの戦略をとり，相手がハトの戦略をとっている場合である．他の個体がハトの戦略をとっているときには，何の問題もなく最高の利得6を得ることができるが，そうは問屋が卸さない．他の個体も同じことを考えると予想されるからである．これが，3.1節で強調したゲームの特徴である．では，進化的に安定な混合戦略を採用した個体の利得はどのくらいであろうか？混合戦略を採用する集団中の混合戦略の利得の期待値は，$q=3/5$を代入することによって，

$$E\left(混合戦略\frac{3}{5}, 混合戦略\frac{3}{5}\right)$$
$$=q \times E\left(タカ, 混合戦略\frac{3}{5}\right)+(1-q) \times E\left(ハト, 混合戦略\frac{3}{5}\right)$$
$$=q(6-8q)+(1-q)\{3\times(1-q)\}=\frac{6}{5} \qquad (3.10)$$

となる．(3.10)式によって得られた利得は，(3.6)式で得られたタカ（あるいはハト）の利得と等しい．すなわち，

$$E\left(タカ, 混合戦略\frac{3}{5}\right)=E\left(混合戦略\frac{3}{5}, 混合戦略\frac{3}{5}\right)$$

であり，かつ

$$E\left(\text{ハト},\ \text{混合戦略}\frac{3}{5}\right)=E\left(\text{混合戦略}\frac{3}{5},\ \text{混合戦略}\frac{3}{5}\right)$$

である．この結果は，進化的に安定な戦略であるための条件，(3.2) 式を満たしている．混合戦略は，**タカ戦略にもハト戦略にも，勝ちはしないが負けもしない戦略**だったのである．そのために，混合戦略の利得の期待値 (6/5) は，最高の利得 6 よりもはるかに小さい値となっている．同種他個体が相手のゲームでは，ゲームであるがために生じる損がある，というこの結果は，適応度が高いものに進化するという自然淘汰の原理に反するように見えたため，大きな反響をよんだ．「強いものが生き残る」のではなく，「相手のことを考えて，負けないような戦略を採用するものが生き残る」というこの結論から，この戦略を「打ち負かされない戦略」とよぶこともある．

ここで紹介したタカハトゲームは，カバのけんかやシカの角突きのように，生息場所や雌といった分割不可能な資源を直接あつかってはいない．そのため，その後の研究では，ハトはお互いに譲り合っているのだから分割不可能な資源 V を獲得する確率は 1/2 であると仮定して，利得行列内の V/2 を何回かの試行の期待値であると解釈する試みも行なわれた．また，ハトがお互いに譲り合っていることを考慮して，「持久戦ゲーム」という新たなゲームモデルを誕生させるきっかけにもなった (参考文献 6)．さまざまな生物界の現象，特に動物の行動に着目すると，このようなゲーム的な状況は随所に存在する．第 4 章ではその具体的事例を紹介しよう．

参考文献

1) Martin A. Nowak (竹内康博，佐藤一憲，巖佐　庸，中岡慎治　監訳)：進化のダイナミクス—生命の謎を解き明かす方程式—，第 4 章，共立出版 (2008)
2) 嶋田正和・粕谷英一・山村則男・伊藤嘉昭：動物生態学新版，第 7 章，海游舎 (2005)
3) 中丸麻由子：進化するシステム，第 2 章，ミネルヴァ書房 (2011)
4) 日本生態学会 編：生態学入門第二版，第 6 章，東京化学同人 (2012)
5) 日本数理生物学会 編集：「行動・進化」の数理生物学 (シリーズ数理生物学要論 3)，第 4 章，共立出版 (2010)
6) メイナード・スミス (寺本　英・梯　正之　訳)：進化とゲーム理論—闘争の論理—，第 1-3 章，産業図書 (1985)

第4章

性比のゲーム

　雄の子（息子）と雌の子（娘）を自由に産み分けられるとき，どのような性比で子を産むことが有利なのであろうか？　子が成熟したときに交配相手を見つけられるかどうかは，集団内に異性がどれくらいいるのかによって変わってくる．つまり，他個体がどのような性比で子を産むのかによって適応度は変わる．だからこれはゲームの世界である．本章では，性比の進化に秘められた謎をゲームモデルを用いて探ってみたい．

4-1 なぜ，雄と雌の数の比は1対1なのか？

　ほとんどの生物で，雄と雌の数の比（厳密には産まれた時点での比）は1対1である．これは一見合理的なように思える．なぜなら，どちらかが多いと交配相手にあぶれてしまう個体が出てしまうからだ．しかし，個体にとって有利な性質が進化したならば（1.3節参照），自身が交配相手を見つけることさえできれば他個体があぶれようとかまわないはずである．それとも，「自身が相手にあぶれる危険を避ける」という利害が一致して，どの個体も相手にあぶれない平和的な性比が進化したのであろうか？　しかし，平和的なハト戦略が進化的に安定でないことはすでに見たとおりである（3.2節参照）．

　性比が1対1である至近要因は性決定機構にある．たとえば人間の場合，精子は，X染色体かY染色体のどちらかを1/2の確率で持ち，卵はX染色体を必ず持つ．受精がランダムならば，XY（男）とXX（女）ができる確率は同じである．しかし，すべての生物が人間のような性決定機構を持つわけではない．ハチのように，雌親が子の性比を自由に決めるこ

とができる生物も現実に存在する．ところがこの場合も，性比は1対1であることが多い（ただし4.2節参照）．なぜ，多くの生物で性比は1対1なのであろうか？

4.1.1 フィッシャーの性比の理論

1対1の性比が進化的に安定となることを示したのはフィッシャーである．簡単な例を用いて彼の理論を説明してみたい．雌親1個体あたり4個体の子を産むとし，子の性比は遺伝的に決まっているとする．たとえば，遺伝子型がA型の雌親は息子を1個体，娘を3個体産み，B型の雌親は息子を3個体，娘を1個体産む．息子は，成熟したら雌を求め競争し，うまく雌を獲得できたら交配できる．雄には子を産む負担がかからないので，相手さえいれば，何個体とでも交配可能である．一方娘には，交配相手の雄を獲得する苦労はない（黙っていても雄が寄ってくるから）．その代わり，繁殖に投資できる資源に限りがあるので，生涯に一度だけ交配して，ある限られた数の子（ここでは4個体）を産むとする．

　それでは，A型は進化的に安定であろうか？　進化的に安定かどうかを調べるには，A型ばかりからなる集団に，異なる性比で子を産む突然変異型が現われた場合を考えればよい（3.1節参照：図4.1）．もしも突然変異型の適応度のほうが高ければ，その突然変異型の頻度が世代とともに増加する．したがってA型は進化的に安定ではない．なおここでは，子の数ではなく孫の数を適応度とする．孫の代になって初めて，異なる性比で子を産むことの効果が現われるからである（どの親も4個体の子を産むので，子の代で比較しても意味がない）．

　たとえば，突然変異によりB型の雌が現われた場合を考えてみよう（図4.2）．この集団の大多数はA型であり，B型はごくわずかしかいない．集団内の性比は，多数派がどういう性比で子を産むのかによってほとんど決まってしまうので，この集団内での雄と雌の数の比はほぼ1：3である．つまり，雄1個体あたり3個体の雌と交配することが期待できる．

　このとき，多数派であるA型の適応度はいくつになるであろう（図4.2）．A型は息子を1個体産み，息子は，成熟したら3個体の雌との交配が期待できる．そして，交配相手となった雌は，1個体あたり4個体の子

第4章 性比のゲーム

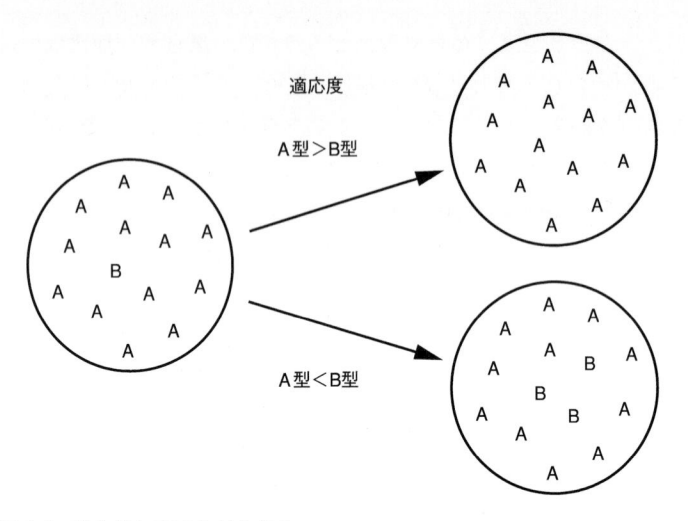

図4.1 進化的に安定かどうか？
A型からなる集団にさまざまな突然変異型が現われる場合を考える．突然変異は少数の個体にしか起きないから集団の大多数はA型である．たとえばB型が現われたとき，A型の適応度がB型の適応度よりも高ければ，B型はやがて消え去ってしまう．しかしB型の適応度がA型の適応度よりも高いと，B型は世代とともに頻度を増すことになる．どんな突然変異型が現われてもA型の適応度のほうが高くなければ，A型は進化的に安定とはなりえない．

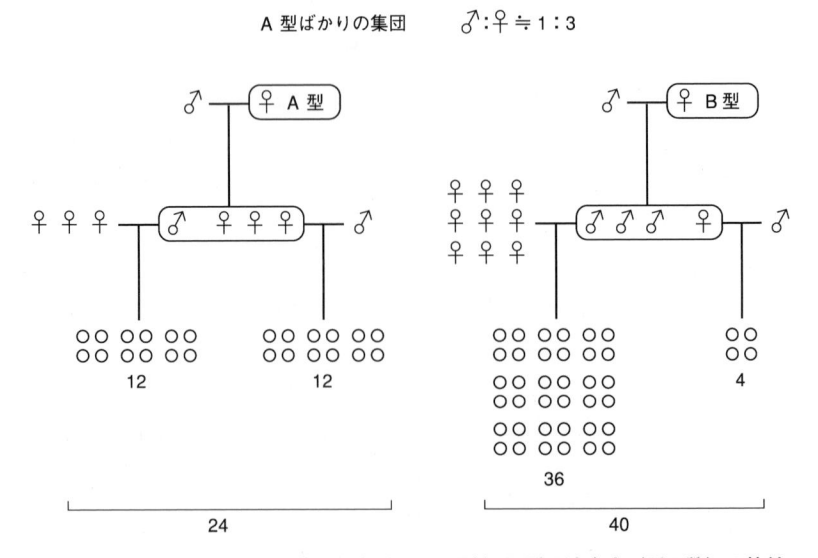

図4.2 A型ばかりからなる集団における，A型とB型の適応度（孫の数）の比較

を産んでくれる．したがって，この息子を通しての孫の数の合計は12個体である．これら12個体の孫はみな，A型の遺伝子をある同じ確率で祖母から受け継いでいる（ただし，雄なので発現はしない）．その確率には，これらの個体の母親が，A型の遺伝子を持っていようとB型の遺伝子を持っていようと（あるいは両方を持っていようと）影響しないことにも注意しておこう．一方，A型は娘を3個体産む．娘は，1個体あたり4個体の子を産むから，孫の数の合計はこちらも12個体となる．そしてこれらもみな，A型の遺伝子をある同じ確率で祖母から受け継いでいる．つまり，A型の祖母1個体から，A型の遺伝子をある同じ確率で受け継いだ孫が24個体産まれるわけである．

一方，B型は息子を3個体産む．息子1個体あたり12個体の子を産ませるから，合わせて36個体の孫を息子を通して持つことになる（図4.2）．娘は1個体しかいないので，娘が産んでくれる孫の数は4個体である．孫の数は合計で40個体，つまり，B型の祖母1個体から，B型の遺伝子をある同じ確率で受け継いだ孫が40個体産まれるわけである．

このように，A型1個体あたりの孫は24個体しかいないのに，B型1個体あたりの孫は40個体もいる．ここで，A型の孫が，A型の遺伝子を祖母から受け継ぐ確率も，B型の孫が，B型の遺伝子を祖母から受け継ぐ確率も同じである．だから，孫が多い方が，その遺伝子がより増殖しているということになる．つまり，息子を3個体，娘を1個体産むというB型の性質が，孫の代で頻度を増しているということだ．息子を1個体，娘を3個体産むというA型の性質は進化的に安定でないことがわかる．

逆に，大多数がB型である集団にA型の雌が現われたらどうなるであろうか．この集団内での雄と雌の数の比はほぼ3:1である．つまり，雄1個体あたり1/3の確率でしか雌と交配できない．したがって，息子を1個体しか産まないA型の場合，息子を通して得られる孫の期待数は $1/3 \times 4 = 1$ と1/3個体である（図4.3）．娘が産んでくれる孫の数の合計は先ほどと同様12個体でよい．よって，A型1個体あたりの孫の数は13と1/3個体と期待できる．一方，B型は息子を3個体産むから，これらの息子を通して得られる孫の数の合計は $1/3 \times 4 \times 3 = 4$ 個体と期待できる．娘が産んでくれる孫の数は4個体のままである．つまり，B型1個体あた

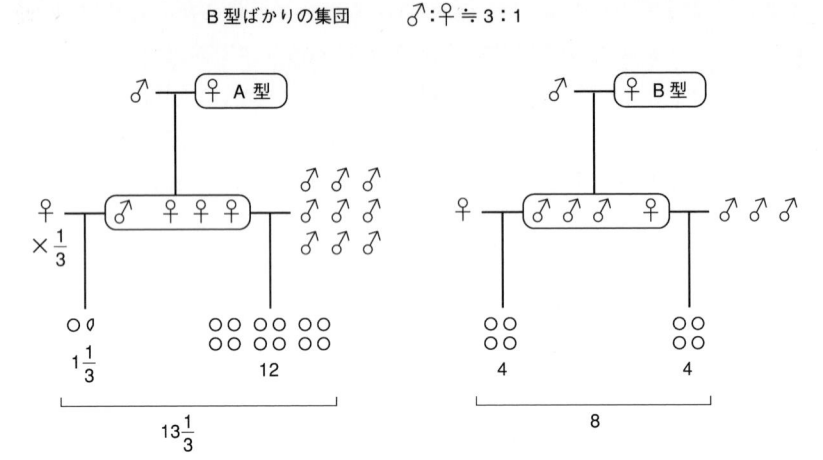

図 4.3 B 型ばかりからなる集団における，A 型と B 型の適応度（孫の数）の比較

りの孫の数は 8 個体と期待できる．さて今度は，多数派となった B 型 1 個体あたりの孫の数（8 個体）よりも，少数派となった A 型 1 個体あたりの孫の数（13 と 1/3 個体）のほうが多くなった．これはつまり，息子を 1 個体，娘を 3 個体産むという A 型の性質が，孫の代で頻度を増しているということである．息子を 3 個体，娘を 1 個体産むという B 型の性質も進化的に安定でないことがわかった．

以上の議論から，雄よりも雌が多い集団では，雄を多めに産む性質が世代とともに頻度を増し，雌よりも雄が多い集団では，雌を多めに産む性質が頻度を増すと一般化できそうだ．このことを簡単な数式で示してみよう．1 個体あたりの子の数を N とし，集団の大多数を占める型（野生型という）1 個体あたりの娘の数を F とする．野生型 1 個体あたりの息子の数は $N-F$ である．同様に，ある突然変異型 1 個体あたりの娘の数を F' とし，息子の数を $N-F'$ とする．そして，集団内での雌の数/雄の数を R とおく．突然変異型の数が少なければ $R \fallingdotseq F/(N-F)$ である．R は，雄 1 個体あたりの雌の数であるから，この集団における雄 1 個体あたりの交配期待数を表わしている．したがって，

$$野生型の適応度 = N \times F + R \times N \times (N-F)$$
$$突然変異型の適応度 = N \times F' + R \times N \times (N-F')$$

である．両式の右辺第一項・第二項はそれぞれ，娘を通してと息子を通しての孫の数である．娘は必ず交配できるので娘の数に N を掛けるだけでよいが，息子の場合には交配期待数 R も掛ける必要がある．それでは適応度の高さを比べてみよう．野生型の適応度から突然変異型の適応度を引くと，

$$野生型の適応度 - 突然変異型の適応度$$
$$= N \times (F-F') + R \times N \times (F'-F) = N \times (R-1)(F'-F) \quad (4.1)$$

となる．(4.1) 式は，$R>1$ ならば $F'<F$ のときに負となり，$R<1$ ならば $F'>F$ のときに負となる．つまり，雄よりも雌が多い集団 ($R>1$) では，野生型よりも娘を少なく産む突然変異型の適応度のほうが高い．この集団では雌をめぐる雄間の競争が少ないため，獲得した雌の数に応じて子を残すことができる雄を多く産むことが有利となるのである．一方，雌よりも雄が多い集団 ($R<1$) では，野生型よりも娘を多く産む突然変異型の適応度のほうが高い．雌をめぐる雄間の競争が厳しいときには，確実に子を残すことができる雌を多く産むことが有利となるのである．

　もうおわかりいただけたであろう．**雄よりも雌が多い集団は雄が増える方向に進化し，雌よりも雄が多い集団は雌が増える方向に進化する**（図4.4）．進化的に安定となるのは雄と雌が同数いる集団である．これが，ほ

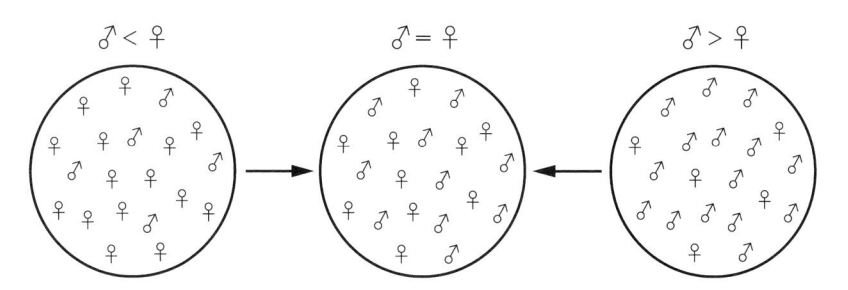

図 4.4　性比の進化方向

> **コラム 6**
>
> **皆が1対1の性比で子を産む必要はない**
>
> 　本文では，全個体が1対1の性比で子を産むようになるという解析の仕方をした．しかし実をいうと，集団としての性比が1対1でありさえすれば，各個体がどのような性比で子を産んでいてもよい．このことを簡単に考えてみよう．さまざまな性比で子を産む遺伝子型が混ざった集団があり，集団としての雌の数/雄の数が R であるとする．そして本文 (4.1) 式の F, F' を，任意の2つの遺伝子型が産む娘の数と読み変える．$R>1$ の集団では，どの2つの遺伝子型を比べても，娘を少なく産む型のほうが適応度が高い．これはつまり，娘をより少なく産む遺伝子型が世代とともに頻度を増すということである．だからやはり，雄が増える方向に集団は進化する．一方，$R<1$ の集団では，どの2つの遺伝子型を比べても，娘を多く産む型のほうが適応度が高い．したがって，雌が増える方向に集団は進化する．$R=1$ ならば，どの型も適応度に差はなく集団は安定である．
>
> 　人間社会を見回すと，男ばかりの兄弟や女ばかりの姉妹がけっこう多いのはそんな理由によるのかもしれない．

とんどの生物で性比が1対1であることの究極要因である（コラム 6 も参照）．

　ちなみに，集団の増殖率は雌が多いほど大きくなる．1個体の雄がたくさんの雌と交配できるならば，子を産む性（雌）が多いほど次世代の数は増えるからである．それにもかかわらず多くの生物で性比が1対1であることは，種（集団）にとって有利な性質（高い増殖率）ではなく，個体にとって有利な性質が進化することの強力な証拠となっている（1.3 節参照）．

4-2　1対1から偏った性比

　ここまでは，雄と雌の数の比がなぜ1対1なのか説明をしてきた．しかし生物のなかには，1対1から大きく偏った性比で子を産むものもいる．本節では，なぜ，性比が1対1から偏ることがあるのかを探ってみたい．

4.2.1 局所的配偶競争

前節で扱った状況は，その生物集団の全個体が1つの交配グループを形成しているというものであった．つまり，その生物集団中のどの異性とも交配しうるという状況である．雄から見ると，集団中のすべての雌が交配対象であり，集団中のすべての雄が，雌をめぐって争うライバルである．

しかし生物種の中には，交配時に複数の交配グループが形成されるものもある．その代表が多寄生バチである．多寄生バチの雌は，寄主（昆虫の幼虫など）の体内に複数の卵を産みつける．1個体の寄主に，複数の雌が産卵することも普通である．そして，同じ寄主から羽化した雌雄の間で交配が行なわれる．交配を終えた雌は，新たな寄主を探して飛び立っていく．その生活史は，以下のようにまとめることができる（図4.5）．

(1) 交配時に，交配グループが形成される．1つの交配グループは，1または複数の雌親から産まれた個体からなる．
(2) 交配は，同じ交配グループ内の雌雄間でのみ起こる．
(3) 交配を終えたら交配グループは解散する．同じ交配グループに属していた雌が離ればなれになる．
(4) 次の繁殖期には，新しい交配グループが形成される．交配グループを作る雌親（同じ宿主に産卵する雌）の組み合わせは，雌親の出自（自分が属していた交配グループ）とは関係がない．つまり，集団中からランダムに選ばれた雌が，同じ交配グループの雌親となる．

このような状況を局所的配偶競争とよぶ．配偶者をめぐる雄間の競争が，同じ交配グループ内に局所的に限定されているためにこうよばれる．

局所的配偶競争においては，交配相手をめぐって兄弟間での競争が起こる．しかも雌は自分の姉妹である可能性が高い．これら兄弟姉妹の雌親からすると，姉妹をめぐる兄弟の争いは無意味である．誰の子であろうと，自分の孫であることにかわりはないからだ．孫の数を増やすためには，息子を少なくし，子を産む性である娘を増やすことである．そのため性比は雌に偏ることになる．

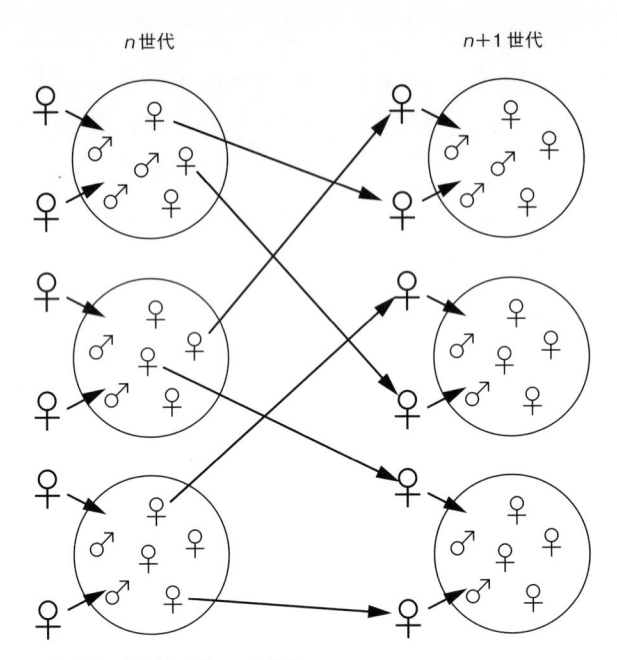

図 4.5 局所的配偶競争が起こる状況
1つのパッチ（寄主；○で囲まれた部分）に，1または複数個体の雌親が産卵する（この図では 2 個体）．同じパッチで産まれた個体が，n 世代の交配グループを作る．交配は，同じグループ内でのみ行なわれる．交配を終えた雌はパッチを離れ，新しいパッチに産卵する．そして，$n+1$ 世代の繁殖グループが新たに形成される．本文も参照のこと．

このことを数式化してみよう．1つのパッチ（寄主）に n 個体の雌が産卵し，雌 1 個体あたり N 個体の子を産む．そして 4.1 節と同様，野生型の雌は娘を F 個体，息子を $N-F$ 個体産み，突然変異型の雌は娘を F' 個体，息子を $N-F'$ 個体産むとする．さて，突然変異型の数がごく少数ならば，大多数のパッチには野生型だけが産卵し，ごく少数のパッチには，野生型が $n-1$ 個体，突然変異型が 1 個体産卵するとしてよいであろう（図 4.6）．同じパッチ内で孵化して成熟した雌雄が，1つの交配グループを形成したとする．このとき，野生型だけが産卵したパッチ由来の交配グループにおける雌の数／雄の数を R_1 とすると，

$$R_1 = \frac{nF}{n(N-F)} = \frac{F}{(N-F)}$$

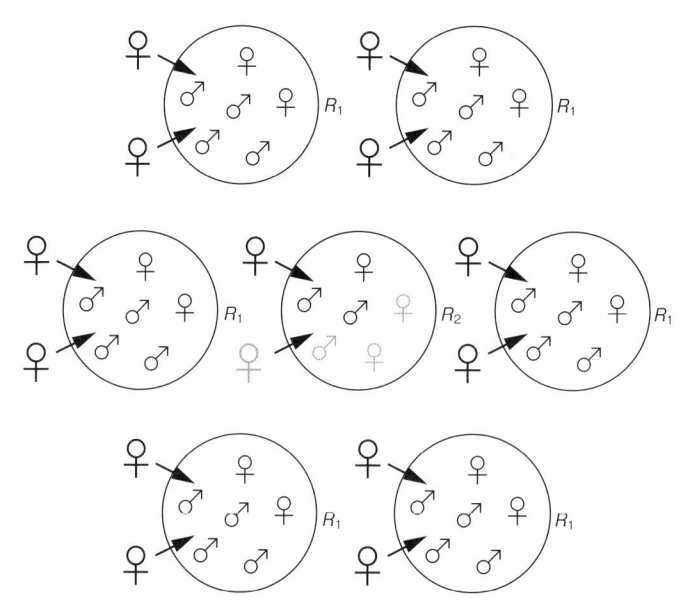

図 4.6　交配グループに関する仮定
大多数のパッチには野生型だけが産卵し，ごく少数のパッチには，野生型が $n-1$ 個体，突然変異型が 1 個体産卵する．黒が野生型を，灰色が突然変異型を現す．野生型のみが産卵したパッチの性比が R_1，突然変異型も産卵したパッチの性比は R_2 となる．

となる．この交配グループを作った野生型の適応度は，

$$\text{野生型の適応度} = N \times F + R_1 \times N \times (N-F) = 2N \times F \tag{4.2}$$

である．つぎに，突然変異型の雌が産卵したパッチ由来の交配グループについて考えよう．この交配グループおける雌の数／雄の数を R_2 とすると，

$$R_2 = \frac{(n-1)F + F'}{(n-1)(N-F) + N - F'}$$

となる．突然変異型の適応度は，

$$\text{突然変異型の適応度} = N \times F' + R_2 \times N \times (N - F') \qquad (4.3)$$

である.

以上の仮定の下で，進化的に安定な性比を求めてみよう．なお以降の解析では，突然変異型と同じパッチで産卵した野生型のことは無視することにする．大多数の野生型は突然変異型のいないパッチで産卵しているので，無視しても影響がないためである．このとき，どんな突然変異型よりも野生型のほうが適応度が高いためには（第3章の進化的に安定な戦略の条件参照），

$$\text{野生型の適応度} - \text{突然変異型の適応度}$$
$$= 2N \times F - \{N \times F' + R_2 \times N \times (N - F')\} \qquad (4.4)$$

が，$F' \neq F$ のときには常に正になっている必要がある（$F' = F$ のときにはゼロとなる）．これはつまり，$F' = F$ のときに (4.4) 式が極小値をとるということである（以降，F, N を連続変数として扱う）．だから，(4.4) 式を F' で微分したとき，その微分した式が $F' = F$ のところでゼロになっている必要がある（厳密には，そこが極小であることも確かめる必要がある）．この条件を満たす F を求めるためには以下のようにすればよい．

① (4.4) 式を F' で微分する．
② 出てきた式の F' に F を代入する．
③ その式がゼロとなる F を求める．

こうして求めた F が，進化的に安定な娘数である．進化的に安定な性比 (F/N) は，

$$\frac{F}{N} = \frac{(n+1)}{2n}$$

となる（図 4.7）．同じパッチに産卵する雌親数 n が少ないほど，性比は雌に偏ることになる．

ここで1つ注意をしておきたい．性比が雌に偏るのは，パッチに産卵す

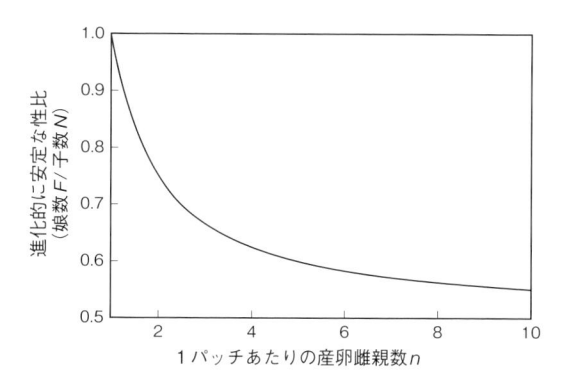

図 4.7 理論的に予測される，局所的配偶競争の下での進化的に安定な性比（娘数 F / 子数 N）

パッチ（寄主）あたりの産卵雌親数 n に依存した，進化的に安定な娘数 F / 子数 N [$=(n+1)/2n$] を示す．解析では，n を連続数として扱っている．$n=1$ のとき，理論的には，娘のみを産むこと（$F/N=1$）が進化的に安定である．しかしそれでは交配できないので，息子を1個体だけ産み，他は娘とすることが進化的に安定となる．

る雌親数が少ないためという理解は不十分である．交配時に，交配グループに分かれることが重要なのだ．このことは，交配グループに分かれない場合，つまり，全雌親が1つのパッチに産卵する場合を計算してみるとわかる．この場合は，野生型が $n-1$ 個体，突然変異型が1個体産卵するパッチが1つだけ存在するということである．適応度の比較の対象となる野生型は，当然，このパッチに産卵したものとなる（他に野生型は存在しないので）．そして野生型の適応度は，

$$\text{野生型の適応度} = N \times F + R_2 \times N \times (N-F)$$

となる（R_1 が R_2 に替わっている）．突然変異型の適応度は（4.3）式のままでよい．適応度の差は，

$$\begin{aligned}&\text{野生型の適応度} - \text{突然変異型の適応度}\\&= N \times F + R_2 \times N \times (N-F) - \{N \times F' + R_2 \times N \times (N-F')\}\end{aligned}$$

である．この式を使って①〜③の計算をすると，$F/N=1/2$ が得られる．

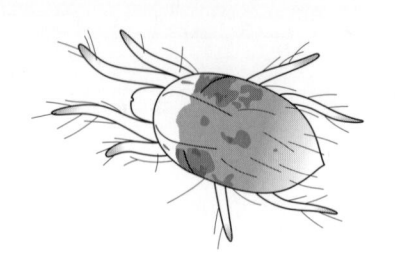

図4.8 ナミハダニ

パッチに産卵する雌親の数 n にかかわらず，性比は1対1となるのである．

　こうなる理由は，「ぬけがけ」ができなくなったためである．交配グループに分かれている場合は，娘を多く産んで性比（R）を雌にずらすことで，自分の子どもだけが，交配相手をめぐる雄間の競争の緩和を享受することができた．ところが，全個体が1つの交配グループに属する場合には，他個体の子どももこれを享受してしまう．そのため，娘を多く産むことの有利さが無くなってしまうのである．

　局所的配偶競争の予測を検証した研究を紹介しよう．ナミハダニ（図4.8；ダニ目ハダニ科；*Tetranychus urticae*）の雌親は，葉に卵を産みつける．そして，同じ葉で産まれた雌雄が交配グループを作る．このナミハダニを用いて，以下のような人口飼育実験を行なった．60個体の雌を選び，$4\,\mathrm{cm}^2$ の葉に1雌親ずつが産卵する処理と，$40\,\mathrm{cm}^2$ の葉に10雌親ずつが産卵する処理とを行なった．前者では $4\,\mathrm{cm}^2$ の葉×60枚，後者では $40\,\mathrm{cm}^2$ の葉×6枚である．産まれた子が成熟して交配を終えた頃に，それぞれの処理ごとに全個体を混ぜ合わせて育てた．そして新たに60個体の雌を，それぞれの処理から無作為に選び出した．これを54世代繰り返した．これらに加え，第1世代として，$400\,\mathrm{cm}^2$ の葉一枚に100個体の雌を産卵させるという処理も行なった．この処理では，定期的に新しい葉を与えながら，第1世代の子孫を一緒に育て続けた（密度調節も行なわなかった）．大きな交配グループが1つだけあるという状況である．そして14世代飼育した．図4.9が，それぞれの処理における，累代飼育後の性比である．産卵雌親数が少ないほど，性比が雌に偏っていることがわかる．性比は確かに，局所的配偶競争が厳しいほど雌に偏る方向に進化したのである．

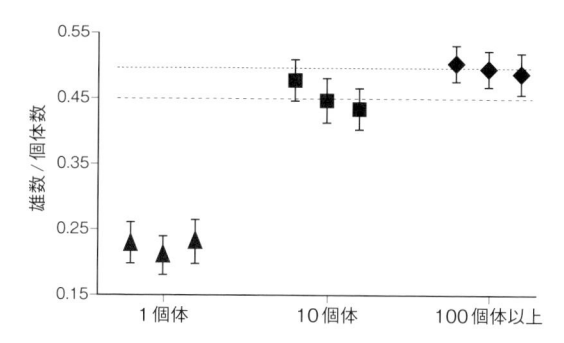

図 4.9　一枚の葉あたりの産卵雌親数に依存した平均性比（雄数/個体数）
一枚の葉に産卵する雌親の数を，1 個体・10 個体・100 個体以上の 3 段階にして，54 世代飼育した（100 個体以上という処理については 14 世代）．そして性比を調べた．各処理について，3 回の繰り返し実験を行なっている．ただし性比は成体のものである（幼体は，雌雄が判別不能のため）．卵からの生存率に雌雄差はないので，成体の性比で問題ないとしている．[Macke, E. *et al*.: *Science* 334, 1127-1129, (2011) より]

参考文献

1) 巌佐　庸：生命の数理，第 8 章，共立出版（2008）
2) 日本数理生物学会 編集：「行動・進化」の数理生物学（シリーズ数理生物学要論 3），第 3 章，共立出版（2010）
3) 長谷川眞理子：オスとメス＝性の不思議，講談社現代新書（1993）
4) 長谷川眞理子：雄と雌の数をめぐる不思議，NTT 出版（1996）
5) ピーター・メイヒュー（江副日出夫・高倉耕一・巌　圭介・石原道博　訳）：これからの進化生態学―生態学と進化学の融合，第 5 章，共立出版（2009）

第 5 章

利他行動の進化

　この本の冒頭で,「適応度が高い遺伝的性質ほど集団に広がりやすい」と述べた. この基本原理が普遍的であると考えた生物学者たちは, この約1世紀の間に, いくつもの現存する生物の形質や行動をこの基本原理に基づいて解釈しようと試みてきた. すなわち,「これこれの行動にはこういう適応的な意義があり, 適応度が高いから行なわれているのだ」という具合である. しかし, この自然淘汰説の検証の過程で,「一見適応度が高いとは思えないのに」維持されている形質や行動がいくつか見いだされてきたのである. たとえば,「適応度が高いとは思えない儀式的なけんかは, 頻度依存淘汰によってひき起こされる進化的に安定な戦略 (ESS) である」という例は, すでに第3章で解説してきた (図5.1). この章では, もう1つの例として, ハチやアリという社会性昆虫にみられる利他行動について紹介して, どのようにして**利他行動**が適応的であると解釈されるようになったのかを述べてみたい.

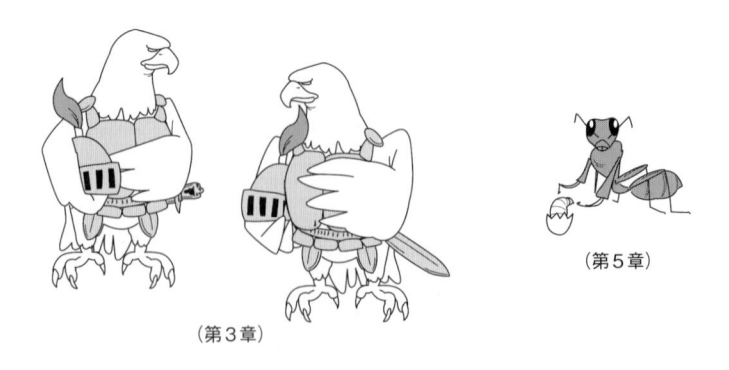

(第3章)　　　　　　　　　(第5章)

図5.1　一見適応度が高いとは思えない例

5-1 社会性昆虫の生活史と利他行動

　組織的な行動をとることで有名なアリの巣の中には，主に繁殖活動を行なう個体と，繁殖活動をせずに子どもの養育や巣の防衛を行なう個体（一般に**ワーカー**とよばれる）がみられる．他にも，ミツバチ，スズメバチ（ハチ目）およびシロアリ（シロアリ目）でこのような分業がみられるが，形成された巣の中で分業がみられる昆虫の仲間を**真社会性昆虫**という．

　真社会性昆虫の代表として，スズメバチ属の生活史を見てみると，新しい巣の創設は女王バチによって行なわれる．熱帯の種では，複数の女王の協同によるものもあるが，温帯の種では越冬した単独の女王によって行なわれるのが普通である．巣を造った女王は自分の子どもであるワーカーが羽化するまで1カ月にわたって，産卵・採餌・防衛・巣の拡張などの仕事を単独で行なう．ワーカーが羽化すると，女王は巣に留まって産卵に専念し，他の仕事はワーカーが行なう．創設女王の存在する巣では，ワーカーの産卵は見られないのが普通である．秋には多数のワーカーを擁する巨大なコロニーに成長し，秋の終わりに雄と次世代の新女王の羽化が見られる．新女王は巣を離れて交尾する．このとき，同巣の雄と新女王の近親交配は普通起こらない．受精した新女王は土中や朽木中で越冬する．

　このようなハチ目の社会性昆虫の生活史は，詳細に見ると種ごとにさまざまに異なっているが，共通するある特徴がある．それは，**ワーカーが集団の中で大多数を占めており，しかも雌である**ということである．この雌たちの振る舞いは生物学者にとってたいへん悩ましい．というのも，このワーカーたちは，巣の拡張や採餌，幼虫の世話など，女王を中心とした社会を維持していくために必要な労働の担い手として，女王の繁殖活動を助けているばかりではなく，自分の子どもをいっさい産まないからである．第1章では，種ではなく個体に有利な形質や行動が進化していくことを説明したが，その考え方からすれば，自分の子どもを残さずに他個体の適応度を高める行動（**利他行動**）が進化するとはとても考えられない．ところが，今から約半世紀前の1964年に，ハミルトンという名のイギリスの生物学者が社会性昆虫の利他行動を説明するある説を唱えた．ハミルトンは，ハチ目が有する一風変わった遺伝システム，**半倍数性**に着目したのである．

5-2 社会性昆虫の半倍数性

人間も含めて多くの動物の遺伝システムは倍数性である．すなわち，雄も雌も染色体の組（ゲノム）を2組持っている2倍体である．ヒトの場合，23本の染色体で構成されるゲノムが2組ある．精子や卵子など配偶子が作られるときに減数分裂を行なうことによって，ゲノムが1組しかない1倍体がつくられ，父親と母親からそれぞれ1組ずつ与えられたゲノムが受精することによって，新たな2倍体が構成される（図5.2a）．ところが，ハチ目の昆虫の場合は，雌が普通の2倍体であるのに対して，雄は1倍体である．このような遺伝システムは**半倍数性**とよばれている（図5.2b）．では，どのようにして雄と雌が誕生するのであろうか？ ハチやアリの性決定様式は，人間のように性染色体によって雌雄が決定する様式ではなく，卵が受精するか未受精かで雌雄が決まる（図5.2b）．昆虫の多くは，雌の体内に受精嚢という精子をためる袋を持っていて，雄と交尾した際に精子をその袋にためる．受精は，卵が輸卵管を通るときにその受精嚢から精子を分泌することによって行なわれるが，ハチ目の昆虫では，受精しなかった卵は雄になり，受精した卵が雌となって誕生してくる．要は，雄は父親を持たない子として生を受ける．この性決定様式であれば，受精嚢を開閉することによって雌雄の産み分けも可能である．

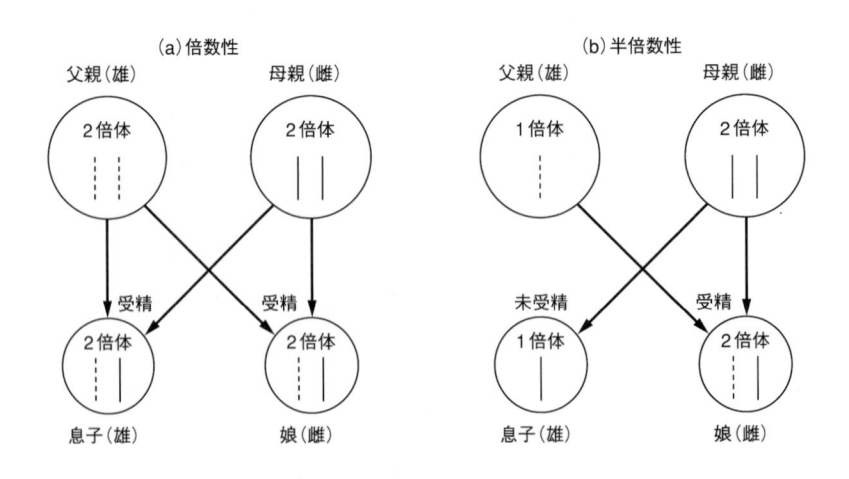

図5.2 倍数性，半倍数性の遺伝システム

では，この半倍数性は利他行動とどういう関係にあるのだろうか？ それを理解するためには，この遺伝システムにおいて，血縁度が雌雄間で異なっていることを知っておく必要がある．

A個体からみたB個体の**血縁度**は，「**Aの中のある特定の遺伝子の同祖遺伝子（祖先が同じである遺伝子）をBが持っている確率**」と定義されている．もしこの確率が高ければ，血が似通っていることになり，低ければ縁もゆかりもないことになる．したがって，兄弟の方が叔父叔母やいとこよりも血縁度は高い．倍数性の遺伝システムにおける兄弟姉妹間の血縁度は，雌雄にかかわらず1/2で同一である（コラム7参照，図5.3a）．と

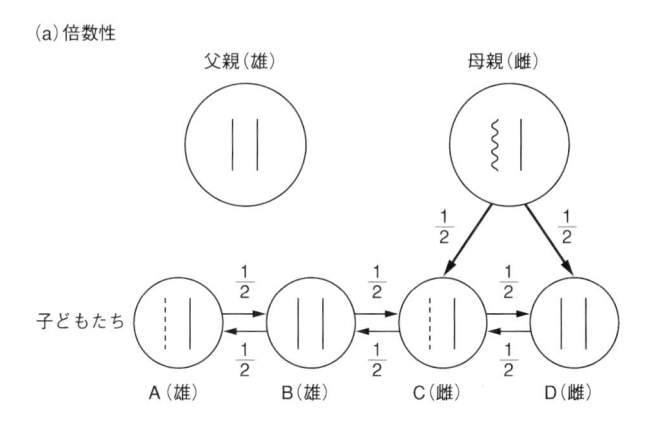

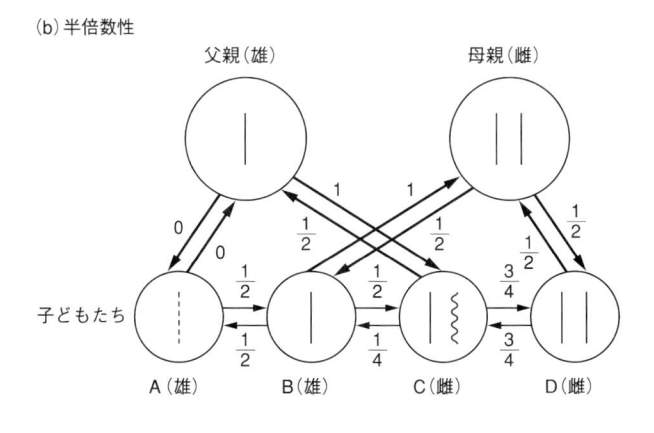

図5.3　倍数性，半倍数性の血縁度

> **コラム 7**
>
> ### 倍数性，半倍数性の血縁度
>
> **(1) 倍数性（図5.3a）**
>
> 両親を同一にする兄弟，A, Bの間の血縁度を求めるためにAからみたBの血縁度（r_{AB}）から考えてみよう．Aの持つ特定の遺伝子（点線部）をBが持つ確率を考える．この遺伝子は母親から受け継いだ場合（確率1/2）と父親から受け継いだ場合（確率1/2）がある．母親から受け継いだ場合にその遺伝子がBに伝わるのは1/2の確率（相同染色体のどちらが母親からBに伝わるかがわからない）であるから，母親経由でBが同祖遺伝子を持つ確率は $1/2 \times 1/2 = 1/4$ である．同様に父親経由で同祖遺伝子を持つ確率は $1/2 \times 1/2 = 1/4$ であるから，$r_{AB} = 1/4 + 1/4 = 1/2$ となる．同様の議論で r_{AB} も1/2であることがわかるだろう．
>
> また，雄も雌もまったく同じ遺伝システムを持っていることから，姉妹間や兄弟姉妹間の血縁度（r_{CD}, r_{BC}）を求める際にも同様の計算が成立し，1/2になることがわかる．
>
> 母親からみた子どもの血縁度はどうだろうか？　これはいたって簡単で，直感的に理解できる．波線の遺伝子が子どもに存在するかどうかは卵子がつくられるときに波線の遺伝子が存在するかどうかにかかっている．その確率は1/2であるから血縁度は1/2である．
>
> **(2) 半倍数性（図5.3b）**
>
> 半倍数性では，雄は母親からしか遺伝子を受け取っていないため，倍数性とは少し事情が異なってくる．兄弟間の血縁度を求めるために，倍数性の場合と同じようにAの持つ特定の遺伝子（点線）をBが持つ確率を考える．この遺伝子は

ころが，半倍数性の兄弟姉妹間では，雄からみた雌の血縁度は1/2（倍数性の生き物と同じ）であるのに対して，雌からみた雄の血縁度は1/4と対称でない（図5.3b）．さらに不思議なことに，兄弟間の血縁度が1/2（倍数性の生き物と同じ）であるのに，姉妹間の血縁度は3/4という高い値を持つ．半倍数性の生き物では，姉妹間で倍数性の生き物よりも高い血縁度を有している．「これが社会性昆虫の利他行動の謎を解く鍵である」と，ハミルトンは考えた．

必ず（確率1）母親から受け継いでいる．母親から受け継いだ場合にその遺伝子がBに伝わるのは1/2の確率であるから，母親経由でBが同祖遺伝子を持つ確率は$1\times 1/2=1/2$である．父親経由はありえないので，$r_{AB}=1/2$となる．同様の議論でr_{BA}も1/2であることがわかるだろう．

さて，姉妹間ではどうであろうか？ Cの持つ波線の遺伝子では，母親から受け継いだ場合（確率1/2）と父親から受け継いだ場合（確率1/2）がある．母親から受け継いだ場合に，その遺伝子がDに伝わるのは1/2の確率（相同染色体のどちらが母親からDに伝わるかがわからない）であるから，母親経由でBが同祖遺伝子を持つ確率は$1/2\times 1/2=1/4$である．ところが，父親から受け継いだ場合はその遺伝子は必ず（確率1）Dに伝わっている（図5.2b）．したがって父親経由で同祖遺伝子を持つ確率は$1/2\times 1=1/2$であるから，$r_{CD}=1/4+1/2=3/4$となる．同様の議論でr_{DC}も3/4であることがわかるだろう．兄弟姉妹間の血縁度（r_{BC}，r_{CB}）を求める際にも同様の計算が成立し，それぞれ1/2, 1/4になる．半倍数性において，ゲノムの数が雌雄間で異なることが，こうした血縁度の非対称性をもたらしている．

母親からみた子どもの血縁度は倍数性の場合と同じに理解できる．すなわち，ある特定の遺伝子が卵子に含まれる確率は1/2であるから息子の場合でも娘の場合でも血縁度は1/2となる．

他の個体間の血縁度も図5.3bに記しておいた．興味のある読者は独力で計算してみることをおすすめする．半倍数性生物の不思議な関係，たとえば息子からみた父親の血縁度が0であることなどを知ることができるだろう．

5-3 包括適応度

ハチとアリの社会は，血のつながりのないものが多く含まれる人間社会とは異なり，女王を中心とする血縁個体だけで構成されている一大家族である．そのため，家族を助ける利他行動は，ひるがえって自分自身が持っている遺伝子と同一のものを守っていることになる．その遺伝子が利他行動を促すような遺伝子であれば，その利他行動遺伝子が集団中に優占する可能性もある．第1章では，適応度は，ある戦略をとる<u>個体に着目して</u>，

その個体の繁殖齢に達する子どもの数として定義されたが，その定義では，自分の子ども以外の血縁個体の増加による利他行動遺伝子の増加を見積もることはできない．そもそも，進化を議論する際には遺伝する形質や行動に目を向けているのだから，「血縁個体の分も含めた遺伝子の数を適応度とするべきだ」という考えは，至極当然のように思える．あたり前だが気づきにくいこのことを，ハミルトンは**包括適応度**という新しい適応度概念を提唱することによって世に示した．すなわち，包括適応度とは

W_A = 他個体との利他関係がないときの個体 A の適応度
C = 他個体に対する利他行動によって失われる適応度の減少分
B_i = 利他行動によってひき起こされる i 番目の他個体の適応度の増加分

という3つの要素を取り入れることによって，

$$個体 A の包括適応度 = W_A - C - \sum_i r_{Ai} \times B_i \qquad (5.1)$$

として定式化されるべきであると提言した．W_A は，血縁個体に対する利他行動を考慮に入れていない第1章で定義された適応度である．C は，利他行動によって時間や労力などが失われることによってひき起こされる適応度の減少分，B_i は，血縁関係にある i 番目の他個体が A の利他行動によって受ける利益を意味する．また，r_{Ai} は i 番目の他個体の子どもの血縁度と個体 A の子どもの血縁度との比を表わす．つまり，(5.1)式右辺第三項は，個体 A の子どもが持っている遺伝子と同一のものを他個体が持っている確率と他個体が利他行動によって受ける利益の積であり，利他行動によってひき起こされる個体 A の遺伝子の得を表わしている．

もし，他の性質はまったく同じで利他的相互作用を行なわない個体がいたとすると，その個体 E の包括適応度は

$$個体 E の包括適応度 \quad (W_E) = W_A \qquad (5.2)$$

と考えられ，2つの適応度の差，

$$-C+\sum_i r_{Ai} \times B_i > 0 \qquad (5.3)$$

の場合には，利他行動をとる個体の適応度が勝り，集団中に利他行動をとる個体が増加していくだろう．このように，ある遺伝子が血縁個体の適応度の増加を仲介にして選択される機構は，**血縁淘汰**とよばれ，(5.3) 式の最も簡単な形，

$$Br > C$$

は**ハミルトン則**とよばれている．ハミルトンは，包括適応度概念を通じて，遺伝子の損得に基づいて進化を考えることを提唱したのである．

ここでもう一度，半倍数性のハチ目の血縁度を思い起こしてみよう．最も着目すべきことは姉妹間の血縁度が3/4であるという事実である．たとえば，x個体の子どもを産む能力のある雌が，自分の子どもを産まずに女王を助ける利他行動に走れば，姉妹たちの数がy個体増加するとしよう．この場合，$C=x$, $B=y$, $r_{Ai}=$ (女王の娘たちの血縁度)/(自分の子どもの血縁度) = (姉妹たちの血縁度)/(子どもの血縁度) = (3/4)/(1/2) = 3/2 である．したがって，利他行動による包括適応度の減少はxであるのに対して，増加は$3y/2$である（図5.3b）．倍数性であれば，利他行動による包括適応度の増加は$(1/2)y/(1/2)=y$に減ってしまう（図5.3a）．倍数性でも半倍数性でもxやyの値が変わらないのであれば，半倍数性のほうが利他行動が得になる可能性は高い．遺伝子の損得に基づくこの考え方は，他の倍数性の生物に比べて，相対的にハチ目において利他行動が進化しやすいという根拠を与えた．血縁度が3/4であるという事実は，ハチ目以外の昆虫で社会性が見いだされている例が少ないという事実と相まって，この仮説を印象づけた．この仮説は，「**ハミルトンの3/4仮説**」とよばれる．

ハミルトン則や，そこから派生する3/4仮説は，広く一般に知られるようになったが，この条件式が単純な環境下でのみ成立するものであることは意外と知られていない．ハミルトン則が成り立たない例として挙げられるのは，ある個体の利他行動の結果が，他個体の戦略に影響される場合で

ある.たとえば,ワーカーが利他行動をしていたとしても,女王が複数の雄と交尾する戦略をとっていればワーカーの包括適応度はその戦略の影響を受ける.次の5.4節では,この場合に3/4仮説が成立しない例を紹介し,現在のところの有力な代替仮説を紹介しよう.

5-4 ポリシング

実をいうと,前節で紹介したハミルトンの3/4仮説は,女王が1匹の雄としか交尾しないことを大前提としている.複数の雄と交尾した場合にはそもそも成り立たない.なぜならば,異父の兄弟姉妹も世話することになるためである.父親が異なる場合,兄弟姉妹との血縁度は$1/2 \times 1/2 = 1/4$しかない(コラム7参照).その遺伝子を母親(女王)から受け継いだ場合(その確率1/2)のみ,異父の兄弟姉妹にもその遺伝子が伝わっている可能性がある(その確率1/2)からである.自分の子との血縁度は1/2なので(図5.3),異父の兄弟姉妹を育て上げるよりも自分の子を産む方がよいわけだ.同父の兄弟姉妹も混ざっているにせよ,血縁度の平均は3/4よりもかなり下がってしまう.たとえば,女王が2匹の雄と交尾をした場合,兄弟姉妹の半分が異父と期待される.血縁度の平均は$1/2 \times 1/4 + 1/2 \times 3/4 = 1/2$である.3匹の雄と交尾した場合は,$2/3 \times 1/4 + 1/3 \times 3/4 = 5/12$である.

女王が複数の雄と交尾することは珍しいことではない.ミツバチがその代表例である.セイヨウミツバチでは,女王の交尾回数は平均17回という.

しかし,女王が複数交尾をする種でも,ワーカーは兄弟姉妹の世話に専念する.いやむしろ,女王が1回しか交尾しない種(マルハナバチなど)よりも,ワーカーは,コロニーのために忠実に労働する傾向がある.ハチの場合,交尾せずとも産卵可能である(未受精卵なので雄となる).それにもかかわらず,ワーカーはなぜ,自分の子を産まないのか? それを説明する有力な仮説が,ワーカーポリシングとよばれるものである(図5.5).

ポリシングとは,裏切り者が出ないように監視する行為のことである.異父姉妹であるワーカーが裏切って産卵したとしよう(雄を産むことにな

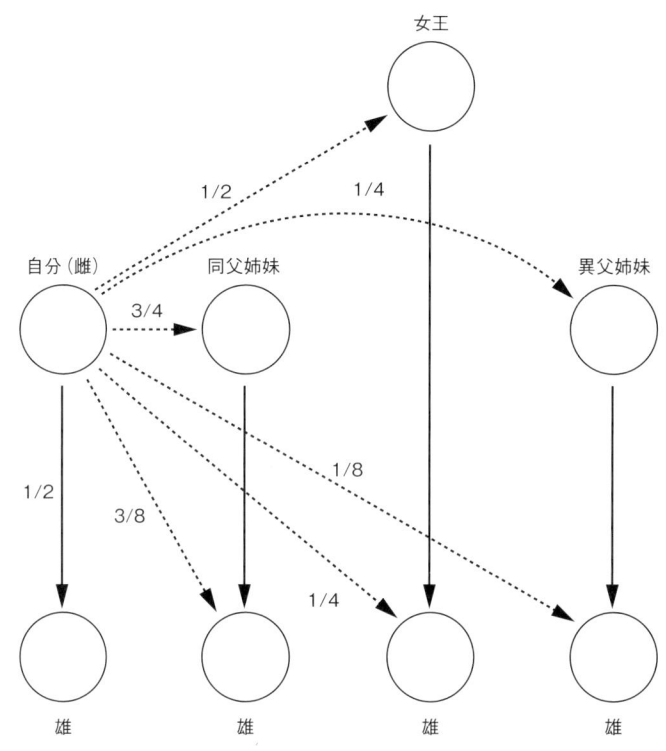

図 5.4　異父の兄弟姉妹がいるコロニーにおける血縁度
実線の矢印が親子関係を示す．点線の矢印が，自分（ワーカーの雌）から見た血縁度を示す．

る）．産まれてきた雄との血縁度は 1/8 しかない（図 5.4）．それならば，女王にたくさん雄を産んでもらう方がよい．女王が産む雄との血縁度は 1/4 あるからである（図 5.4）．いや実は，自分が子を産む方がよい（やはり雄を産むことになる）．自分が産む雄との血縁度は 1/2 もあるからだ．そのため，異父姉妹には子を産ませたくないが，自分は子を産みたいという状況となる．このような状況下では，お互いに監視し合った結果，ワーカーは誰も子を産まなくなることになる．

　そうなってしまう直感的な理由は以下のとおりだ．ワーカーが，同父の姉妹と異父の姉妹とを区別できない場合から考えてみる．この場合，まわりのワーカーすべてが，自分が子を産まないように監視しているわけであ

第 5 章 利他行動の進化

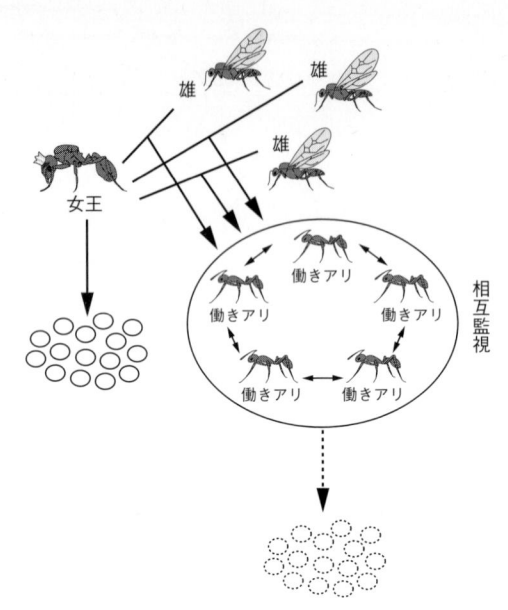

図 5.5　ワーカーポリシング
働きアリが相互に監視することによって，どの働きアリも自分の子を産むことができなくなってしまう．

る．いわば数の論理で，産卵が阻止されてしまう．では，同父の姉妹と異父の姉妹とを区別できる場合はどうか．1つのコロニーに，雄親 A から由来したワーカーと雄親 B から由来したワーカーとが混ざっているとしよう．雄親 A はポリシングをする遺伝子を持っていて，雄親 B は持っていないとする．そのため，雄親 A 由来のワーカーは雄親 B 由来のワーカーの産卵を阻止しようとする．しかし，雄親 A 由来のワーカーはそのような干渉を受けない．そのため，雄親 A 由来のワーカーに比べ，雄親 B 由来のワーカーは子（雄となる）を産みにくい．したがって次の世代では，ポリシングをする遺伝子を受け継いだ雄（雄親 A 由来のワーカーが産んだ）が増えることになる．この過程を繰り返せば，ポリシングをする遺伝子を持った雄ばかりとなる．そうすると，コロニー内のどのワーカーもポリシングをすることになり，お互いに子を産めない状態になってしまうわけである．

　ワーカーポリシングが起きていることを示す証拠は多い．ワーカーは実

際に，他のワーカーの産卵を阻止しようとしているのである．たとえばセイヨウミツバチでは，ごく一部のワーカーが産卵には成功している．ヴィッシャーによると，コロニー内の卵の7%がワーカーが産んだものであったという．しかしそれらは，他のワーカーに除去されてしまいほとんど育たない．スズメバチ（ミツバチ同様，女王が複数回交尾をする）を用いて卵の除去実験を行なった研究もある．フォスターらは，ワーカーが産んだ卵120個と女王が産んだ卵120個とを置いて，ワーカーによる除去行動を比べた．その結果，ワーカーが産んだ卵はすべて除去されてしまったのに，女王が産んだ卵は80個が残った．ワーカーは，ワーカーが産んだ卵を選択的に除去しているわけである．

このようにポリシングは，社会性昆虫の利他行動を維持する重要な行動と考えられている．さらには，他の生物においても，ポリシング（および，それに類する行動）が利他行動を維持する役割を果たしていると指摘されてきている．それは，人間社会でも例外ではない．次節では，人間社会における利他行動を見ていこう．

5-5　人間社会における強い互恵性

人間社会は利他行動に満ちあふれているといってよい．知らない人に道を訊ねられたら親切に答えるし，ハンカチを落としたのを見たら，「落としましたよ」と教えてあげる．少々のコストを払ってでも他者を助けることも普通だ．たとえば，先輩は後輩に食事をおごる．川に落ちた人を目撃したら，自分にできる限りのことをして（川に飛び込むとか）救出しようとする．

こうした利他行動の多くは，何らかの見返りを期待してのものではない．「道を教えた礼に金を貰おう」などと思っていないし，「将来その相手に道を教えて貰うかもしれないので恩を売っておこう」とも思っていないだろう．人間の利他行動の特徴は，「情けは人のためならず」――情けをかけておけば，巡り巡っていつかは自分に返ってくる――に留まらないことである．その利他行動が，将来的にも自分に直接的な利益をもたらさなくても，人間は利他行動をするのだ（ただしむろん，直接的利益が利他行

動の動機となる場面も多々ある）．

　このような利他行動は他の動物では見られない．人間社会は，「強い互恵性」とよばれる，人間社会に特有の利他行動を進化させているのである．強い互恵性は，利他的報酬と利他的懲罰とからなる．前者は，ある行為者（その社会の構成員）が，協力的で社会の規範を守る人に対して報酬を与えることである．後者は，ある行為者が，少々のコストを自分が払ってでも，規範を破る人を罰することである．どちらも，その行為者の直接的利益につながらなくとも行なわれる．だから，その相手と二度と会うことがなくとも（その相手からの将来的な見返りがない），こうした利他行動を行なう．

　人間社会には一期一会の（またはそれに近い）関係も多い．さらには，非血縁者との関係が非常に多い．このような状況下で社会を保つためには，強い互恵性が必要なのであろう．構成員が，直接的な利益を期待せずに利他的報酬を与えあう．そういう社会であれば，自分もいつでも助けて貰える．自分の利他行動が，巡り巡って返ってくるのを待つ必要がないわけだ．ここで大切なのが，裏切り行為が広がらないことである．他の人の利他的報酬は受けるけれども自分は払わない，つまりはただ乗りを阻止する必要があるわけだ．それが利他的懲罰である．人間は，利他的懲罰をする心理を進化させているのだ．

　たとえばこんなゲームをしてみよう．最後通牒ゲームと呼ばれるものである．出資者が，Aさん・Bさんの2人に，「2人で分けなさい」と1万円を渡す．配分額を提案するのはAさんである．Bさんが提案に同意したら，その配分額に従って1万円を分ける．拒否したら2人ともお金を貰えない．では，Bさんになって，以下の提案の諾否を答えてみて欲しい．

・Aさんが5000円，Bさんも5000円．
・Aさんが9000円，Bさんが1000円．
・Aさんが9900円，Bさんが100円．

話を進める前に，この提案のことはいったん置いておいて，新しい提案をしよう．何の条件もなく，以下の額をタダであげるとする．諾否を答えてみて欲しい．

・5000 円．
・1000 円．
・100 円．

むろん，全部受け入れるであろう．たとえ 100 円でも，タダで貰えるものは貰っておく．しかし最後通牒ゲームでは，100 円の分配を拒否したのではないか．こちらとて，**タダで 100 円を貰えることに変わりはないのに**である．拒否した理由は，A さんが 9900 円も貰うことに不公正感を抱いたためであろう．不公正な行為に対して，100 円を犠牲にして利他的懲罰を科したわけである．

　人間には，他者の不公正を不快に思う心が備わっている．自分に直接的な不利益をもたらさなくとも不快に思うのである．たとえば，赤い羽根の募金を皆がしたのに，一人だけしない人がいたらずるいと思うだろう．お年寄りが立っているというのに優先席に座っている人を見たら，「席を譲れ」と苛立つであろう．行列を作って何かの順番を待っているときに，誰かが自分の後ろに（前ではなく）割り込んだとしても，「割り込むな」と思うだろう．しかし実は，こうした不正行為が自分に実害をもたらすわけではない．それなのにときには，不正行為者に対して注意をする．喧嘩になって，ますます嫌な思いをしたり，ときには怪我をする可能性もある（コストがかかる）というのにだ．むろん，自分に実害のある不正行為に対してはもっと敏感に反応する．不正行為を監視する生得的な性質が，人間社会の利他行動を維持する 1 つの要因となっているのである．

　なぜ，このような生得的な性質が進化したのか．強い互恵性が進化する条件は何なのか．これらの進化要因を探る研究がさかんに行われている．しかし，これらは本書の域を超えるので取り上げない．興味のある人は，章末の参考文献を読んで頂きたい．

参考文献

1) 嶋田正和・粕谷英一・山村則男・伊藤嘉昭：動物生態学新版，第 7 章，海游舎（2005）
2) 巌佐　庸 編：数理生態学（シリーズニューバイオフィジックス 10），第 3 章，共立出版（1997）

3) 粕谷英一：行動生態学入門，pp.45-73，東海大学出版会（1990）
4) 長谷川眞理子・河田雅圭・辻　和希・田中嘉成・佐々木顕・長谷川寿一：行動・生態の進化（シリーズ進化学 6），第2章，岩波書店（2006）
5) 小田　亮：利他学（新潮選書），新潮社（2011）
6) 斉藤成也・諏訪　元・颯田葉子・山森哲雄・長谷川眞理子・岡ノ谷一夫：ヒトの進化（シリーズ進化学 5），第4章，岩波書店（2006）

第6章

親と子の対立

　第5章では，どのような行動が進化するのかを調べるために遺伝子のレベルで考える必要があることを，血縁淘汰という概念を通じて述べた．つまり，自分自身の遺伝子の増加に寄与する行動だけではなく，自身の遺伝子と同一な遺伝子を持つ血縁個体の増加に寄与する行動も，淘汰によって進化する可能性がある．このことは，第1章で述べた「個体にとって有利な性質が進化する」という命題が正確な表現ではないことを意味している．正確にいうならば，「遺伝子にとって有利な性質が進化する」のであって，その反映として多くの場合，「個体にとって有利な性質が進化する」が，血縁個体に関与するような形質や行動に関しては，「個体にとって有利ではない性質が進化する」場合もあるということになる．前章で紹介された，血縁個体から構成される社会での利他行動はその一端である．

　血縁個体に関与する行動のなかで最も卑近な例は，親による子育てである．われわれのような哺乳動物だけではなく，鳥類でも親は手厚くヒナを育てる．それでは，親の子育て行動は，限りなく手厚く世話をするように進化していくのだろうか？　手厚く世話をするのがよいのならば，子どもが大人になっても子離れをせずに，子どものまわりをうろついているのだろうか？　そんなことをしては子どもが独り立ちできなくなると思うかもしれないが，もしそれが親の持っている遺伝子にとって有利であるならば，忠告に背いてその行動は進化するはずである．ところが，鳥類や哺乳類では，積極的に子の親離れをしむけるような親の行動の事例がみられるのである．子どもにとっては，親に世話をやいてもらえないのは不利に思えるから，親と子の間で利害に食い違いのあることが原因ではないかと考えられている．その食い違いは，おそらく，血縁淘汰を考えることによっ

てよく理解できるに違いない．この章では，この親子間の利害の食い違いについて考えてみたい．

6-1 利害の食い違いの原因

鳥類や哺乳類の親は，子どもが大きくなるまでの間，子どもに餌を運んだり乳を与えたりする．ところが，ある程度子どもが大きくなると，親鳥が餌を与えずに子どもに巣立ちを促したり，母親が乳を求める子を拒絶したりする．一方，子どものほうは，拒絶されたことに対抗して大きい声で親に給餌を促したり，母親を攻撃したりして，とても仲むつまじい親子とは言いがたい行動をとる．これらの事実は，動物行動学者たちに，**親子の間に利害の食い違いがあり，そのために対立が生じるのではないか**と考えさせた．対立があるにしても，それはなぜ起こっているのだろうか？　その理由を血縁淘汰という観点から考えてみよう．

<u>親の立場に立って考えてみると</u>，もし一生涯に投資できるエネルギーのすべてを一人の子どもにつぎ込む戦略をとったら，たいへんなことになる．子どもは親と同じ繁殖戦略を受け継ぐので，「一子全力投入戦略」では，子どもがどんなに立派に育ったとしても，遺伝子の数が増えることはない．やはり2回目以降の繁殖にかける時間を残しておいて，そこで生まれた子どもたちにもエネルギーを投入するほうが有利である．なぜならば，最初に生まれた子どもも，2回目以降に生まれた子どもたちも，親から見た血縁度は1/2（第5章図5.3a参照）で，**親個体と同一の遺伝子を同じ確率で所有しているからである**．

一方，<u>子どもの側から考えると</u>，親はすべてのエネルギーを使って自分の世話をしてくれたほうが得である．2回目以降に生まれる自分の弟や妹のために少しでもエネルギーを費やしたなら，自分にとっては損である．なぜなら，いかに自分の弟や妹とはいえ，彼らが自分と同一の遺伝子を持っている確率は1/2（第5章図5.3a参照）にすぎない．自分自身との血縁度は1であるから，2倍の違いがある（図6.1）．したがって，**親が弟や妹に注いだエネルギーのうち半分は，自分のためになっていない**のである．1回の繁殖で複数個体の子どもを産む場合も同様のことがいえる．あ

(a) 親の立場

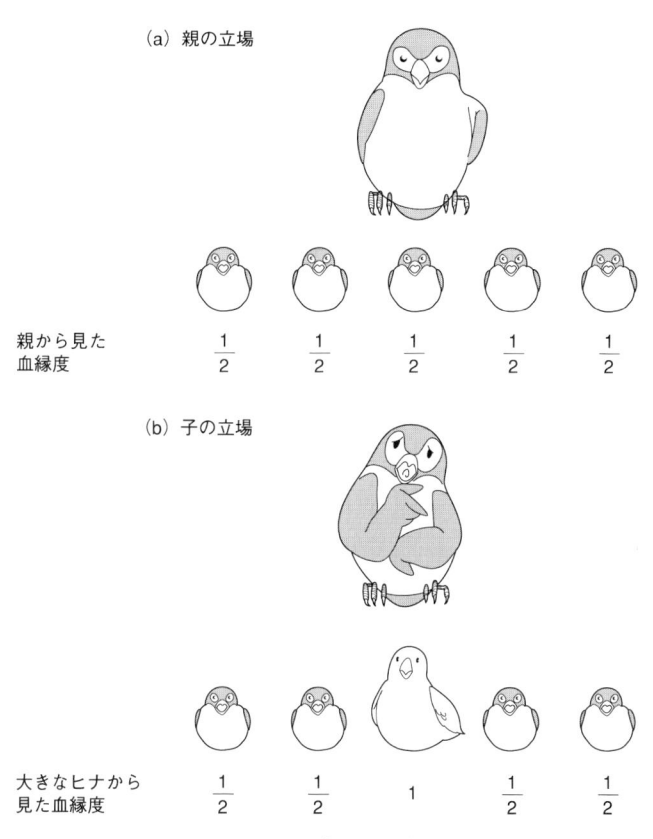

親から見た
血縁度　　　$\frac{1}{2}$　$\frac{1}{2}$　$\frac{1}{2}$　$\frac{1}{2}$　$\frac{1}{2}$

(b) 子の立場

大きなヒナから
見た血縁度　　$\frac{1}{2}$　$\frac{1}{2}$　1　$\frac{1}{2}$　$\frac{1}{2}$

図 6.1　親と子の立場の違い

る子どもは，同じときに生まれた他の兄弟姉妹たちとも，過去あるいは未来の兄弟姉妹たちとも，親の世話の程度をめぐって競争関係にある．極端な場合には，卵から早くに孵ったヒナが，他の卵を巣から落としてしまう行動をする場合さえある．

　このように，親と子の間では，世話の程度をめぐって利害の食い違いがみられる．では，いったいどの程度の食い違いが親と子の間に生じるのであろうか？

6-2 親の最適エネルギー投資量と子の要求エネルギー量

　親としては，どのように子ども1個体に投資するエネルギー量を決定するのだろうか？ エネルギー投資量とは，子どもに与える餌の量や分配する同化産物の量，あるいは養育にかける時間などを指す．6.1節の議論からわかるように，親にとってはそれぞれの子どもはすべて同等の価値がある．だから，すべての子どもに同じだけの投資量を与えて，適応度（子どもの数×子どもの繁殖齢までの生存率）を高めようとするだろう．実は，このことについては，2.2節ですでに議論されている．親が子どもに投資量 S を与えたとき，子どもの生存率曲線 $W(S)$ が上に凸の関数（第2章図2.3参照）なら，

$$W'(S) = \frac{W(S)}{S} \tag{6.1}$$

を満たすような最適な投資量（S^*）が，自然淘汰の結果選び取られるはずである．

　しかし，子どもにとっては，投資してもらうエネルギー量が多いほど自分の生存率は高まる．したがって，S^* が決定されていたとしても，より多くのエネルギー投資量を要求することになるだろう．相手が兄弟姉妹とはいえ，生まれて初めて経験する生存競争である．たとえば，5個体誕生した子どもの中に，S^* より50多くのエネルギー投資量を要求した利己的な子どもがいたとすると，その子どもは生存率を B だけ得することになる（図6.2）．残り4個体の兄弟姉妹への投資量は，それぞれ 50/4＝12.5 だけ少なくなってしまうので，生存率において1個体あたり C だけ損をすることになる．しかし，その損は，利己的な子どもの持つ遺伝子にとって半分に見積もられる（第5章参照）．したがって，

$$B - 4 \times \frac{C}{2} = B - 2C > 0 \tag{6.2}$$

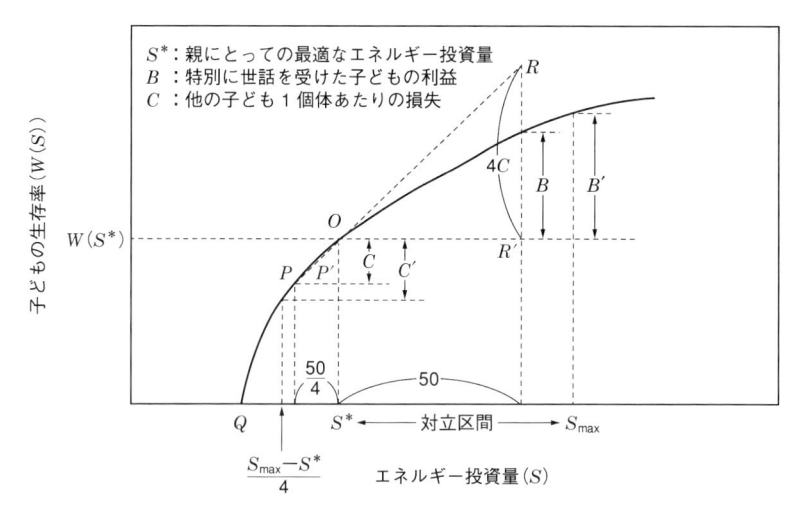

図6.2 子ども1個体あたりにかけるエネルギー投資量と生存率の関係

この図では，利己的な子どもが要求する資源量の上限値（S_{max}）の評価の仕方を示している．あまりに多くの投資量を独占しては，自分との血縁度が1/2である兄弟姉妹たちの損（C）が増大し，自分の得（B）よりも兄弟姉妹たちの損（$1/2 \times 4C$）が上回り，利己的な個体の包括適応度，すなわち，(6.2) 式の左辺が負になってしまう．そこで，要求資源量の上限値を求めるために，S^* より右へ $S_{max} - S^*$ だけ投資量が増えたときの得（B'）と，S^* より左へ $S_{max} - S^*$ の4分の1だけ投資量が減ったときの損（C'）が $B' - 1/2 \times 4C' = 0$ を満たすような S_{max} を図上で探すことになる．S^* から S_{max} の区間は，利己的な個体は包括適応度的に損をしないので，親子の対立が起こることになる．

また，この図では，利己的な子どもが投資量を50多く要求すると，どのくらい親が不利益を被るのか，を評価している．利己的な子ども以外の4個体の子どもは，50/4 だけ投資量が減少するので，生存率は C（直線 OP' の長さ）損をする．4個体分の損（$4C$）が利己的な子どもの得 B よりも大きいことを示すために，直線 PO を点 R' の真上に届くまで伸ばして三角形 ORR' を作る．その三角形は，三角形 POP' と相似形（相似比4）であるから，直線 RR' の長さは $4C$ となる．したがって，生存率曲線が上に凸の曲線であれば，常に $B < 4C$ であるから，(6.3) 式が成立し，親にとって不利益であることがわかる．子どもの数が何個体であっても同様の操作で親の不利益を示すことができることを試してほしい．

である限り，利己的な子どもはさらに多くのエネルギー投資量を要求することになるだろう．利己的な子どもが要求する上限の投資量（S_{max}）は，これ以上のエネルギー投資量を要求すると (6.2) 式の左辺が負になってしまう限界値，すなわち，$B' - 2C' = 0$ を満たす値であると予想される．

この取引きは，親にとっては常に不利なものである．なぜなら，親にと

っての損は $C/2$ の4倍で利己的な子どもと同じであるが，得は B の半分に目減りする．したがって，親の損得勘定は，

$$\frac{B}{2} - 4 \times \frac{C}{2} = \frac{1}{2}(B-4C) < 0 \quad (6.3)$$

となり，上に凸の生存率曲線の場合には，(6.3) 式は常に負になってしまうからである．かくして，投資量 S^* と S_{max} の間では，親子間の対立が起こる（図6.2）．すべては (6.2) 式と (6.3) 式の間の違い，血縁度の違いによって生じる．

もし，父親違いの子どもばかりであれば，その兄弟姉妹間の血縁度は 1/4 であるから，(6.2) 式は

$$B - 4 \times \frac{C}{4} = B - C > 0 \quad (6.4)$$

となる．利己的な子どもは，(6.4) 式が成立している間は，より多くのエネルギー投資量を要求することになる．この場合，利己的な子どもが要求する上限のエネルギー投資量は S_{max} よりさらに大きくなり，対立が起こる区間が拡大されると予想される．なぜなら，$B-2C$（(6.2) 式左辺）が負になるようなエネルギー投資量（$>S_{max}$）を要求しても，$B-C$（(6.4) 式左辺）が正であるエネルギー投資量の区間が存在するからである．

この**親子の対立**という考え方は，当時アメリカのハーバード大学に在職していたトリバースによって1974年に提唱された．多くの鳥類や哺乳類の親が，ある程度の養育期間を越えたとき，子どもに対して攻撃的になるのは，おそらくこの親子間の対立が原因であると考えられている．対立区間の広さは，兄弟姉妹間の血縁度によって左右されるだけではなく，上記の理論に従えば，親の繁殖齢によっても影響を受けると予想される．老齢の母親では将来に子どもを産む確率が減少するために，現在の子どもに多く投資をしてもそれによる損失は少なくなる．そのため，その分だけ親と子の対立が緩和され，子どもに多くのエネルギーを投資することになるだ

ろう．実際，カリフォルニアカモメでは，老齢の親ほど給餌の頻度が高いという事例が知られているし，ヒヒでは，老齢の親ほど子離れが遅くなるという事例が知られている．

6-3 種皮を通した争い

6.2節までは鳥類や哺乳類など動物の例を挙げてきたが，植物でも親子の間に対立がみられる可能性はないのだろうか？ 多くの高等植物では，種子は発芽する前に動物や風などによって散布されてしまうため，発芽してから親による世話が行なわれることはない．それどころか，木本植物では，母樹の直下に散布された種子は，発芽後母親によって光をさえぎられ，成長を阻害されてしまうことが多い．不運にも，母樹のそばで発芽した種子は親のいじめにあってしまう．したがって，子が親に対抗する余地があるとすれば，種子が形成される段階で起こると考えられる．

限られた資源を分配して，1つの種子のサイズをどのくらいにし，種子数をどのくらいにするのかという問題は，6.2節で議論してきた子どもに対するエネルギー投資量の問題と同じ構造を持っている．したがって，親の立場からは，すべての種子が（6.1）式で与えられる最適な種子サイズになるように制御するだろうし，子どもの立場からは，親にとって最適な種子サイズより多くのエネルギー投資量を要求することになるだろう．植物の場合は，花粉が風や虫の媒介によって運ばれるために，1回の繁殖で誕生する子どもたちの多くは異父兄弟である．父親違いの子どもたちの間の血縁度は，父親が同じ場合に比べて半分になってしまうため，親子間の対立が起こる区間は，動物に比べて広くなると予想される（6.2節（6.4）式参照）．したがって，植物においても，親子間の対立は十分に起こりうる．しかし，植物の場合，その対立が表面化し，目に見える行動に現われることはない．種子が親に泣きついたとか，親が種子に咬みついたとかいう話は聞いたことがない．では，植物の親はいったいどのようなメカニズムで子の要求を退けているのだろうか？

今から約4億年前，植物は，自らが光合成を通じて作り出した酸素によってオゾン層が厚くなったころに陸上に姿を現わし，その後，シダ植物・

第6章 親と子の対立

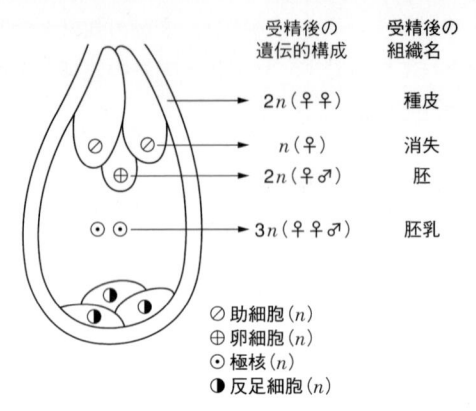

図6.3 種子内部の遺伝的構成

受精後の遺伝的構成／受精後の組織名
- $2n$(♀♀) → 種皮
- n(♀) → 消失
- $2n$(♀♂) → 胚
- $3n$(♀♀♂) → 胚乳

⊘ 助細胞(n)
⊕ 卵細胞(n)
⊙ 極核(n)
◐ 反足細胞(n)

裸子植物と進化をとげた．現在よくみられる被子植物が登場したのは，ほんの1億年前のことである．被子植物では，受精した胚や胚乳が子房によって包まれており，親植物は子房内の胚や胚乳に転流する同化産物を調節して，種子を成熟させる．転流の調節どころか，まったく同化産物を送り込まずに中絶してしまうケースがよくみられる（図6.3）．そのときに重要な役割を担っているのが種皮の層で，**種皮は，種子の一部でありながら，実は母親の遺伝子しか持たない母親自身の組織である**．したがって，子どもをすっぽりと包む種皮は，果実内で発達中の種子への同化産物の転流を制御する母親側の役割を担いうる．アサガオの仲間では，受粉されると同時に，カロースという同化産物の転流を阻害する物質がその層に沈着し，発達させる種子では徐々にカロースを減少させていくが，中絶する種子ではカロースをそのまま残しているという．また，別の被子植物の種皮には，やはり転流を阻害するタンニンが含まれており，十分に成熟した種子の種皮では，タンニンを多く含んでいることが報告されている．おそらく，母親が望んでいる以上の同化産物を送り込まないために，母親の側が阻害物質を用いて，制御しているのであろう．これらの事実は，母親が種子サイズを決定することができる機構を備えていることを意味する．被子植物における，このような種皮を通した親子の対立は，動物の事例のような目立ったものではないが，実は，私たちの目に見えないところで熾烈な親と子の争いが繰り広げられているのである．

参考文献

1) 日本生態学会 編：行動生態学，第8章，（シリーズ現代の生態学 5），共立出版（2012）
1) 嶋田正和・粕谷英一・山村則男・伊藤嘉昭：動物生態学新版，第7章，海游舎（2005）
2) 日本数理生物学会 編集：「行動・進化」の数理生物学，第4章，（シリーズ数理生物学要論 3），共立出版（2010）

第7章

共進化

　あなたがヒトの心理について調べようとしているとしよう．一人一人を実験室に隔離して観察するだけで，ヒトの心理と行動パターンのすべてを理解できるだろうか？　ヒトは，親や子，友達，恋人，仕事仲間に囲まれて生きている．日々，テレビのニュースに影響され，インターネットを通じて情報交換し，見ず知らずの人たちと共有する社会の中で「自分」を見出している．社会生活を営み，他個体に囲まれることを前提としてヒトの心理は進化してきた．そのため，ヒトの行動にかかわる原理を明らかにするためには，他者とのかかわり合いを通じて働いたであろう自然淘汰や**性淘汰**（配偶相手を獲得する過程で働く淘汰［第15章を参照］）に関する考察が鍵となる．

　自然界の生物も，ただ一種だけで生きているわけではない．他の生物を餌とせず，寄生者や捕食者から狙われることなく，体内に共生者をまったく持たない．そんな生物はおそらく一種も存在しないであろう．すべての生物個体はその生涯のなかで，無数の外敵や共生者から影響を受けている．この他種とのかかわり合いが，進化の重要な原動力となっている．

　カニ（捕食者）と貝（被食者）がいる浅瀬を想像してみよう．カニは，大きなハサミが進化することで，貝の殻を割って中身を食べることができる（図7.1）．カニが大きなハサミを進化させると，特に厚い殻を持つ貝の個体が生き残り，厚い殻の貝が進化してくる．そうなると，カニがさらに大きなハサミを進化させ，貝がより厚い殻を進化させ……と，両者の進化がどんどんエスカレートしていくことになる．

　この例のように，二種の生物の間で，「相手が進化すれば，こちらも進化する」という関係がある場合，その進化の過程を**共進化**とよぶ．この章

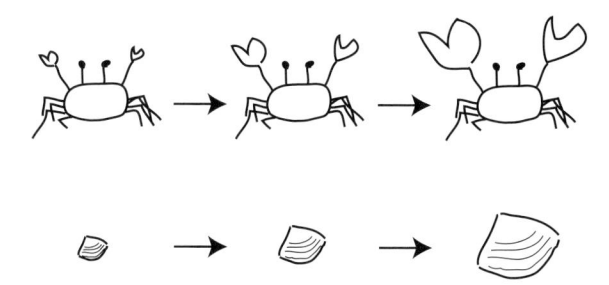

図 7.1 カニと貝の共進化
カニのハサミの大きさと貝の殻の厚さの両方が自然選択を受けている状況を考える．相手の形質が進化すると，もう片方の形質に自然選択が働き，なかなか終わりが見えてこない（軍拡競走）．

　ではまず，二種の生物が相手の進化に対抗し続けることで起こる，**軍拡競走**について考える．次に，生物たちが自然界でどのようにして支え合っているのか，共進化を通じて相利的な関係（お互いに利益を得る関係）が成立した例を紹介する．最後に，共進化に「勝ち負け」があるのかについて，また，相利的な関係で「裏切り者」が現れる可能性について，共進化の理論に触れながら考える．

7-1　軍拡競走：始まったらなかなか止められない共進化

　食べる側（捕食者）と食べられる側（被食者）の共進化は，自然界に普遍的に存在する．カニと貝の例で考察したように，こうした関係では捕食者の武器の進化と被食者の防衛の進化が繰り返し起こり，両者の形質が極端なまでの共進化を遂げることがある．こうした過程を**軍拡競走**とよぶ．

　軍拡競走とはもともと政治学の用語である．第二次世界大戦後，世界の覇権を争うアメリカとソ連は，巨額の軍事費をつぎ込んで核弾頭の保有数を競っていた．この競走がエスカレートし，ついには地球を何度も破壊してしまうだけの「過剰」な核兵器を双方が抱え込んでしまった．生物の中にも，過剰と思えるような極端な形質を持つものが存在する．生物たちの軍拡競走について，実際の研究例を紹介しよう．

7.1.1 猛毒のイモリを食べるヘビ

　北アメリカ大陸の西海岸には，サメハダイモリというイモリがいる（図7.2左）．このイモリは，神経毒のテトロドトキシンで体の表面を「武装」しており，捕食者から身を守っている．テトロドトキシンはフグ中毒を引き起こす恐ろしい毒である．摂取してしまうと，筋肉が麻痺し，呼吸困難により死に至ることもある．

　しかし，このイモリを主な餌とするガーターヘビ（図7.2右）は，高濃度のテトロドトキシンを摂取しても麻痺することがほとんどない．これは，イモリの毒に対して耐性を進化させたためである．このガーターヘビの耐性の進化によって，イモリはさらに高濃度のテトロドトキシンで防衛するよう進化し，その進化がさらにガーターヘビの進化を誘発してきた（図7.3）．この軍拡競走により，2万5,000頭のハツカネズミの致死量に相当する猛毒を持つイモリと，そのイモリを食べることができるガーターヘビが共進化してきた．

図7.2　サメハダイモリ（*Taricha granulosa*）とヒガシガーターヘビ（*Thamnophis sirtalis*）
[Wikipedia より（Creative Commons「表示-継承」：High Fin Sperm Whale 氏［左］，Cody Hough 氏［右］）]

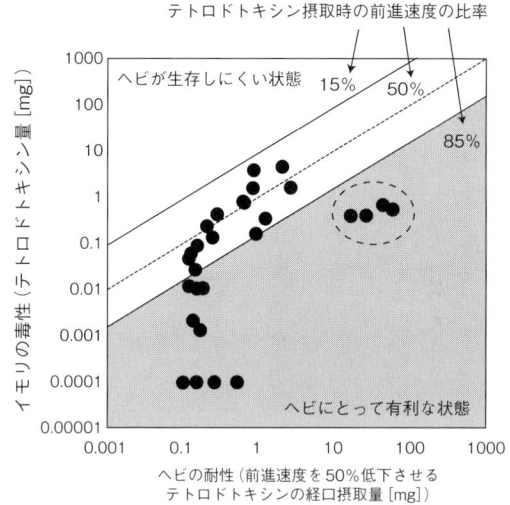

図7.3 *Thamnophis*属のヘビと*Taricha*属のイモリの共進化

神経毒であるテトロドトキシンに対するヘビの耐性は,「一定量のテトロドトキシンを経口摂取したときに,ヘビの動きが通常時と比べてどれだけ低下したか」で測定することができる.図は,平均的なサイズのヒガシガーターヘビ成熟雌の前進速度を50%低下させるテトロドトキシンの経口摂取量(ヘビの耐性:横軸)と1匹のイモリの体表に含まれるテトロドトキシンの量(イモリの毒性:縦軸)を,北米大陸の各地の集団で測定した結果を示している.ヘビの耐性が強い場所では,イモリの毒性も強いという一般的な傾向がある.しかし,破線で囲った場所では,イモリが強い毒を持っていても,そこに生息するヘビの耐性が非常に高く,軍拡競走がヘビにとって有利な状態に落ち着いているようにみられる.こうした集団のヘビは,同所的に生息する毒の強いイモリを食べても,前進速度がほとんど低下しない.
[Hanifin, C. T. *et al.*: *PLos Biology* 6, e60 (2008) より]

7.1.2 ランとスズメガ:ダーウィンの予言

共進化のレースは,敵対する種の間だけで起こるのではない.植物とその花粉を運ぶ昆虫のように,お互いに利益を及ぼしあう生物の間でも,軍拡競走とよぶべき共進化のレースが起こる.

マダガスカルに自生するランのなかには,長さ30 cmに及ぶ花筒(花蜜の入った管)を持つ花を咲かせる種がある(図7.4).なぜこれほどまでに長い花筒が進化したのであろうか? この謎に取り組んだのが,進化学の祖,ダーウィンである.花と送粉昆虫の関係に関心を持っていた彼は,この花に大きな蛾がやって来て,ストロー状の長い口吻で花筒の中の

第7章 共進化

図7.4 ダーウィンの予言
（左）ダーウィンは，長い花筒を持つラン（*Angraecum sesquipedale*）に，長い口吻を持つ大きな蛾がやってくるのだと予言した．[Wallace, A. R.: *Quarterly Journal of Science* 4, 470（1867）]
（右）40年後，長い口吻を持つキサントパンスズメガ（*Xanthopan morgana*）が実際に発見された．[Wikipediaより（Creative Commons「表示-継承」：Esculapio氏）]

蜜を吸うのだろうと予想した．

　ダーウィンが想い描いた進化の過程はこうである．花筒の奥に溜まった蜜を吸うために，蛾は口吻を花筒のなかに挿入する（図7.5）．そうすると，花筒の入り口にある柱頭と葯に蛾の頭が触れ，花粉の送受粉が起こる．しかし，蛾の口吻がランの花筒よりも長いと蛾の頭が柱頭と葯に接触せず，ランは送受粉に失敗してしまう．そのため，ランのなかでより花筒の長い突然変異個体が有利となり，その遺伝子が集団のなかに拡がっていく．しかし，ランの花筒よりも短い口吻では蜜を吸うことができないため，蛾の集団のなかでもより長い口吻を持つ個体の割合が増していく．このように軍拡競走が進むことで，ついには30 cmもの長さの花筒が進化してしまったのだろうと，ダーウィンは考えた．

　このダーウィンの予言は，40年後，口吻の非常に長いスズメガが発見されたことによって実証された．現在では，さまざまな植物と昆虫の間で，花の長さと口吻の長さの軍拡競走が起こっていることが知られてい

(a) 口吻長 < 花筒長

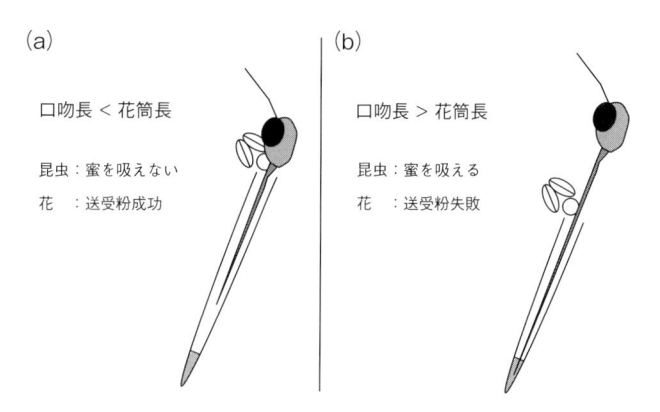

昆虫：蜜を吸えない
花　：送受粉成功

(b) 口吻長 > 花筒長

昆虫：蜜を吸える
花　：送受粉失敗

図 7.5　花筒の長さと口吻の長さの関係
口吻長よりも花筒のほうが長い場合，葯や柱頭が昆虫の頭部に付着する可能性が高い（a）．一方で，昆虫は蜜を吸えない．口吻長のほうが花筒よりも長い場合，昆虫は蜜を吸えるが，花は送受粉に失敗する可能性が高い（b）．「花筒長＝口吻長」の状態に至ったとしても，ほとんどの場合，「あともう少し自分の花筒（もしくは口吻）が長いほうが適応的」であるため，さらに共進化（軍拡競走）が進んでしまう．

る．また，舌を伸ばして花蜜をなめるコウモリと植物の間でも，同様の軍拡競走（長い舌と長い花筒）が起こってきたことが最近報告されている．

7-2　相利共生：助け合う生物たち

　人にはそれぞれ，得意なことと不得意なことがある．そのため，何でも屋になろうとするよりも，不得意なことをその道のプロに助けてもらうほうが，仕事の効率がずっとよくなるであろう．実際に，漁師や農家，電気屋，医者，弁護士と，それぞれの専門家がお互いを補いあって人の社会が成り立っている．
　それぞれの生物種にも得意なことと不得意なことがある．ここでは，**相利共生**と呼ばれる生物たちの協力関係について紹介しよう．

7.2.1　農業をする魚

　動物は光合成を行うことができないため，餌を求めて動きまわる．しかし，農業を「発明」することで安定的に食物を得ることに成功した動物が

図7.6 農業をするスズメダイ
サンゴの表面に付着した糸状藻類を管理している．自分の「藻園」に侵入する他の魚やウニなどを排除する行動がみられる．［畑啓生氏のご厚意により掲載］

存在する．

　サンゴ礁に住むスズメダイの仲間には，自分の縄張りのなかに藻類の畑を作り，ほとんどその藻類だけを食べて生きるものがいる（図7.6）．こうしたスズメダイたちは，他の魚やウニといった侵入者を縄張りから追い出し，藻類の畑を管理している．また，特定の種の糸状藻類のみがこの畑で繁茂していることから，消化しやすいこうした種以外の藻類をスズメダイが選択的に除去しているものと思われる．スズメダイが競争者を排除してくれることで，共生する藻類はスズメダイの縄張りのなかで優占することができる．スズメダイが食事をすることで刈り込まれてしまうとは言え，根こそぎ食べられてしまうことはない．スズメダイに保護してもらっているとも言えるこうした藻類は，スズメダイの畑の外側ではまったく観察することができない．こうしたことから，<u>このスズメダイと藻類は，相手がいなければ生きていけない，**「絶対共生」**の関係にあると言える</u>．

7.2.2 植物を支える菌根菌

陸上に生物が本格的に進出する前，植物の祖先も，水中で藻類として生活していた．水中での浮遊生活では，水に溶けた栄養塩を，細胞膜を通じて摂取すればよい．しかし，陸上では水を常に得られるとは限らない．コケ植物や維管束植物の祖先が陸に上がった際，いかにして水や養分を獲得するかが課題となったことであろう．

植物の地下組織は，細かく見える細根でさえ，最低でも数十〜数百 μm（$1\mu m$ は $1 mm$ の 1000 分の 1）ほどの太さがある．重力に逆って伸びる地上部を支えなければならないため，地下組織が一定の物理的強度を持つ必要があるからである．しかし，この「太い」地下組織は，水や栄養塩を吸収する上では不適である．土の中の物理構造を顕微鏡で観察してみると，鉱物の結晶や落ち葉のかけらなどがゴロゴロしていて，空隙が非常に多いことに気づく．この空隙に入り込んで，鉱物表面の細かい窪みから水や養分を吸収するためには，数 μm 単位の細かい構造が必要となる．

そこで植物は，真菌（キノコやカビ）と同盟を結ぶことでこの課題を解決した（図 7.7）．真菌の多くは，菌糸とよばれる微細な構造を基本として生活している．この菌糸は非常に細く，数 μm 程度の太さしかない．この微細な構造のため，真菌は，土の中の粒子の細かい隙間に入り込んで，水や養分を効率よく吸収することができる．植物は，この真菌と根で共生すること（**菌根共生**）で，水や養分を十分に得られるように進化してきたのである．菌根共生の起源は古く，4 億年前の化石からも，植物と真菌が根（仮根）で共生関係を結んでいたことがうかがい知れる．

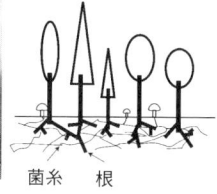

図 7.7 地下に広がる菌根共生のネットワーク
多様な植物種が共存する森（マレーシアの熱帯雨林：左）の地下には，知られざる真菌と植物のネットワーク（中）がひろがっている．土壌中に存在する植物の根は，先端のほとんどすべてが真菌との共生体（「菌根」）である（右）．

図7.8　さまざまな菌根菌
（左）ベニタケ属の一種（*Russula* sp.）．（中）タマゴタケ（*Amanita hemibapha*）．（右）イグチ属の一種（*Boletus* sp.）．

　現生の植物についても，少なくとも90％以上の種が真菌と根で共生していると考えられている．植物の根には，真菌の菌糸が入り込み，菌根とよばれる共生組織を形成している．この菌根を介して，水や，リン，窒素といった養分を真菌（菌根菌：図7.8）から受け取っている．その一方で，光合成で得られた炭水化物の20〜40％が，報酬として植物から真菌へと渡っている．マツタケのキノコ（子実体）は，共生するマツから供給された炭水化物でできている．マツタケの値段が高いのは，木材腐朽菌であるエノキダケやマイタケと違って，おがくずでは栽培することができないためである．

　この植物と菌根菌の関係では，相手に対する「相性」が鍵となる．土の中では，菌根菌だけでなく，寄生性の真菌も植物の根の中に入り込もうとする．また，菌根菌のなかでも，効率よく水や栄養塩を提供してくれるものと，あまり提供してくれないものがいる．そのため，ちゃんと利益を与えてくれる菌根菌だけを選別して共生するよう，植物は厳しい「検閲」機能を進化させている．菌根菌の側も，どの植物とかかわるかによって得られる利益が異なると予想され，相手となる植物の種や個体を選んで共生関係を結んでいる．このような進化的な背景から，植物と菌根菌の複雑なネットワークが地下で展開している．

　この植物と菌根菌のネットワークのなかで，こっそりと資源を奪って寄

図 7.9 ギンリョウソウ（*Monotropastrum humile*）
ブナ科やマツ科の植物と相利共生するベニタケ属の菌根菌を「だまして」，一方的に資源を受け取っている．自分ではまったく光合成をせず，真っ白で透き通った花茎だけを地上に伸ばす．［末次健司氏のご厚意により掲載］

生している特殊な植物がいる．ギンリョウソウは光合成を行なわない真っ白な植物で，地下でベニタケ属の菌根菌と菌根を形成している（図7.9）．しかし，ギンリョウソウ自身は光合成を行なわないため，ベニタケに対してまったく報酬を支払わない．それどころか，他の植物種がベニタケに渡した炭水化物を「強奪」して，自身の成長と繁殖に利用しているのである．こうした寄生的な生活を営む植物は，他にもラン科に多くみられる．ギンリョウソウもランも，森林内では個体数が少なく，植物体も小さい．そのため，菌根菌にとっては，彼らにぼったくられたとしてもたいした痛手ではなく，彼らを排除するような自然淘汰の力が弱いのかもしれない．この場合は，共進化ではなく，ギンリョウソウやランが一方的に菌根ネットワークに適応していると言えそうだ．

7.2.3 体内の相利共生者

　私たちの体の中には，様々な微生物が共生している．これらの共生者のなかには，乳酸菌のように，私たちにとって利益となるものが多く存在する．こうした体内の相利共生者は自然界に普遍的にみられ，さまざまな役

割を担っている．

　マルカメムシは，本州から九州にかけて分布し，クズやフジ，エンドウ，ダイズといったマメ科植物を吸汁して生きている．一方，このマルカメムシの近縁種であるタイワンマルカメムシは，タイワンクズ以外のマメ科植物をほとんど利用しない．エンドウとダイズを餌としてこの二種のカメムシを飼育すると，どちらのカメムシも正常に発育・産卵する．しかし，産んだ卵の孵化率が異なり，マルカメムシでは幼虫が正常に孵化するのに対し，タイワンマルカメムシの幼虫は孵化率が低かった．このことから，この二種の間で利用できる植物の種類に違いがあることがわかる．

　植物への適応におけるこの違いをもたらしているのが，腸内に共生するイシカワエラという細菌である．この細菌は，マルカメムシ類（タイワンマルカメムシを含む）の腸内に高密度で生息しているが，野外の環境からはまったくみつけることができない．このことから，古くから，マルカメムシ類の体内だけで生き残ってきたと推測されている．おもしろいことに，マルカメムシ類の雌は，イシカワエラ細菌がびっしりと詰まったカプセルを卵と一緒に産みつける（図7.10）．孵化した幼虫たちは，歩き出すとともにこのカプセルを探し出し，ストローのような口吻でカプセル内のイシカワエラを摂取する．親から子へとイシカワエラを伝えるためにこの

図7.10　共生細菌を取り込むマルカメムシの幼虫
幼虫は孵化してすぐ，卵の近くに親が産みつけたカプセル（卵の下にある黒いもの）に口吻を刺し，イシカワエラ細菌を摂取する．［細川貴弘氏のご厚意により掲載］

ように手の込んだ適応がみられることは，このイシカワエラが幼虫たちにとって重要な共生者であることを示唆する．

イシカワエラには宿主のマルカメムシの種に対応した系統があり，系統ごとにマルカメムシに及ぼす効果が異なる．マルカメムシとタイワンマルカメムシのカプセルを入れ替える実験で，共生するイシカワエラの系統によって，マルカメムシが利用できる植物種が決まっていることがわかっている．この入れ替え実験の結果，エンドウやダイズを与えた際の卵の孵化率が，マルカメムシとタイワンマルカメムシの間で逆転した（図7.11）．つまり，自然界においてマルカメムシがさまざまなマメ科植物を利用できるのは，マルカメムシ自身の適応の結果ではない．それぞれのマルカメムシと共進化してきた特定のイシカワエラ系統のおかげで，特定の植物を利用できるのである．一方のタイワンマルカメムシは，共生するイシカワエラがタイワンクズ以外の植物に適応していないため，ほとんどタイワンクズだけに依存して生きている．

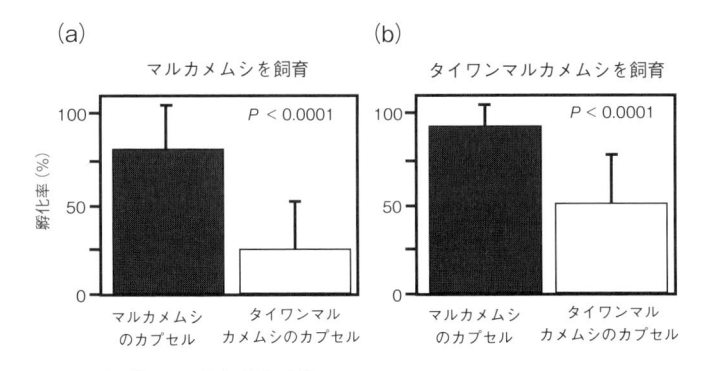

図7.11　カプセルの入れ替え実験
マルカメムシ（*Megacopta punctatissima*）とタイワンマルカメムシ（*Megacopta cribraria*）のそれぞれについて，その種のカプセルを与えて飼育する実験と別種のカプセルを与えて飼育する実験を行なった．縦軸は，マルカメムシの本来の餌であるエンドウやダイズを与えて幼虫を飼育した場合に，その幼虫の卵が正常に孵化する割合．マルカメムシがタイワンマルカメムシの共生細菌と共生した場合，通常時（マルカメムシの共生細菌と共生：a図黒）と比べて，孵化率が低下する（a図白）．一方で，タイワンマルカメムシは通常保有している共生細菌と共生する場合に比べ（b図白），マルカメムシの共生細菌と共生した場合（b図黒）に孵化率が高かった．［Hosokawa, T. *et al.*: *Proceedings of The Royal Society of London, Series B* 274, 1979-1984（2007）より］

7-3 共進化の力学

ここまで，主に自然史の観点から共進化の事例について紹介してきた．以下では，共進化の理論に触れながら，生物たちが自然淘汰を通じてどのように駆け引きしているのかを考えていきたい．

7.3.1 軍拡競走の結末：理論

軍拡競走で形質がエスカレートしていくと，最終的に何が起こるのだろうか？ 無限に高濃度のテトロドトキシンや，無限に長い口吻を進化させることはできないため，何らかのかたちで軍拡競走が結末を迎えるものと考えられる．

軍拡競走が進むと，その形質を作るためのコストが増大する．そのため，生物種によっては相手の進化についていけなくなるであろう．そうなると，1) その時点で共進化が止まる，2) コストを払えなくなった種が武器や防衛を放棄する，3) コストを払えなくなった種が絶滅する，といった結末が予想される．国家間の軍拡競走で，増大する軍事費が国家の財政を圧迫していくところを想像してもらうとわかりやすいだろう．

1) の場合，軍拡競走がある程度進んだ時点で，共進化の平衡状態に達する．この平衡状態では，軍備を拡張するとコストがかかり過ぎ，縮小すると相手の種に負けてしまう．そのため，お互いが相手の出方を探りながら，じっとこらえているかのような状態となる．

2) の場合，軍拡競走で軍備のコストが増大してくると，どちらかの種の集団のなかで，軍備を放棄するような突然変異個体がコストのかかる軍備を持つ個体よりも，高い適応度を持つようになる．やがて，その種の集団のなかで軍備を放棄した個体の割合が増してくると，もう片方の種の集団でも軍備を放棄した個体が拡がり，軍拡競走はふりだしに戻る（図7.12）．しかし，このふりだしからまた軍拡競走が始まり，軍備の拡張と縮小を繰り返す，「共進化のサイクル」が起こると予想される．

3) の場合，増大する軍備のコストのために，どちらか一方の種の進化が停滞してしまうところまでは上記の2) の場合と同じである．しかし，それぞれの生物が置かれた立場によっては，軍備の放棄ができないことも

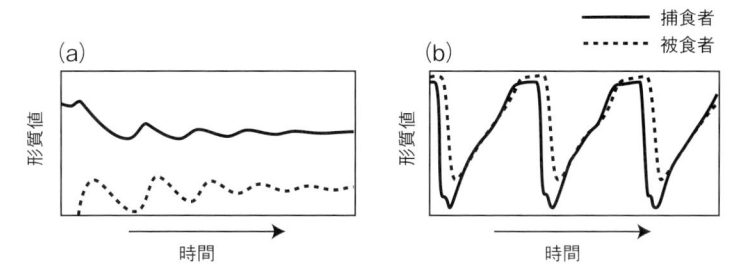

図 7.12 捕食者と被食者の共進化モデル
(a) 時間とともに，捕食者と被食者の形質が平衡点に向かって安定化していく場合．[Saloniemi, I.: *American Naturalist* 141, 880-896 (1993) より]
(b) 軍拡と軍縮が繰り返す場合（共進化のサイクル）．[Sasaki, A. *et al.*: *Proceedings of The Royal Society of London, Series B* 266, 455-463 (1999) より]

あるかもしれない．餌となるイモリのすべての個体が猛毒を持っているなら，毒への耐性のないガーターヘビの突然変異個体は生き残れないであろう．一方で，イモリのなかで軍備を放棄した個体が現れる場合，捕食される危険性が増すかもしれないが，運良く捕食者に出会うことなく生き延びることができるかもしれない．生物間でこのような立場の「非対称性」がある場合，どちらの種が先にコストを支払えなくなるかが運命を左右する．コストに圧迫されたとき，軍備を放棄する道が残されていなければ，やがてその種は絶滅へと向かうであろう．

軍拡競走がどのような終わりかたをするのかを示した実証研究はまだあまりなく，軍拡競走の理論検証はこれからの課題である．以下では，軍拡競走がどのようにして終わるのかを，野外での研究をもとに解明を試みている例を紹介する．

7.3.2 軍拡競走の結末：ゾウムシとツバキの「軍備バランス」

本州から九州にかけて分布するツバキシギゾウムシは，体の大きさに対して不釣り合いなほどに長い口吻を持つ甲虫である．この口吻は堅く，先端には鋭い刃のような大顎がついていて，雌のゾウムシで特に長く進化している（図 7.13）．ツバキシギゾウムシの雌は，このドリルのような口吻を使って，ヤブツバキの果実に穴をあける．そして，その穴に長い産卵管

を挿し込み，果実の中にある種子に卵を産み込む．幼虫は，栄養が豊富なツバキの種子だけを食べ，まるまると太った終令幼虫へと成長する．

このゾウムシに対し，ヤブツバキは種子を取り囲む果皮とよばれる器官を厚く進化させることで対抗している．このため，雌ゾウムシの口吻長とツバキの果皮の厚さとの間で軍拡競走が進行している．この軍拡競走により，自分の体長の2倍に達する口吻を持つゾウムシと，リンゴのように大きな果実をつけるツバキが共進化してきた．

おもしろいことに，このゾウムシとツバキの軍拡競走は，地域によってその進み方が異なっている．たとえば関西では，ゾウムシの口吻長が約9 mm，ツバキの果皮の厚さが約6 mmであるのに対し，鹿児島県の屋久島では，口吻長が18 mm，果皮の厚さが21 mmに達している集団が観察される（図7.14：南の地域ほどゾウムシの口吻が長く，ツバキの果皮が厚いという傾向がある）．このため，軍拡競走の進行レベルが異なる集団を比較することにより，軍拡競走が進むにつれてどんなことが起こるのかを推測することができる．

注目すべきは，ゾウムシとツバキの間の「軍備のバランス」である．上に述べたように，まだ軍拡競走があまり進んでいない関西では，ツバキの

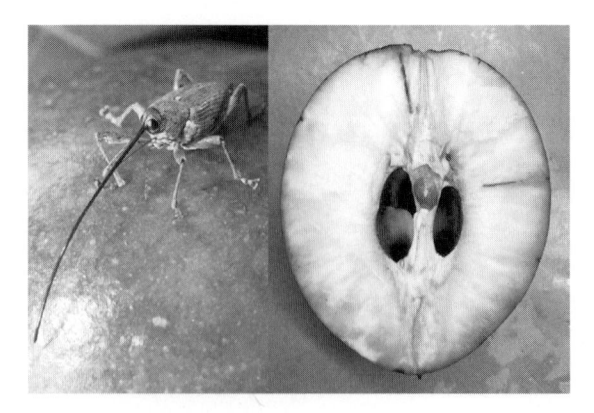

図7.13　ツバキシギゾウムシ（*Curculio camelliae*）とヤブツバキ（*Camellia japonica*）の軍拡競走
雌のゾウムシはきわめて長い口吻でヤブツバキの果実に穴をあける．種子まで穴が届くと，そこに産卵管を差し込み，中の種子に産卵する．

果皮の厚さよりもゾウムシの口吻の長さのほうが勝っている．このためツバキはゾウムシからの攻撃をほとんど防ぐことができず，軍備の面でゾウムシが優位な関係であると言える．一方，軍拡競走が進んでいる屋久島では，ゾウムシの口吻長よりもツバキの果皮の厚さが勝っている．こうなると，雌のゾウムシはツバキの種子に産卵する上で頻繁に失敗することになる．産卵の失敗は繁殖力の低下を招くため，こうした地域ではゾウムシはだんだんと個体数を減らしていくと予想される．せっかく長い口吻を進化させても，相手の進化についていけなければ，しだいに不利な状態へと追い込まれるのである（図7.14）．

屋久島のような南の地域でも，軍拡競争が本格的にはじまる前の段階（現在の関西の状態）では，ゾウムシがツバキの軍備を上回っていた（口吻長 ≫ 果皮の厚さ）であろう．しかし，軍拡競走が進むにしたがって，ツバキのほうがゾウムシを圧倒する関係へと推移していったと推測される．おそらく，あまりに長い口吻が邪魔をして，飛んだり，蛹から成虫へ脱皮したりすることが難しくなってしまっているのであろう．長い口吻のこうした潜在的なコストは，より長い口吻の進化を制約してしまうと考え

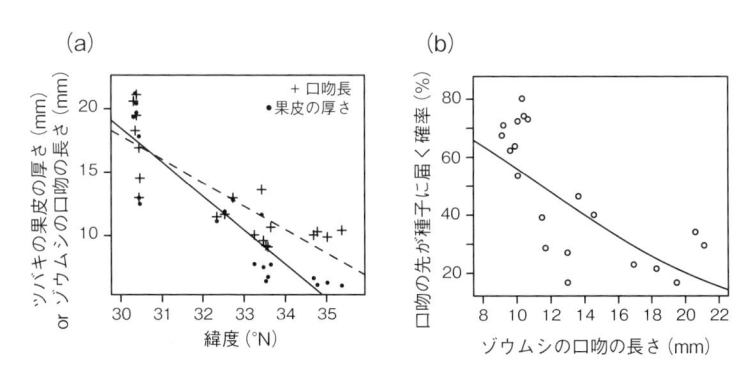

図7.14 軍拡競走の進み方にみられる地域変異
北から南に向かうに従い，軍拡競走がより高いレベルまで進んでいることが読み取れる（a）．温暖な地域ほどツバキの光合成活性が高く，種子がたくさん生産されるため，ツバキの個体群（集団）成長率が高いと予想される．すると，ゾウムシの集団も一気に大きくなり，ツバキに対する食害圧が高くなる，といったことが過去にあったのかもしれない．北の地域では，ゾウムシの口吻長がツバキの果皮の厚さを上回っているが，南の地域では，軍備面でのこの関係が逆転する．そのため，長い口吻を進化させても，ツバキがその進化を追い越してしまうため，ゾウムシはしだいに産卵することが難しくなっていく（b）．

られる．この軍拡競走がゾウムシを絶滅へと導くのかどうかはまだわからない．またツバキにとっても，さらに厚い果皮を進化させるコストが高くつくかもしれず，共進化が平衡状態に達する可能性もある．

7.3.3 相利共生における裏切りと罰

　相利共生という言葉は，あたかも生物が相手の利益を増大させようとしているかのような印象を与える．しかし実際には，協力するよりも相手をだますほうがより適応的であることも十分あり得るのである．協力し合っているかのように見える生物たちも，実は相手をだまして搾取する機会を狙っているのである．では，なぜ自然界には安定に保たれてきたかのように見える相利共生が多いのであろうか？ いくつかの相利共生における研究から，**裏切り者への罰**がこの問いに答える上で鍵となることがわかってきている．

　その一例が，カンコノキという植物とハナホソガという蛾の相利共生で報告されている（図7.15）．カンコノキは，小さな目立たない花をつける植物である．夜になると，この花の香りに誘われて，ハナホソガの雌がやってくる．ハナホソガはまず雄花を訪れ，花粉を集めて口吻の毛に付着させる．このあと雌花に移動し，その柱頭に雄花から集めた花粉を付け授粉を行なう．次に，授粉したばかりのカンコノキの花に産卵管を挿し込み，卵を産みつける．産卵した雌が授粉しないと，種子が成熟せず，孵化した幼虫が餓死してしまう．雌による能動的な授粉は，幼虫の食料を確保するための適応的な行動とみなすことができる．

　カンコノキにとってハナホソガは，花粉を運んでくれる相利共生者である．一方で，ハナホソガの幼虫が種子を食べるため，この相利共生にはコストがかかる．たとえハナホソガの雌によって授粉されたとしても，すべての種子が幼虫によって食べられてしまえば元も子もない．それならば，ハナホソガによる「裏切り」を避ける何らかの手だてがあるのであろうか？

　ここで重要なのが，裏切り者への罰である．カンコノキの花は，ハナホソガの産卵管で胚珠が傷ついた場合や，ハナホソガが卵を数多く産んだ場合に，それを感知し，その花を中絶してしまう．このため，卵を多く産

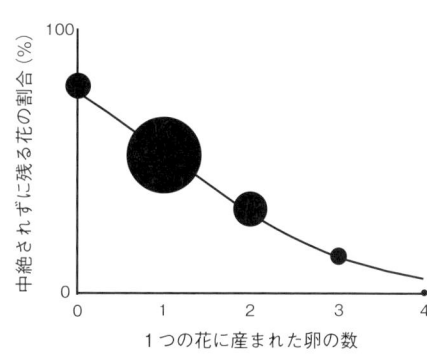

図7.15 相利共生の安定性を支えるしくみ
ホソガ（*Epicephala* spp.）は，カンコノキ（*Glochidion* spp.）の柱頭に花粉をつけたあと，子房の中に産卵する．ホソガに花粉を運んでもらえる一方で，カンコノキはホソガの幼虫に種子を食べられてしまう．そのため，ホソガが複数の卵を産んだ場合，カンコノキはわざとその花を中絶してしまう（右）．このしくみがあることで，ホソガは1つの花に1つの卵しか産まないことが多い（グラフ内の●の大きさが，産卵数の頻度を表わす）．安定的な相利共生には，互いに相手を搾取できないようにするしくみが必要とされる．［写真は川北篤氏のご厚意により掲載．グラフは，Goto, R. *et al.*: *Ecology Letters* 13, 321-329 (2010) より］

み，カンコノキを搾取しようとすると，ハナホソガはせっかく産んだ卵を無駄にしてしまうこととなる．カンコノキが進化させたこの罰に対処するために，1回の産卵で1個の卵しか産まないよう，ハナホソガの行動も進化しているようである（図7.15）．相利共生の関係にある生物の間でも，自然淘汰の作用によって，意外な駆け引きが起こっているのである．

参考文献

1) 井上民二：生命の宝庫・熱帯雨林（NHKライブラリー），日本放送出版協会 (1998)
2) 大串隆之・吉田丈人・近藤倫生 編：進化生物学からせまる（シリーズ群集生態学 2），京都大学学術出版会 (2009)
3) カール・ジンマー（渡辺政隆 訳）：進化大全―ダーウィン思想：史上最大の科学革命，光文社 (2004)
4) 種生物学会 編：進化の生態学―生物間相互作用が織りなす多様性，文一総合出版 (2008)
5) 長谷川真理子・河田雅圭 他：行動・生態の進化（シリーズ進化学 6），岩波書店 (2006)

参考になるウェブサイト

ツバキゾウムシの穿孔:産卵行動ビデオ
https://sites.google.com/site/ecoltj/home/jpnpage/moviejp

第8章

時間的に変動する環境への適応

　草本植物では，同一個体によって，異なる2つのタイプの種子が作り出されることがある．その違いは発芽特性にあり，普通に翌年芽を出すものと，死んでもいないのに発芽せず土壌中に埋もれているものがある．後者の種子のように，発芽能力を持ちながら発芽しない種子は，**休眠種子**とよばれている．たとえば，1回繁殖型の多年草であるアメリカボウフウには，冬を越して春先に発芽する種子と，休眠していて秋に発芽する種子のあることが知られている．秋に発芽した種子は，冬になる前に十分に成長をとげることができないため，死亡しやすいというリスクを背負っている．したがって，すべての種子が同時に春に発芽したほうが，より高い生存率を実現することができるだろう．それにもかかわらず，わざわざ時期をずらして種子を発芽させる意味があるのだろうか？　その答えの1つとして，夏期の環境条件が発芽後の成長に毎年適しているとは限らないため，ある割合で種子を休眠させることによって，すべての種子が夏期の悪い環境条件に遭遇しないようにしている，というものがある．もし夏の環境条件が好適であれば，秋に発芽した種子は損をするが，もしすべての種子が不適な環境条件のもとで全滅してしまっては，子孫が絶えてしまう．したがって，**予測不可能な環境条件の変化に対して，危険を分散させて**おくほうが高い適応度を得ることができるのかもしれない．

　自然界では，気候変動のような予測不可能な環境条件の変動がよく起きる．もし環境が変化してから対応することが可能なら，それに越したことはないが，休眠種子の生産の例のように，事前の準備が必要になることもあるだろう．そのような事前の準備にはコストがかかるから，生き物にとっては賭けをしているようなものだ．賭けをするのはよいが，賭けには常

にリスクが伴う．賭けをすることが本当に適応度を高める効果を持っているのだろうか？　もしそうだとしたら，どのように賭けをすればよいのだろうか？　これらの疑問に答えるために，8.1節では簡単な思考実験をしてみよう．

8-1　簡単な思考実験：2つのタイプの種子の生産

　ある土地の環境条件が，AとBの2通りいずれかで毎年変動する場合を考える（図8.1）．それらの環境条件は，同じ1/2ずつの確率で訪れるとする．すなわち，毎年A，Bいずれの環境条件になるかはわからないが，長い年月の間には，Aの年とBの年が半分ずつ訪れることが期待される．また，この土地に生息しているある植物は，寿命が1年で，毎年春に発芽した種子はその年の環境条件によって決まる確率で生き残り，秋に成熟個体となって種子を生産する．毎年発芽する種子にはタイプ1とタイプ2の2タイプがあり，タイプ1は環境条件Aにより適していて，環境条件Bのときよりも高い生存率である．タイプ2はタイプ1とまったく逆である（図8.2）．

　ここで，生き残った個体は毎年秋に1個体あたり12個の種子を生産し，翌年の春にすべての種子が発芽するとする．その種子がすべてタイプ1ならば，A，Bそれぞれの環境条件下では，翌年の秋における生残個体数は，それぞれ次のようになる（図8.2，表8.1a）．

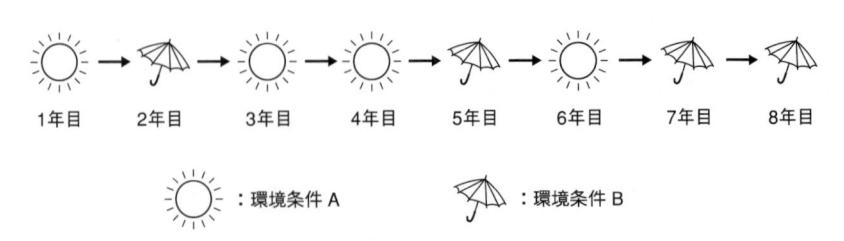

図8.1　時間的に変動する環境条件
好適・不適な環境条件の年が訪れる確率はそれぞれ1/2なので，たとえば8年間では，それぞれの環境条件の年が4回ずつ訪れるように，n年の間にそれぞれ訪れる回数は，ともに$n/2$回と期待される．

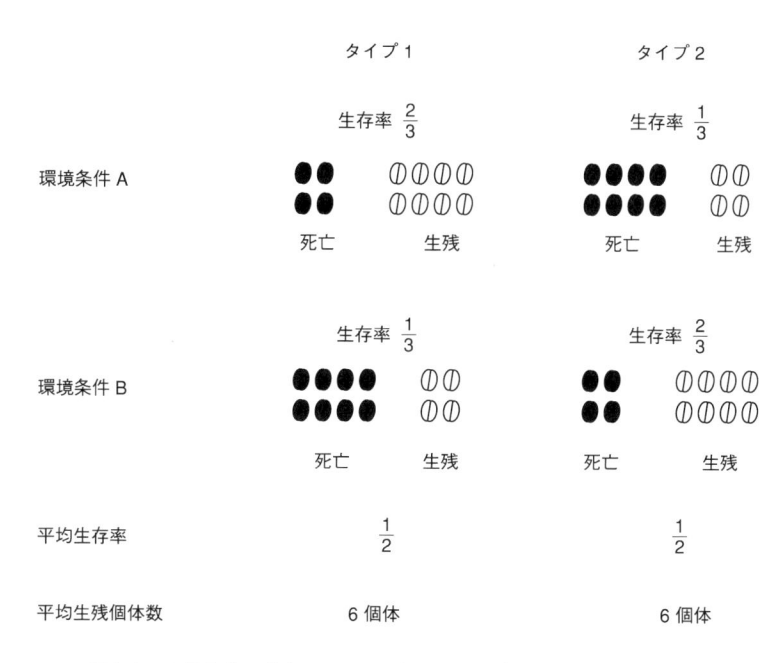

図 8.2 環境条件に依存したそれぞれのタイプの生存率と生残個体数

$$環境条件が A の年 : 12 \times \frac{2}{3} = 8 個体$$

$$環境条件が B の年 : 12 \times \frac{1}{3} = 4 個体$$

したがって，A，B それぞれの年の生残個体数の平均は 6 個体である．その生残個体が生産した種子が，次の年の春にまた発芽して成長すると，上述のように 2 通りの環境条件の年が等しく訪れることが期待されるため，2 年後の生残個体数の期待値（以下「2 年後の生残個体数」と略する）は，

$$8 \times 4 = 32 個体$$

になる（表 8.1a）．タイプ 2 の種子だけを生産する場合も，環境条件 A と B の数値が入れ替わるだけなので同じ結果になる．

さて，ここで次のような状況を考えてみる．もし，毎年タイプ1とタイプ2の種子を半分ずつ，すなわち6個ずつ生産する親が出現したとすると，2年後の生残個体数はどうなるであろうか？親の産み分け戦略が遺伝すると考えて，その親の子が成熟したときには，やはり2つのタイプの種子を半分ずつ生産すると仮定する．種子の環境条件がAの年の秋の生残個体数は，

$$\underset{(タイプ1の種子の数 \times 生存率)}{タイプ1の生残個体数} + \underset{(タイプ2の種子の数 \times 生存率)}{タイプ2の生残個体数}$$
$$6 \times 2/3 \qquad\qquad 6 \times 1/3$$
$$= 6 \text{ 個体}$$

であり，環境条件がBの年の生残個体数も同様に，

$$\underset{(タイプ1の種子の数 \times 生存率)}{タイプ1の生残個体数} + \underset{(タイプ2の種子の数 \times 生存率)}{タイプ2の生残個体数}$$
$$6 \times 1/3 \qquad\qquad 6 \times 2/3$$
$$= 6 \text{ 個体}$$

である（表8.1b）．すなわち，A，Bそれぞれの年の生残個体数は，ともに6個体となり，2年後の生残個体数は $6 \times 6 = 36$ 個体となる．表8.1aと

表8.1 環境条件A，Bそれぞれの場合の生残個体数と2年後の生残個体数

(a) タイプ1の種子だけを生産する場合

	環境条件	
	A	B
タイプ1の種子数	12	12
タイプ2の種子数	0	0
種子数の合計	12	12
タイプ1の生残個体数	8	4
タイプ2の生残個体数	0	0
生残個体数の合計（平均6）	8	4
2年後の生残個体数	$8 \times 4 = 32$	

(b) 両タイプの種子を半分ずつ生産する場合

	環境条件	
	A	B
タイプ1の種子数	6	6
タイプ2の種子数	6	6
種子数の合計	12	12
タイプ1の生残個体数	4	2
タイプ2の生残個体数	2	4
生残個体数の合計（平均6）	6	6
2年後の生残個体数	$6 \times 6 = 36$	

1bを比べてみると，不思議なことに，生残個体数の2年間の平均はまったく同じであるにもかかわらず，2年後の生残個体数は，2つのタイプを半分ずつ産んだ場合のほうが大きくなっている．つまり，タイプ1とタイプ2を混ぜて産むと，2年後の生残個体数は多くなっている．

では，どのくらいの割合で2つのタイプを混ぜると，2年後の生残個体数は最大になるのであろうか？ タイプ1をp，タイプ2を$1-p$の割合で混ぜて産んだ場合について，上の例にならって計算してみると（表8.2），環境条件がAの年の秋の生残個体数は，

$$\underset{(\text{タイプ1の種子の数}\times\text{生存率})}{\text{タイプ1の生残個体数}} + \underset{(\text{タイプ2の種子の数}\times\text{生存率})}{\text{タイプ2の生残個体数}}$$
$$12p \times 2/3 \qquad\qquad 12(1-p) \times 1/3$$
$$= 4 + 4p \text{ 個体}$$

であり，環境条件がBの年の生残個体数は，

$$\underset{(\text{タイプ1の種子の数}\times\text{生存率})}{\text{タイプ1の生残個体数}} + \underset{(\text{タイプ2の種子の数}\times\text{生存率})}{\text{タイプ2の生残個体数}}$$
$$12p \times 1/3 \qquad\qquad 12(1-p) \times 2/3$$
$$= 8 - 4p \text{ 個体}$$

である（表8.2）．すなわち，2年後の生残個体数は，$(4+4p) \times (8-4p)$個

表8.2 タイプ1の種子を混合割合pで生産する場合

	環境条件	
	A	B
タイプ1の種子数 タイプ2の種子数	$12p$ $12(1-p)$	$12p$ $12(1-p)$
種子数の合計	12	12
タイプ1の生残個体数 タイプ2の生残個体数	$12p \times 2/3$ $12(1-p) \times 1/3$	$12p \times 1/3$ $12(1-p) \times 2/3$
生残個体数の合計（平均6）	$4+4p$	$8-4p$
2年後の生残個体数	\multicolumn{2}{c}{$(4+4p)(8-4p)$}

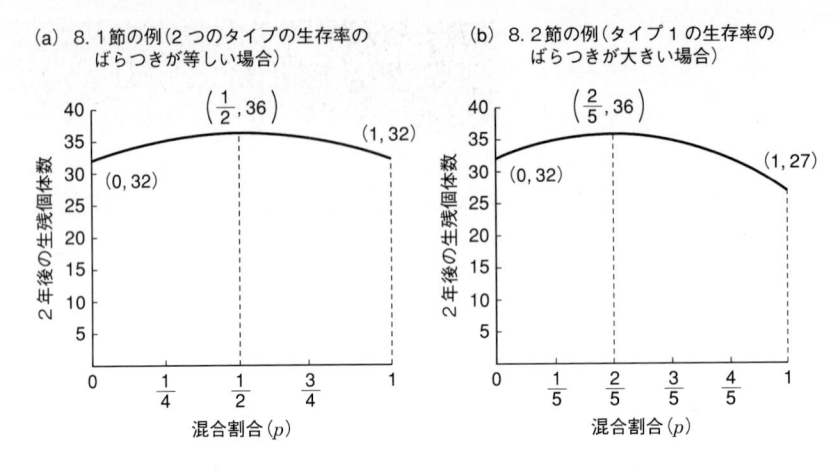

(a) 8.1節の例（2つのタイプの生存率の
　　ばらつきが等しい場合）

(b) 8.2節の例（タイプ1の生存率の
　　ばらつきが大きい場合）

図8.3　混合割合に対する2年後の生残個体数

体となる．タイプ1の混合割合（p）が0〜1の範囲であるときの2年後の生残個体数を計算してみると，図8.3aのように，混合割合pが1/2のときに最大になり，最適であることがわかる．グラフを描かずに最大になるpを求めたいなら，第2章のコラム ③（16ページ参照）で説明があったように，積算数をpで微分したものが0に等しくなるpの値を求めれば，やはり同じ結果が得られる（コラム ⑧参照）．

8-2　生存率のばらつきと混合割合

8.1節の「混ぜて産むと2年後の生残個体数が多くなる」という結果は，どのような状況でも，2つのタイプを半々に産むとよいということを意味しているのだろうか？　ためしに，8.1節とは異なる生存率を持つ2タイプの種子がある場合を考えてみる（図8.4）．前の例と同じように（図8.2），A，Bそれぞれの年の生存率の平均は両タイプともに1/2だが，今度の例では，タイプ1のほうが生存率がばらついている度合が大きい（図8.5）．表8.3に示されるように，それぞれの年の生残個体数を計算し，2年後の生残個体数を求めてみると，$(4+5p) \times (8-5p)$ 個体となる．2年後の生残個体数を最大にするpを求めるためにグラフを描いてみると，

コラム 8

最適な混合割合の求め方

最適な混合割合（p^*）を求めるためには，$w(p)=(4+4p)(8-4p)$ とおいたときの w の最大値を与える p を求めればよい．その方法には2通りあり，1つは，第2章のコラム 3 で解説したように，微分を使う方法である．

$$\frac{dw}{dp}=\frac{d}{dp}(-16p^2+16p+32)=-32p+16$$

より，$dw/dp=0$ を満たす $p=1/2$ は，極小点か極大点である．2回微分を求めると

$$\frac{d^2w}{dp^2}=-32<0$$

であることより，$p=1/2$ は極大点であることがわかる．p は 0 と 1 の間の値をとるから，$w(0)=32$，$w(1)=32$ を求めて，それらの値と極大点の w の値，$w(1/2)=36$ の3つの値を比較すると，極大点が最大点であることがわかる．

もう1つの方法は，この関数が p に関する2次式であることに注目して，2次関数の頂点を求める方法である．w の右辺を変形すると

$$\begin{aligned}w&=-16p^2+16p+32\\&=-16\left(p-\frac{1}{2}\right)^2+16\left(\frac{1}{2}\right)^2+32\\&=-16\left(p-\frac{1}{2}\right)^2+36\end{aligned}$$

であるから，この曲線は頂点（1/2, 36）を持つ上向きに凸の放物線であることがわかる．したがって，最適な混合割合（p^*）は 1/2 である．

図 8.3b のようになり，$p=2/5$ のときに積算個体数が最大になることがわかる．このことから，ばらつきの度合いが大きいタイプの種子を少なめに生産するほうが，2年後の生残個体数が大きくなるのではないかと考えら

第8章 時間的に変動する環境への適応

	タイプ1	タイプ2
	生存率 $\frac{3}{4}$	生存率 $\frac{1}{3}$
環境条件A	死亡　生残	死亡　生残
	生存率 $\frac{1}{4}$	生存率 $\frac{2}{3}$
環境条件B	死亡　生残	死亡　生残
平均生存率	$\frac{1}{2}$	$\frac{1}{2}$
平均生残個体数	6個体	6個体

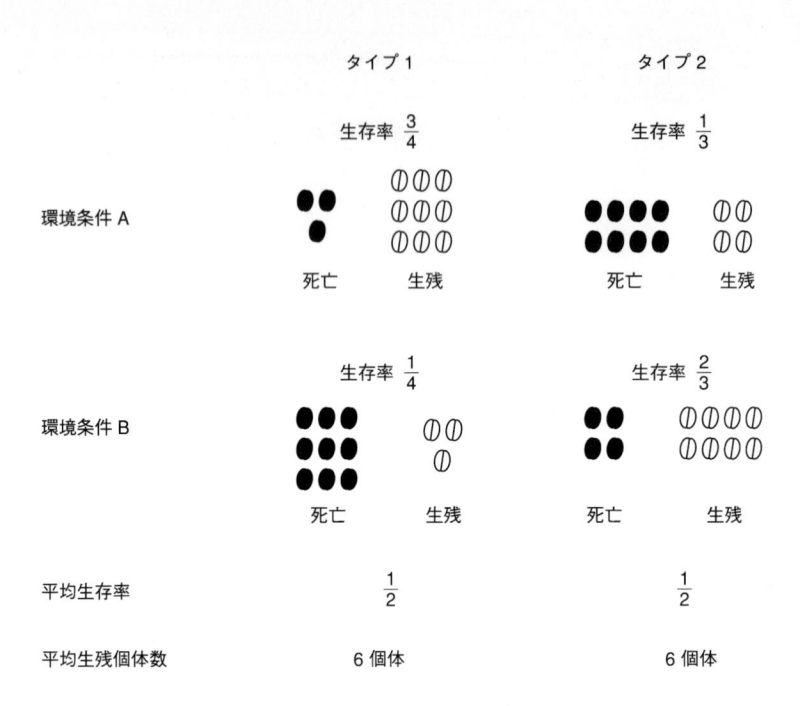

図8.4　環境条件に依存したそれぞれのタイプの生存率と生残個体数
（タイプ1の生存率のばらつきが大きい場合）

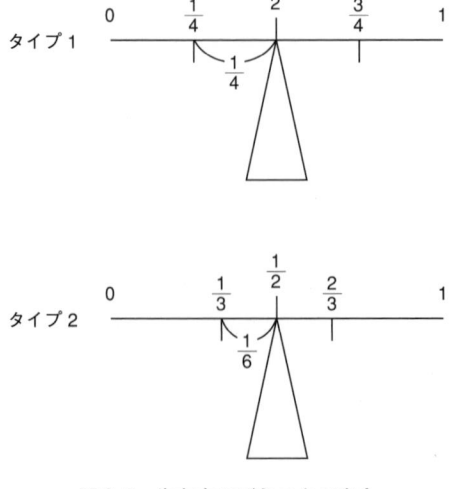

図8.5　生存率のばらつきの度合

表 8.3　タイプ 1 の種子の生存率のばらつきが大きい場合

	環境条件	
	A	B
タイプ 1 の種子数	12p	12p
タイプ 2 の種子数	12(1−p)	12(1−p)
種子数の合計	12	12
タイプ 1 の生残個体数	12p×3/4	12p×1/4
タイプ 2 の生残個体数	12(1−p)×1/3	12(1−p)×2/3
生残個体数の合計（平均6）	4+5p	8−5p
2 年後の生残個体数	(4+5p)(8−5p)	

れる．前の例ではばらつきの度合が 2 つのタイプで等しかったため，ちょうど半々に生産するのが最適だったのだろう．この予測を裏づけるために，ばらつきの度合から簡単に最適な混合割合を求める方法を紹介しておこう．まず，各タイプについて，A, B それぞれの年の生存率が，生存率の平均からばらついている度合を求める（タイプ 1 では 1/4，タイプ 2 では 1/6；図 8.5）．次に，ばらつきの度合の比，1/4：1/6＝3：2 の逆比を求める．最適な混合割合はこの逆比 2：3 に等しい．したがって，タイプ 1 の種子を 2/5，タイプ 2 を 3/5 の割合で生産すると，2 年後の生残個体数を最大にすることができる．8.1 節の例では，ばらつきの度合が等しかったために，種子を 1：1 の混合割合で生産すると，2 年後の生残個体数が最大になったのである．この方法の厳密な数学的証明はこの本の範囲を超えるので，ここでは省略する．興味のある読者は証明を試みることをおすすめする．

8-3　最適な混合割合の意味

　8.1, 2 節の例の最適な混合割合はいったい何を意味しているのだろうか？　それを確かめるために，環境条件が A, B それぞれの年の生残個体数に最適な混合率を代入してみよう．8.1 節の例の場合は，

$$\text{環境条件が A の年}：4+4p=4+4\times\frac{1}{2}=6 \text{ 個体}$$

環境条件がBの年：$8-4p=8-4\times\dfrac{1}{2}=6$ 個体

であり，8.2 節の例では

環境条件がAの年：$4+5p=4+5\times\dfrac{2}{5}=6$ 個体

環境条件がBの年：$8-5p=8-5\times\dfrac{2}{5}=6$ 個体

である．すなわち，どちらの例でも，A，Bいずれの環境条件の年も生残個体数が同じになるような混合割合が，最適な混合割合になっている．

　実は今までの結果は，「いくつかの正の数字の相乗平均はそれらの相加平均よりも常に小さいか，または等しく，相乗平均と相加平均が等しくなる場合は，すべての数字が等しいときである」という数学の定理から生まれている．この定理を数式で表わすと，2つの数字の場合は，

$$\dfrac{x+y}{2} \geqq \sqrt{xy} \qquad (x,y>0) \qquad (8.1)$$

となる．x，y を，それぞれ環境条件 A，B の年の生残個体数とすれば，この式の左辺は生残個体数の平均値，xy は2年後の生残個体数を表わしている．(8.1) 式右辺は生残個体数の平均値よりも常に小さいか等しいのだから，生残個体数の平均値が一定の条件のもとでは，2年後の生残個体数（xy）の正の平方根が最大になるのは，(8.1) 式の等号が成り立つ場合である．したがって，環境条件 A，B の年の生残個体数 x と y が等しいときに，2年後の生残個体数（xy）の正の平方根は最大になる．xy の正の平方根が最大になることと，xy が最大になることは同じであるから，**生残個体数が毎年同じになるように種子を生産すると，2年後の生残個体数を最大にすることができる**．

　残念なことに，時間的に変動する環境下では，1つのタイプの種子だけを生産して，生残個体数を毎年同じになるように調節することは不可能で

ある．なぜなら，環境条件の変動に伴って生残個体数がばらつくからである．しかし，もし2つ以上のタイプがあれば，それらを適当な割合で混合することによって，毎年の生残個体数が同じになるように調節することが可能である．これまでの例のように，時間的に変動する環境下で，複数のタイプの子どもを産むという生物の適応戦略は，「**両賭け戦略**」とよばれている．

8-4　種子休眠

これまでの節では，生産された種子は翌年必ず発芽するという仮定のもとで議論を進めてきた．しかし，休眠期間が1年を越える種子も実際に数多くみられる．いかに環境条件が変動したとしても，1年以上も休眠する種子を生産する個体よりも，毎年必ず発芽する種子を生産する個体のほうが，適応度が高いように思われる．やはり，種子をある割合で休眠させて，環境条件の悪い年をやり過ごしているのだろうか？ この節では，この疑問に答えてみよう．

8.1節の例のように，環境条件が良い年と悪い年が，確率 1/2 ずつで訪れる状況を考える．ある一年生の植物は，個体あたり毎年 N 個の種子を作り，その種子は毎春 g の確率で発芽するとしよう．発芽しなかった種子は，埋土種子として1年間を土壌中で過ごし，その翌春に，やはり同じ確率 g で発芽する．環境条件が良い年には，発芽した種子は成長して必ず親個体となり，新たに種子を生産するが，環境条件が悪い年には，種子を作ることができるようになる前に死んでしまう．一方，埋土種子は変動環境の影響をまったく受けずに，休眠した状態のまま土壌中に生き残る．

翌年が環境条件の良い年であれば，前年の1個の埋土種子から新たに生産される総種子数は，

$$\text{新たに生産される総種子数} = \dfrac{\text{前年の埋土種子}}{\text{の発芽確率}} \times \dfrac{\text{1個体あたり}}{\text{の種子数}}$$

$$= g \times N \quad (8.2)$$

であり，また，前年からの埋土種子が土壌中に残存する数は，

$$\text{前年からの埋土種子の残存数} = 1-g \qquad (8.3)$$

である．したがって，環境条件の良い年の秋の埋土種子数は，(8.2)，(8.3) 式の総和で表わされ，

$$\text{環境条件が良い年の埋土種子数} = g \times N + (1-g) \qquad (8.4)$$

となる．それに対して，翌年が環境条件の悪い年であれば，新たな種子は生産されずに，埋土種子から発芽しなかった分だけが，秋に土壌中に残っている．したがって，環境条件が悪い年の秋の埋土種子数は (8.3) 式に等しい：

$$\text{環境条件が悪い年の埋土種子数} = 1-g \qquad (8.5)$$

2年たつと，環境条件の悪い年も良い年も経験すると期待されるから，2年後の秋に期待される埋土種子数は

$$\text{2年後の埋土種子数} = (1-g)\{Ng+(1-g)\} \qquad (8.6)$$

となる．休眠などさせずに，すべての種子を毎年発芽させたほうが，個体が増加する割合は高いように思えるのだが，(8.6) 式に $g=1$（すべての種子を休眠させない場合）を代入してみると，答えが0になってしまうことがわかるだろう．これでは，この一年生植物は絶滅してしまう．逆に，すべての種子を休眠させる場合を考え，$g=0$ を代入してみると，2年後の埋土種子数は1となり，埋土種子数は減少も増加もしないことになる．では，2年後の埋土種子数が最大になる発芽率 g は，どのくらいだろうか？横軸が発芽率 (g)，縦軸が2年後の埋土種子数であるグラフを描いてみると（図8.6），

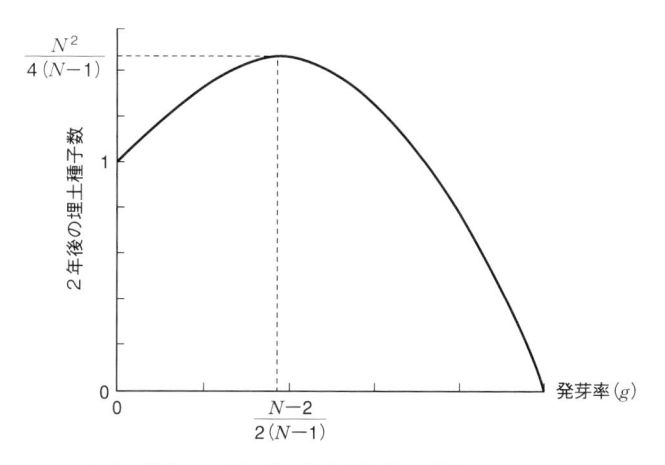

図 8.6　発芽率と2年後の埋土種子数の関係

$$\text{最適の発芽率}(g^*) = \frac{N-2}{2(N-1)} \tag{8.7}$$

のときに最大の2年後の埋土種子数，

$$\frac{N^2}{4(N-1)} \tag{8.8}$$

が実現されることがわかる．横軸が種子生産数（N），縦軸が最適な発芽率（g^*）であるグラフを描いてみると，図 8.7 のようになり，種子生産数が大きくなると，最適発芽率は 1/2 に近づいていく．この値は環境条件の良い年の確率に等しい．しかし，発芽率は決して 1/2 を超えることはない．逆にいえば，環境条件の悪い年が訪れるより高い確率で，休眠させたほうが得である．どんな生育地でも，環境条件が悪くなる年がある．したがって，**一年生植物の場合には，いくらかは休眠種子を生産することが最適な戦略なのである**．一見無駄に見える植物の休眠種子の生産は，現在では，時間的に変動する環境に対する適応的な営みの所産であると理解されている．

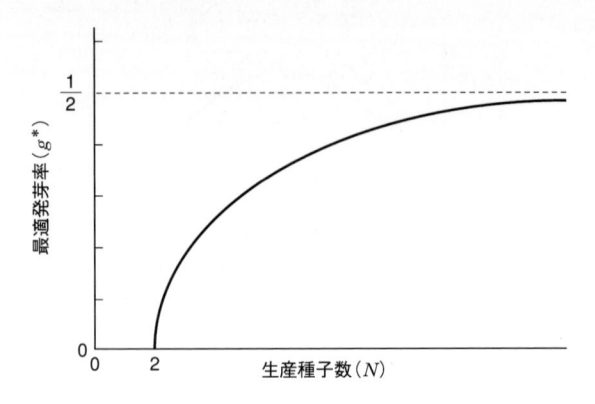

図 8.7　種子生産数と最適発芽率の関係

参考文献

1) 嶋田正和・粕谷英一・山村則男・伊藤嘉昭：動物生態学新版，第 6 章，海游舎（2005）
2) 巌佐　庸：数理生物学入門—生物社会のダイナミックスを探る，第 13 章，共立出版（1998）
3) 種生物学会 編：発芽生物学—種子発芽の生理・生態・分子機構，文一総合出版（2009）

第9章

性的対立

　交配は雌雄の共同作業である．雌は，卵と，受精卵の初期成長に必要な資源を提供する．かたや雄は精子を提供する．そのため雌雄は，自分たちの子を作るためにお互いに協力している．………そのように見えるかもしれない．しかし近年，この見方が大きく崩れてしまった．交配において雌雄は，協力しているというよりもむしろ対立しているのである．交配における雌の利益と雄の利益とが異なるためだ．本章では，この性的対立について紹介しよう．

9-1 「浮気」が普通：性的対立の背景にあるもの

　まず初めに，性的対立の背景にあるものを紹介しよう．それは，雌雄ともにまたは雌雄のどちらかが複数個体の相手と交配を行ないうるということである．「浮気」が普通であることが，性的対立をもたらしているのだ．
　このことを理解するために，「浮気」が一切ない状況から考えてみよう．1組の雌雄がペアを作り，ペアの雌雄どうしでしか交配しない状況である．この場合，雌親にも雄親にもペア外の子は存在しない（図9.1）．だから，雌雄親どちらにとっても，ペアの子が「自分の子」のすべてである．そのため，ペアの子をより多く残すことが，雌親にとっても雄親にとっても大切となる．ペアの子を犠牲にして，（将来的にも）存在しないペア外の子を増やすなどという戦略はありえないのだ．つまり，繁殖における雌雄の利害が完全に一致しているわけである．
　これに対して，雌雄の少なくともどちらかが複数個体の相手と交配する状況ではどうなるか．この場合，ある雌雄が交配して子を作ったとして

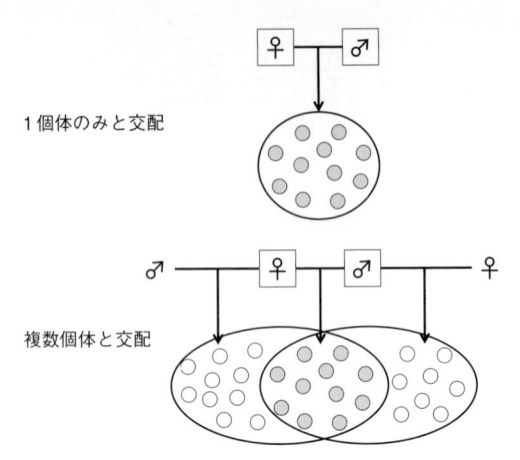

図9.1 雌親にとっての「自分の子」と，雄親にとっての「自分の子」
雌雄ともに1個体のみと交配する場合，雌親にとっての「自分の子」（灰色の丸）と，雄親にとっての「自分の子」（灰色の丸）とが完全に一致する．複数個体と交配する場合は，両者にとっての「自分の子」が一致しない．

も，雌雄のどちらかまたは両方に，他の相手との間で作られた（将来的に作られる）子が存在する（図9.1）．つまり，雌親にとっての「自分の子」と，雄親にとっての「自分の子」とに不一致が生じる．そのため，この雌雄の共通の子に対する投資において，雌雄の利害が対立する．共通の子の他にも子がいるので，そちらへの投資も大切となるからだ．そのため，性的対立が起きるのである．

近年，ほとんどの動物が乱婚であることがわかってきた．雌雄とも複数の相手と交配することが普通なのだ．たとえば鳥類には一夫一妻の種が多い．しかし「浮気」も頻繁に起きており，ペアではない雄との間にできた子も多い．2002年までに報告された鳥の父性の研究例をまとめたところ，ペア外の子の存在が確認された種は全体の86％に及んだ．全雛中のペア外の子の割合は，0～71.6％であった（図9.2）．

こうしたことは人間でも普通である．父性に関するこれまでの研究報告を総括した，オクラホマ大学のアンダーソンの研究を紹介しよう．アメリカ・フランス・イギリス・メキシコ・カナダなどで子どもの実の父親を調べた研究をまとめたものである．それによると，「父が，自分の子と思っている」カップル（多くが夫婦）の子どもに関する22本の研究報告にお

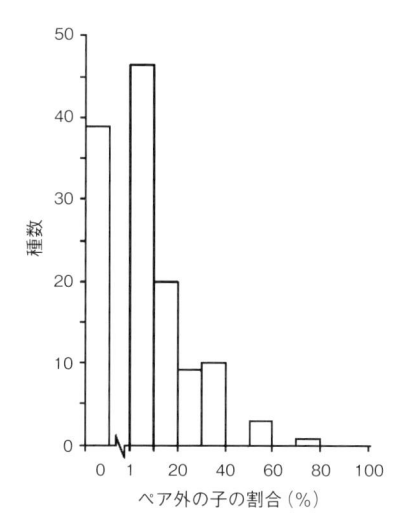

図9.2 鳥類におけるペア外の子の割合
2002年までに報告された鳥の父性の研究例をまとめたものである．ペア外の子の割合を，種数の頻度分布で示している．[Griffith, S. C. et al.: Molecular Ecology 11, 2195-2212 (2002) より]

いて，父親が実は他の男性であった子どもの割合は 0.4〜11.8%（中央値は 1.7%）であった．「父が，自分の子かどうか確信がない」31本の研究報告においては 14.3〜55.6%（中央値は 29.8%）であった．社会としての平均は両者の間に落ちるであろう．いずれにせよ，かなりの割合の女性が他の男性の子を産み，その割合に相応する男性が，他の女性に子を産ませているわけである．

このように，乱婚がむしろ普通なのであり，それゆえ，性的対立もまた普遍的な現象なのである．

9-2 なぜ，複数個体と交尾するのか

ではなぜ，複数の個体と交尾（交配）するのであろうか．本節ではこのことを考えてみよう．

雄についてはわかりやすい．精子1つあたりの生産コストは微小なので，無限といってよい数の精子を作ることができるからだ．そのため雄

は，潜在的に何個体でも子を作ることができる．つまり，交尾相手の数が多いほど，より多くの子を作ることができるわけだ．

これに対し，雌が，複数の雄と交尾をする理由はわかりにくい．雌は，卵・胎児に相当の資源を投資する．そのため，自分が投資できる資源量に見合った数の子しか作ることができない．だから，「子の数を最大にする」という点に関しては，1個体（またはごく少数の個体）との交尾で十分である．これで，十分な数の精子を受け取ることができるからだ．

複数個体と雌が交尾をする理由には，遺伝的利益を得ることと直接的利益を得ることとの2つがありうる．以下で，それぞれについて説明しよう．

9.2.1 遺伝的利益

遺伝的利益とは，遺伝的質の高い雄と交尾したり，遺伝的に自分と合わない雄（血縁個体など；近交弱勢が発現してしまう（10.2.1項参照））との交尾を避けたりすることで，子の遺伝的質を高めるというものである．この利益が交尾数と関係するのは，複数の雄と交尾するほどに，遺伝的質の高い雄や遺伝的に自分と合った雄とめぐり会える可能性が高まるためである．

たとえば鳥類の場合，多くが一夫一妻である．雌は，ペア相手にあぶれることは少ないが（雌雄の数の比は1対1であるため），遺伝的質の高い雄（遺伝的に自分とよく合った雄）とつがえる雌は少数派（少なくとも多数派ではない）であろう．だから多くの雌にとっては，自分のペア相手よりも遺伝的質の高い雄（遺伝的により合った雄）がどこかにいるという状況になる．そのため，良さそうな相手がいたら「浮気」してみることが有利となる．言ってしまえば，縄張りの確保や子の世話はペア相手の雄に頼り，遺伝子は，より良い他の雄から得るわけである．結果として，ペア内の交尾でできた子よりも，ペア外の交尾でできた子の方が，遺伝的質が平均的には高いという状況が起きうる．インディアナ大学のゲーラフらは，ユキヒメドリ（図9.3：ホオジロ科ユキヒメドリ属）を用いてこの予測を確かめている．彼らは，ペア外の子とペア内の子の数を，1990年から2007年の長期にわたって調べた．その結果，この期間に生まれた子で，

成鳥となって調査地に戻って来た個体は，ペア外の子が35個体，ペア内の子が108個体であった（これらを，F1世代とよぶことにする）．F1世代の繁殖成功を調べたところ，F2個体（F1世代の子）の数は，ペア外交尾由来のF1個体の方がペア内交尾由来のF1個体よりも多かった（図9.4）．ペア外交尾由来のF1雄の成功が高かったのは，ペア外の交尾をたくさん行なえたためであった．「浮気相手」として人気があったということである．ペア外交尾由来のF1雌の成功が高かったのは，ペア内の子の数が増えたためであった．これは，自身の繁殖力が高いためか，良いペア相手を獲得できたためか，あるいはその両方のためかである．

複数の雄との交尾後の，精子間の競争も遺伝的利益をもたらす．その競

図9.3 ユキヒメドリ
ホオジロ科ユキヒメドリ属

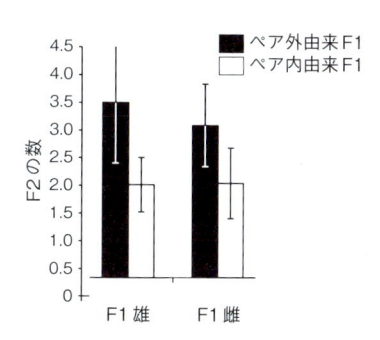

図9.4 ユキヒメドリにおける，ペア外交尾由来のF1雄・雌と，ペア内交尾由来のF1雄・雌とが作った子の数（F2の数）
[Gerlach, N. M. et al.: Proceedings of the Royal Society Biological Sciences Series B 279, 860-866 (2011) より]

図 9.5　小型有袋類アンテキヌス
フクロネコ科アンテキヌス属

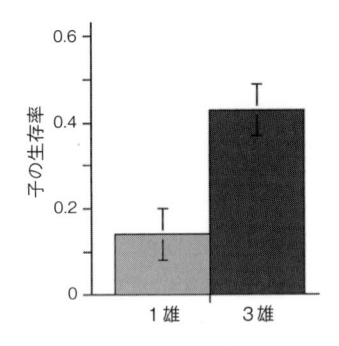

図 9.6　アンテキヌスにおける，1 個体の雄と 3 回交尾させた雌グループの子（1 雄）と，3 個体の雄と 1 回ずつ交尾させた雌グループの子（3 雄）の，離乳期までの生存率
[Fisher, D. O. et al.: Nature 444, 89-92 (2006) より]

争の例として，オーストラリアの小型有袋類アンテキヌス（図 9.5：フクロネコ科アンテキヌス属）の研究例を紹介しよう．アンテキヌスの雌は，繁殖期間（10〜14 日間）内に複数の雄と交尾する．そのため，複数の雄由来の精子間で，受精をめぐる競争が起こる．雌は 8〜10 個の乳頭を持つので，育てられる子の数も最大で 8〜10 である．オーストラリア国立大学のフィッシャーらは，野生の雌を捕獲し，1 個体の雄と 3 回交尾させた雌グループと，3 個体の雄と 1 回ずつ交尾させた雌グループとを作った．子が乳頭に吸い付いた後に野生に戻し，離乳期までの子の生存率を比較したところ，複数の雄と交尾した雌が産んだ子の方が高いことがわかった（図 9.6）．その要因を調べるために，DNA 解析をして子の父親を調べ，精子

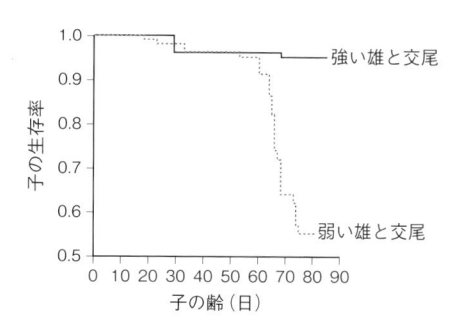

図9.7 アンテキヌスにおける，精子間競争に強い雄と交尾させた雌グループの子（実線）と，精子間競争に弱い雄と交尾させた雌グループの子（破線）の生存率

どちらのグループの雌も1個体の雄と交尾をしている．[Fisher, D. O. et al.: Nature 444, 89-92 (2006) より]

間競争に強い雄（父となった子が多い）と弱い雄（父となった子が少ない）とに分けた．そして，どちらかの雄1個体とのみ交尾させた雌間で，産まれた子の生存率を比較した．その結果，精子間競争に強い雄と交尾した雌が産んだ子の方が生存率がはるかに高かった（図9.7）．以上のことから，精子間競争における強さと子の生存率とが結びついていること，複数の雄と交尾することで精子間競争が生じ，結果として生存率の高い子ができていることがわかる．

一方，複数の雄と交尾することで，血縁個体の精子を排除できるという遺伝的利益も知られている．たとえば，フタホシコオロギ（図9.8；コオロギ科）の雌は，血縁であろうと非血縁であろうと，出会った雄と交尾をする．血縁の雄と交尾すると，近交弱勢が発現して子の生存率が低下してしまう（10.2.1項参照）．しかし交尾前に，近親交配を避けることはして

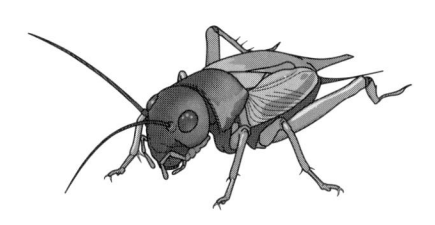

図9.8 フタホシコオロギ
コオロギ科

いないようなのだ．このコオロギを使って，リーズ大学のトレゲンザとウェデルは以下のような実験をした．雌を，2匹の血縁雄，2匹の非血縁雄，各1匹の血縁雄と非血縁雄（血縁雄との交尾が先および非血縁雄との交尾が先という2処理）と交尾させてみた．その結果，産卵数に交尾処理間で違いはなかった．ところが，血縁雄とのみ交尾した雌が産んだ卵は，非血縁雄とのみ交尾した雌が産んだ卵よりも孵化率が低かった（図9.9）．近交弱勢が確かに発現したということである．一方，血縁雄・非血縁雄の両方と交尾した雌が産んだ卵の孵化率は，非血縁雄とのみ交尾した雌が産んだ卵の孵化率と大差がなかった（図9.9）．この結果は，血縁雄の精子が選択的に排除されたことを示している．なぜならば，血縁雄の精子も同程度に受精したのなら，ほぼ半分の卵で近交弱勢が発現し，孵化率の平均が下がるはずだからである．

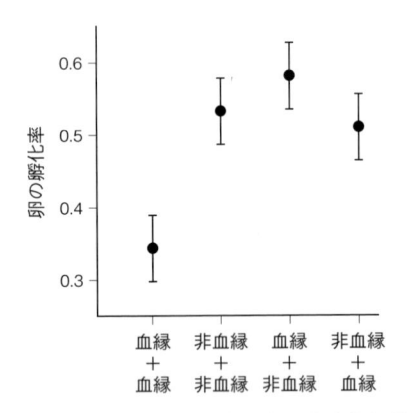

図9.9 フタホシコオロギにおける，血縁個体・非血縁個体と交尾した雌が産んだ卵の孵化率
血縁＋血縁；血縁個体の雄2匹と交尾．
非血縁＋非血縁；非血縁個体の雄2匹と交尾．
血縁＋非血縁；血縁個体の雄1匹および非血縁個体の雄1匹と交尾．血縁個体と先に交尾．
非血縁＋血縁；非血縁個体の雄1匹および血縁個体の雄1匹と交尾．非血縁個体と先に交尾．
[Tregenza, T. and Wedell, N.: *Nature* 415, 71-73 (2002) より]

9.2.2 直接的利益

　直接的利益とは，雌自体（その雌が産んだ子ではなく）の生存率や繁殖量などを高める利益のことである．その代表例が婚姻贈呈と呼ばれるものだ．これは，交尾時に，雄から雌へと渡される物質のことを指す．餌そのものであったり，精液に含まれる物質であったり，雄の体表上の腺からの分泌物であったりと，種によってさまざまである．雌は，こうした物質がもたらす直接的利益のために，複数回交尾をするわけである（ただし，9.3.2 項も参照）．

　たとえば，ガガンボモドキの仲間は，餌となる昆虫を雄が捕え，それを雌に与えるという習性を持っている．雌は，餌を食べている間だけ交尾を許す．雌にしてみると，栄養を得られるし，危険を冒して狩りをする必要もないわけである．

　トコジラミ（図 9.10：トコジラミ科トコジラミ属）において，精液に含まれる物質が直接的利益をもたらすことを示した研究もある．このシラミの精液は，アミノ酸や抗酸化物質を含み抗菌活性もある．個体あたりの交尾回数は非常に多く，雌は，卵を受精させるに余りある量の精液を受け取る．シェフィールド大学のレインハートらは，雌が受け取る精液量を人為的に操作する実験を行なった（ただし，全卵が十分に受精できる量の精液を受け取れる範囲内においてである）．その結果，より多くの精液を受け取った雌の方が，老化が遅く，生涯の産卵数も多かった（図 9.11）．このため，より多く交尾をしてより多くの精液を受け取ることが有利となるのである．

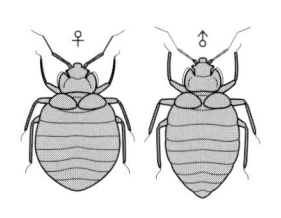

図 9.10　トコジラミ
トコジラミ科トコジラミ属

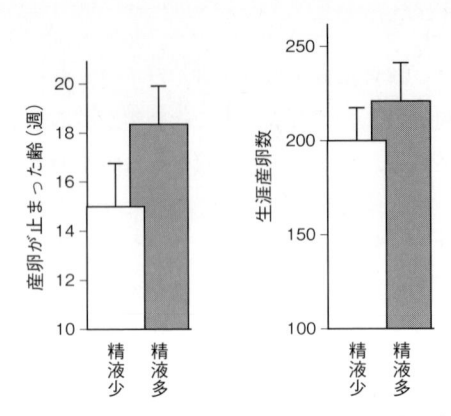

図9.11 トコジラミにおける，受け取った精液の量が産卵に与える影響
受け取った精液が少ない雌（精液少）と多い雌（精液多）それぞれの，産卵を終える齢（老化の指標となる）と生涯の産卵数を示す．[Reinhardt, K. et al.: *Proccedings of the National Academy of Sciences of the United States of America* 106, 21743-21747（2009）より]

9-3 性的対立

　雌雄どちらにとっても（あるいはどちらかにとって），今そのときの交配相手が生涯を通して唯一の相手とは限らない．そんな状況が何をもたらすだろう．雄としては，他の雄が父となる子の数を減らし，自分が父となる子の数を増やしたいはずだ．かたや雌には，作ることができる子の数に制限がある．そのため，交配相手を慎重に選ぼうとするだろう．その雄を自分の子の父とするよりも，他の雄を父とする方がよいかもしれないわけだ．結果として，その雌の卵を独占しようとする雄と，それに抵抗しようとする雌という対立が生じる．本節で，この対立の結果として進化したとされる現象を紹介しよう．

9.3.1 雄の付属腺タンパク質を通しての操作

　体内受精の動物の場合，精液が雌の体内に入る．そのため，精液中のタンパク質を通して，雄が雌を操作する戦略が進化している．上述のように雌に利益を与えることもあるが（9.2.2項参照），雌にとって有害なことも多い（9.3.2項参照）．まずはじめに，精液を通しての闘いを紹介したい．

をさせない働きを備えていることがわかる．一方，寿命は，どちらの雌においても変わらないか，むしろ，性ペプチド欠失の雄と交尾した雌の方が長かった．この雌の方が12倍も交尾している（表9.1）のに，その負担は見られないということだ．このことは，性ペプチドが雌の寿命に負の影響をもたらしている可能性を示唆している．

性的対立の度合いを変えてショウジョウバエを累代飼育し，その進化的な反応を見た実験もある．この実験では，雄が多い（雄75匹・雌25

表9.1 ショウジョウバエの雌が交尾を受け入れた回数
性ペプチドを作らない雄または通常の雄と一緒にして，交尾を受け入れた回数を調べた．実験には，2つの家系を用いた．そして，それぞれの家系で遺伝子操作をし，性ペプチドを作らない雄を作った．

一緒にした雄	交尾した回数	交尾しなかった回数
性ペプチド欠失（家系1）	154	671
通常（家系1）	9	724
性ペプチド欠失（家系2）	180	605
通常（家系2）	14	747

[Wigby, S. et al.: Current Biology 15, 316-321 (2005) より]

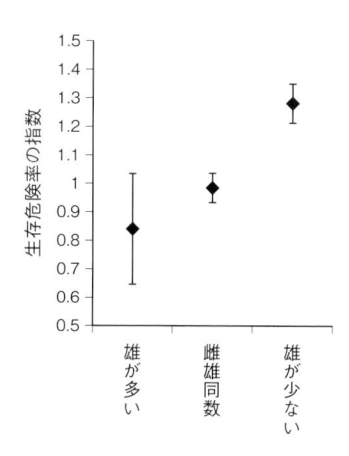

図9.15 ショウジョウバエの雌における，性的対立の激しさと生存率との関係
生存危険率の指数が小さいほど生存率が高い．雄が多い（雄75匹・雌25匹）・雌雄が同数（雄50匹・雌50匹）・雄が少ない（雄25匹・雌75匹）の3つの条件で雌を育てた．雄が多いほど性的対立が激しいと考えられる．[Wigby, S. et al.: Evolution 58, 1028-1037 (2004) より]

匹)・雌雄が同数(雄50匹・雌50匹)・雄が少ない(雄25匹・雌75匹)という3つの条件でショウジョウバエを育てた．雄が多いほど雌の交尾数は増えやすい．そのため，より激しい性的対立が起きることになる．22世代目の雌が産んだ卵から孵った雌を，普通の条件下(性比を制御していない)で累代飼育されてきた雄と一緒にし，自由に交尾させた．雌の方にだけ異なる淘汰がかかっている状況である．その結果，性的対立の激しい条件下(雄が多い)で累代飼育された雌ほど生存率が高い傾向にあった(図9.15)．これらの雌は，複数回の交尾をしても生存率が下がらない性質を獲得したといえる．

9.3.3 同じ遺伝子への，相反する淘汰圧

性的対立が，ある遺伝子に相反する淘汰をもたらすこともある．同じ遺伝子が，雌において発現する場合と雄において発現する場合とで淘汰の方向が変わってしまうのだ．「雄としての最適値」と「雌としての最適値」とが異なるためである．以下で，適応度の負の相関の例を紹介しよう．

カリフォルニア大学のシピンディルらは，同じゲノムが，雄に入った場合と雌に入った場合とのそれぞれにおける適応度への影響を調べた．ショ

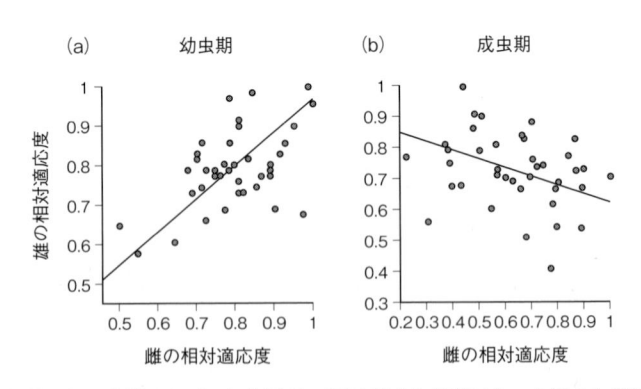

図9.16 ショウジョウバエにおける，同じゲノムが雄に入った場合と雌に入った場合との適応度の関係
適応度は，値が最も高いものに対する相対値で現わされている．幼虫期の適応度は，卵が成虫になる率と考えてよい．成虫期の適応度は，作った子の数と考えてよい．
[Chippindale, A. K. et al.: *Proceedings of the National Academy of Sciences of the United States of America* 98, 1671-1675 (2001) より]

ウジョウバエを用いて彼らは，雌雄が，ゲノムの半分を共有するように交配操作した．こうした共有グループを40個作り（グループごとに異なるゲノムを共有している），各グループの雌雄の適応度を測定した．その結果，幼虫期の適応度には，雌雄間で正の相関があった（図9.16a）．この時期には雌雄とも，生存して成虫へと発達することが重要である．そのため，雄の生存において有利なゲノムは，雌の生存においても有利であったわけである．ところが成虫期には，適応度に雌雄間で負の相関があった（図9.16b）．雄としての繁殖において有利なゲノムは，雌としての繁殖においては不利であったわけである．こうした負の関係は，9.3.2項で紹介したような性的対立によってもたらされたのであろう．

同様のことは他の動物においても見いだされている．たとえばコオロギにおいて，交尾成功度が高い父親の息子は，父同様に交尾成功度が高かった（図9.17）．ところが産卵数は，交尾成功度が低い父親の娘の方が多かったのである（図9.17）．雄として有利な遺伝子を受け継いだ雌は，繁殖成功が低くなってしまうわけだ．哺乳類のアカシカでも，繁殖成功が高い父親の娘は，自身の繁殖成功が低くなってしまうという傾向が見いだされている．

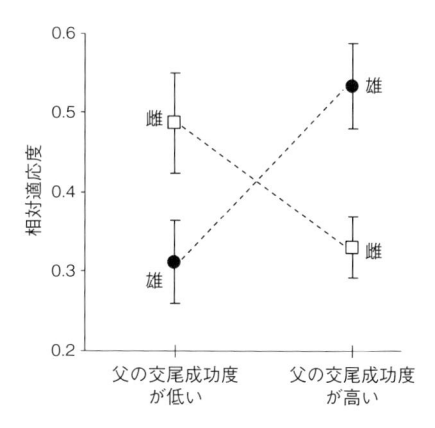

図9.17 コオロギにおける，父の交尾成功度の高さと子の適応度との関係
相対適応度は，集団の性比を補正（少ない方の性ほど適応度が高くなりやすい）した適応度である．[Fedorka, K. M. et al.: Nature 420, 65-67 (2004) より]

9-4 植物における性的対立

性的対立は植物にも見られる．植物は，動物以上に「乱婚」といえるからである．どういうことかというと，植物の場合，1個体がつけた花に複数の個体由来の花粉が付くことが普通であるのだ．複数の雄と同時に交尾するようなものであり，動物の交尾は1対1で行われること（ただし，体外受精の場合には必ずしも当てはまらない）とは対照的である．本節では，植物における性的対立を紹介する．

9.4.1 種子親が供給する資源をめぐる競争

植物において性的対立が顕著となるのはどの部分か．それは，雌親（種子親）が種子に供給する資源をめぐる競争においてである．受精した胚珠は，雌親の資源を吸収して成長していく．より多くの資源を吸収してより大きな種子になると，その種子の発芽定着率は高くなる．そのため，同じ雌親内の種子間で資源をめぐる競争が起きる．そしてここに，性的対立も絡んでくる．

まず初めに雌親の立場から考えよう．雌親にとっては，自個体がつけた種子はすべて自分の子である．だから，それら自分の種子のうち，発芽定着に成功する種子の総数が最大となる資源分配が有利となる．実は，この戦略は 2.2 節で紹介ずみである．この節で紹介したのは，ある親個体がつけた種子のうち，発芽定着に成功する種子の総数を最大にする戦略であった．つまり，2.2 節で紹介した最適な種子の大きさが，雌親にとっても最適なものである．種子数の調整のために，一部の種子を発達途上で中絶させてしまうことはありえるが，全種子が自分の子として対等であることにかわりはない．

これに対して雄親にとっては，ある雌親がつけた種子のうち，自分の花粉で受精させたものだけが自分の子である（図 9.18）．他の種子は他個体の子だ．だから，自分が受精させた種子の発芽定着の総数が最大となることが，雄親にとって最適となる．そのため，雌親の資源を自分の子だけで独占することが有利となる．全種子が同等である雌親との間に対立が起こるわけだ．

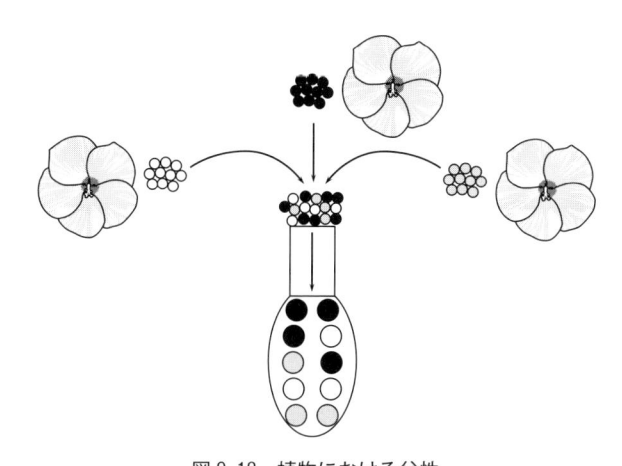

図 9.18 植物における父性
雄親にとっては，自分が受精させた種子だけが自分の子である．

　このように，種子への資源分配において雌雄の利害が異なっている．そのため性的対立が起きる．なお実際には，親と子との対立も絡んできて（第6章参照），話はもっと複雑になっている．

9.4.2　重複受精の進化

　植物の雌雄はそれぞれ，自分の利益を実現するためにどのような戦略を進化させているのであろうか．その進化的所産が，重複受精と呼ばれるものであると考えられている．

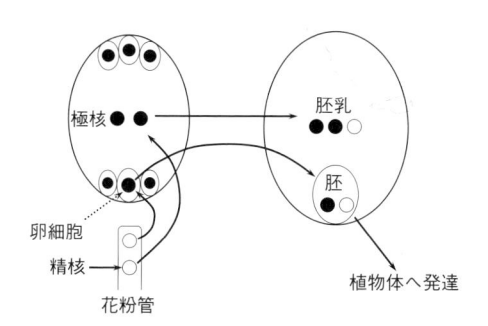

図 9.19　重複受精の模式図
花粉は2つの精核を持ち，1つは卵と合体して受精卵となる．そして，胚（植物本体）へと発達していく．もう1つは，2個の極核と合体して胚乳となる．

重複受精は，被子植物を特徴づける現象である（図9.19）．花粉は2つの精核を持ち，1つは卵と合体して受精卵となる．そして，胚（植物本体）へと発達していく．もう1つは，2個の極核と合体して胚乳となる．胚乳は，雌親から資源を吸収して貯蔵する組織である．発芽時には，胚乳に蓄えられた資源を使って胚が成長していく（種子形成途上で，胚乳の資源が子葉へと移行する種もある）．しかし胚乳は，次世代へと残らない．だから，胚乳に入った遺伝子自体は，適応度上の意味を持たないわけである．

　それにもかかわらずなぜ，雄の遺伝子が胚乳に入るのか．胚乳は，雌親の組織である種皮と生理的なコミュニケーションをし，資源吸収に関する要求もしている．だから，胚乳の遺伝子が雌親由来のみのものであったら，雌親の利益に沿った資源要求をするであろう（ただし，雌親と子との対立は生じる：6.3節参照）．そのため，雄親由来の遺伝子がわざわざ入り，雄親の利益に沿った資源要求を働きかけるように進化したと考えられている．一般的な傾向としては，雄親由来の遺伝子はより強く資源要求をする．そして，雌親の資源を独占しようとする．これに対して雌親由来の遺伝子は，その要求を抑制しようとする．それにより，他の種子にも資源分配されるようにしている．この一般傾向は，異なる倍数体（ゲノムを，何組も重複して持っている個体）の間での交雑実験で確かめられている（図9.20）．ライセスター大学のスコットらは，シロイヌナズナ（図9.21）を用いて，雌雄親となる倍数体の組み合わせを変えた交雑を行った．そして，胚乳における雌雄由来のゲノム比が異なる交雑種子を作った．その結果，雄親由来のゲノムの割合が高いほど大きな種子に，雌親由来のゲノムの割合が高いほど小さな種子になった（図9.22）．このように，雄親由来の遺伝子と雌親由来の遺伝子とが逆の性質を発現させているのである．

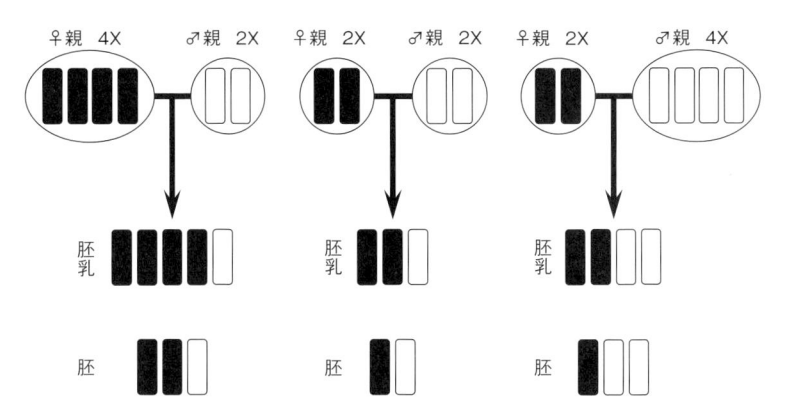

図 9.20　異なる倍数体間での交雑実験
雌雄親となる倍数体の組み合わせを変えることで，胚乳における雌雄由来のゲノム比が異なる種子を作った．雌親の倍数性が高いほど，胚乳も胚も，雌親由来のゲノムの割合が高くなる．逆に，雄親の倍数性が高いほど，雄親由来のゲノムの割合が高くなる．

図 9.21　シロイヌナズナ
アブラナ科シロイヌナズナ属

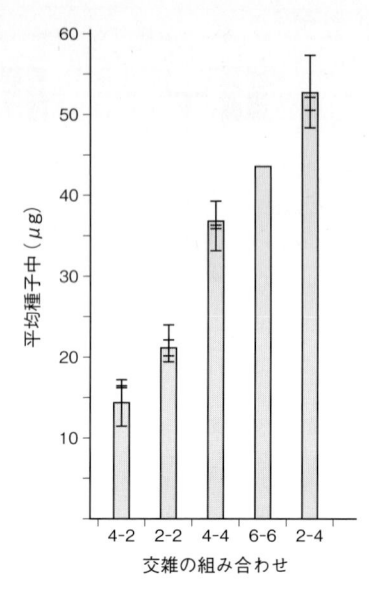

図9.22 シロイヌナズナにおける，胚乳のゲノム比が種子の大きさに与える影響
各組み合わせは，「雌親由来ゲノム組数-雄親由来ゲノム組数」となっている．
[Scott, R. J. et al.: Development 125, 3329-3341 (2004) より]

参考文献

1) 長谷川眞理子：クジャクの雄はなぜ美しい？ 増補改訂版，紀伊國屋書店 (2005)
2) 長谷川眞理子・河田雅圭・辻 和希・田中吉嘉成・佐々木顕・長谷川寿一：行動・生態の進化（シリーズ進化学 6），第3章，岩波書店 (2006)
3) 宮竹貴久：恋するオスが進化する，メディアファクトリー新書 (2011)
4) ピーター・メイヒュー（江副日出夫・高倉耕一・巌 圭介・石原道博 訳）：これからの進化生態学—生態学と進化学の融合，第7章，共立出版 (2009)

第10章

植物における性表現

　人間を含め多くの動物では雄と雌とが別個体である．一方，植物の性表現は動物とはかなり異なる（図10.1）．一番の違いは，1つの花が雄しべと雌しべとを持つ両性花をつける種（雌雄同株）が非常に多いことである．あるいは，1つの個体が雄花と雌花とをつけ分け，個体としては雌雄同株である種（雌雄異花同株）もある．動物のように，雄個体と雌個体とがある種（雌雄異株）もあるが少数派である．また，動物にはほとんどない変わりものとして，雌雄同株個体と雌個体とが共存する雌性両性異株とよばれる性表現を持つ種もある．これは，ダーウィンがすでに注目していた性表現であり，ナデシコ科・シソ科・アザミ類などで知られている．また，ごくまれではあるが，雌雄同株個体と雄個体とが共存する雄性両性異株とよばれる性表現を持つ種もある．

　このようなさまざまな性表現はなぜ進化したのであろうか？　第10章では，植物における性表現の進化について考えてみたい．

10-1　なぜ，雌雄同株植物が多いのか？

　まず初めに，植物では雌雄同株の種がなぜ多いのかを考えてみよう．ユタ大学のチャーノフらは，その理由として3つの点を指摘している．

　植物は動けない：動物のように動くことができれば，交配相手を見つけるのも楽であろう．しかし動くことができない植物は，花粉を媒介する昆虫や風に繁殖の成功を託さなくてはならない．そのため，他個体とうまく交配できる確率が，動物よりかなり低いことは想像に難くない．たとえば多くの植物で，花粉を受け取ることに失敗したため種子を生産できないこ

とがあることが知られている．

　ではなぜ雌雄同株であることが有利なのかというと，同じ花（個体）の花粉が胚珠を受精させる自殖という生殖を行なうことができるからである（これに対し，他個体の花粉が胚珠を受精させる生殖を他殖とよぶ）．自殖ならば，他個体と花粉をやりとりする必要がないので確実に種子を残すことができる．また，同種の個体がいない生育地に侵入したときにも，自殖ならば1個体だけで種子生産できるという利点もある．

　雄器官と雌器官とで，資源を必要とする時期が重ならない：雌雄異株の雄個体の場合，花が散ったら繁殖への資源投資は終わってしまう．だから，花が散った後に光合成生産した資源は，栄養器官の拡大に投資したり，翌年の生長と繁殖のために貯蔵したりすることになる．しかし，雌雄同株となって，その資源を果実へ投資するというオプションも可能である．つまり，花が終わった後は，雄としての繁殖成功を犠牲にすることなく，果実に資源投資できるということである（ただし，翌年以降の花生産に負の影響を及ぼしうる）．果実への資源投資と花への資源投資の時期の違いは，雌雄同株への進化のハードルを低くする要因である．

　花柄・萼・花びら・蜜など，雄器官・雌器官で共有できるものが多い：虫媒花で，雌雄異株の雄花を思い浮かべてみよう．この花には，雄しべ・花柄・萼・花びら・蜜などが備わっていて，欠けているのは雌しべだけである．同様に雌花には，雌しべ・花柄・萼・花びら・蜜などが備わっていて，雄しべだけが欠けている．つまり，ほんの少し資源投資を増やして，雌しべを作ったり雄しべを作ったりするだけで両性花となってしまう．このことも，両性花への進化のハードルを低くしている．

10-2　自殖のもたらすもの

　このように考えると，雌雄同株の有利さばかりが目につき，すべての植物は雌雄同株になってしまいそうに思える．ところが現実には，雌雄同株の種が絶対多数を占めているわけではない（図10.1）．それではなぜ，雄個体や雌個体が進化した種があるのであろうか？　雌雄同株であることに，何か不利な点があるのであろうか？　その答えの鍵は，雌雄同株が多い理

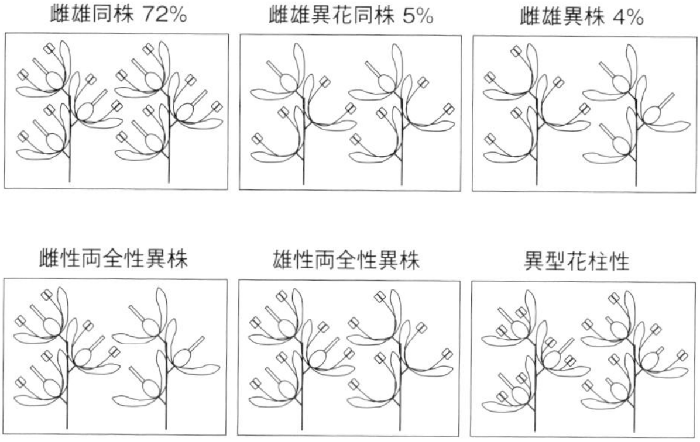

図 10.1　植物の性表現

図中のパーセントは，ヤンポルスキーとヤンポルスキーが調べた被子植物 12,1492 種中の割合である．雌性両性異株と雄性両性異株は合わせて 7％となっている．この他に，1 つの個体が両性花と雌花をつける雌性両性同株 (1.7％)，1 つの個体が両性花と雄花をつける雄性両性同株 (2.8％)，花柱の長さが異なるタイプが共存する異型花柱性（コラム 9 参照）などがある．ただし，この統計は古く (1922 年)，雌性両性異株の植物はもっと多いといわれている．[Yampolsky, C. and Yampolsky, H. : *Bibl. Genet. Lpz*., 3, 1-62 (1922) より]

由の第一番目で述べた自殖にある．自殖は諸刃の剣なのだ．改めて，自殖の有利な点・不利な点をまとめてみよう．

10.2.1　自殖の有利な点・不利な点

自殖の有利な点は 2 つある．1 つ目は，すでに説明したように，自殖をすれば確実に種子を残すことができることである．2 つ目は，親個体は，自殖種子の雌親であると同時に雄親でもあることである．他殖の場合，親個体の遺伝子が種子に伝わる期待数は 1/2 でしかない（図 10.2）．一方自殖の場合，遺伝子が種子に伝わる期待数は 1 となる．つまり，親個体の遺伝的性質を次世代に伝えることにおいて，自殖種子は他殖種子の 2 倍の貢献をすることになる．自殖に使われる花粉数が無視できるほどに少ない（他個体へと放出される花粉数の減少が無視できる程度のものである）ならば，他個体の胚珠を受精させる競争において不利となることなく 2 倍の利益を享受することができる．

自殖の不利な点は，近交弱勢とよばれる現象が起きやすいことである．

第10章 植物における性表現

自殖（または近親交配）により作られた種子は，他殖により作られた種子に比べ生存力や繁殖力が低いことが多いのだ．

近交弱勢が起きる理由を説明しよう．多くの生物は遺伝子を対で持っている．同じ働きをする遺伝子がペアで存在するということだ．そのため，どちらか片方の遺伝子に有害な突然変異が生じていても，もう1つの遺伝子が正常ならば障害は生じない．しかし自殖をすると，有害な遺伝子が対になってしまう可能性が高い（図10.2）．こうなると，個体の生存力や繁殖力の低下が起きてしまうわけである．

自殖の有利な点の2つ目と不利な点は，適応度に対して以下のように組み込まれる．近交弱勢の大きさを d（$0 \leq d \leq 1$：d が大きいほど，生存力・繁殖力の低下率が大きい）とすると，他殖種子に対する自殖種子の相対的な生存力・繁殖力は $1-d$ となる．ここで，$d=1$ ならば自殖種子はまったく生存・繁殖できず，$d=0$（近交弱勢なし）ならば，自殖種子と他殖種子の生存力・繁殖力に差はない．一方，自殖種子が遺伝子を受け継ぐ期待

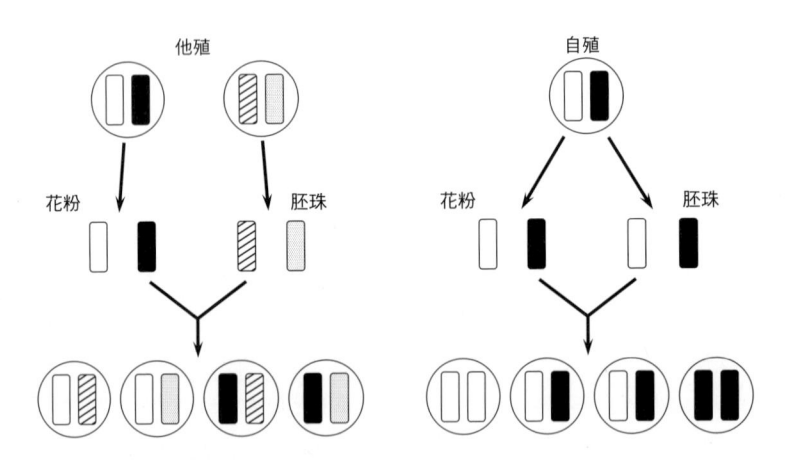

図10.2 他殖の場合と自殖の場合の，自分が生産した種子に伝わる遺伝子の期待数

黒い遺伝子が伝わる期待数（種子1つあたり）は，他殖の場合 $1/2\{=(0+0+1+1)/4\}$ であるのに対し，自殖の場合は $1\{=(0+1+1+2)/4\}$ である．また，黒い遺伝子が有害であるとすると，自殖の場合には $1/4$ の確率で黒い遺伝子が対になってしまうことがわかる．一方，他殖の場合には，交配相手が同じ黒い遺伝子を持っていない限り，黒い遺伝子が対になることはない．

コラム⑨

異型花柱性

サクラソウやイワイチョウの花を観察すると，雄しべと雌しべの長さに2つの組み合わせがあることに気づく（図10.3）．長花柱型（図右）は，花柱が長く突き出ていて雄しべは短い．短花柱型（図左）は，花柱が短くて雄しべが長い．そして，長花柱型の花粉を受粉したときにしか短花柱型の胚珠は種子に発達せず，短花柱型の花粉を受粉したときにしか長花柱型の胚珠は種子に発達しない．同じ型（長花柱型と長花柱型，短花柱型と短花柱型）の花粉を受粉しても種子はできないので自殖も起きない．もっとも，異型花柱性には，自殖を防ぐという以上の意味がありそうである．

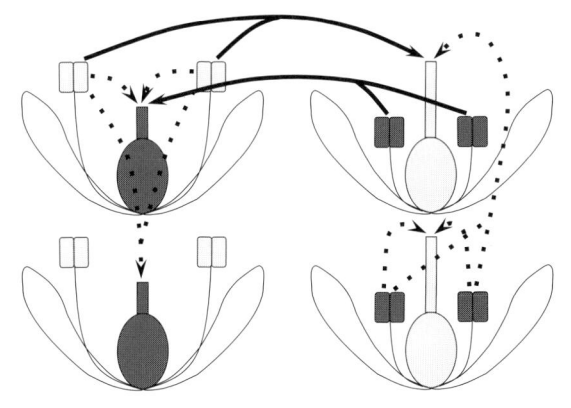

図10.3　異型花柱性の模式図
点線の矢印が交配不可の関係を，実線の矢印が交配可能な関係を示す．

数は1，他殖種子が受け継ぐ期待数は$1/2$であるので，

$$\text{自殖種子1つあたりの適応度に対する寄与} = 1-d$$
$$\text{他殖種子1つあたりの適応度に対する寄与} = \frac{1}{2}$$

である．近交弱勢dが$1/2$よりも小さいならば自殖種子の寄与のほうが大きく，$1/2$よりも大きいならば他殖種子の寄与のほうが大きくなる．前

表10.1 生活史の各ステージにおける自殖種子/他殖種子の値

	種子の成熟率	発芽率	発芽以降
マツの仲間 Pinus taeda	0.12	0.86	0.96（生存率）
トウヒの仲間 Picea abies	0.50	0.25	0.89（生長量）
トガサワラの仲間 Pseudotsuga menziesii	0.11	0.89	0.82（生存率）
Costus allenii	0.67	0.88	0.75（生長量）
Costus guanaiensis	0.66	0.94	0.81（生長量）
マンテマの仲間 Silene vulgaris	0.66〜0.82	0.57〜0.73	0.81〜0.40（繁殖量）
イブキジャコウソウの仲間 Thymus vulgaris	0.69	0.66	0.70

[Charlesworth, D. et al.: Annual Review of Ecology and Evolution 18, 237-268（1987）より]

者の場合は自殖率を高める（自殖を可能にする）性質が進化し，後者の場合は自殖率を低める（自殖を不可にする）性質が進化する．

表10.1に，いくつかの種における近交弱勢に関与するパラメータの値を示す．種子の成熟率・発芽率・その後の生存率・生長量・繁殖量のどれをとっても，自殖したものは他殖したものに比べ値が低下している．こうした差が積み重なると，最終的な近交弱勢の大きさ（「種子生産数×繁殖齢までの生存率」の差）はかなりのものになるであろう．

10.2.2 自家不和合性

自殖の不利な点の影響が大きい場合，自殖を回避することが有利となる．回避の仕組みはいくつかあるが，最も一般的なものが自家不和合性というものである．以下で，その説明をしよう．

自家不和合性とは，自分（近親個体）の花粉と受精できない（あるいは，受精しても種子にならない）生理的・遺伝的性質のことである．被子植物の60％が備えているといわれている．その仕組みとして，配偶体型自家不和合性と胞子体型自家不和合性という2つがある．どちらにおいても，花粉（葯）と雌しべのそれぞれにおいて発現し，相手を識別する働きを担う遺伝子が存在している．そして，雄側（花粉葯）の遺伝子と雌側（雌しべ）の遺伝子が強く連鎖しており（組み換えが起きない），1まとめの遺伝子（1つの遺伝子座）として機能している．この遺伝子座（S遺伝

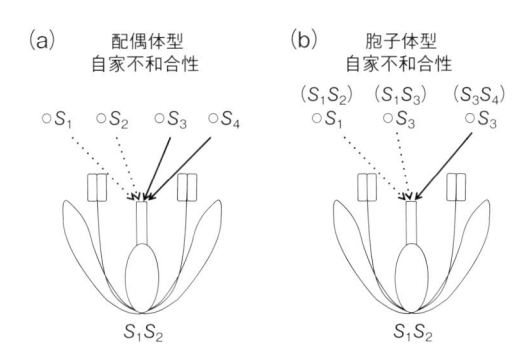

図10.4 配偶体型自家不和合性と胞子体型自家不和合性

点線の矢印が不和合となる組み合わせ，実線の矢印が和合となる組み合わせを示す．配偶体型自家不和合性（a）では，その花粉が持っているS対立遺伝子の種類（図では，S_1, S_2, S_3, S_4対立遺伝子）と，交配相手である雌しべが持っているS対立遺伝子の種類（図ではS_1S_2対立遺伝子）が重なると不和合となる．胞子体型自家不和合性（b）では，その花粉を作った個体が持っているS対立遺伝子の種類（図では，S_1S_2, S_1S_3, S_3S_4対立遺伝子）と，交配相手である雌しべが持っているS対立遺伝子の種類（図ではS_1S_2対立遺伝子）との組み合わせにより不和合かどうかが決まる．この右図に示しているのは雌雄側とも共優性の場合である．この場合は，雄親（花粉ではなく）と雌しべのS対立遺伝子が重なると不和合となる．雄側においてS_1がS_2, S_3に対して優性の場合は，S_1S_3の葯由来のS_3の花粉は和合となる．

子座とよぶ）に複数の対立遺伝子があり（個々を，S_1対立遺伝子・S_2対立遺伝子・S_3対立遺伝子………と区別する），この対立遺伝子の組み合わせによって受精可能かどうかが決まる．配偶体型自家不和合は，ナス科・バラ科・ゴマノハグサ科・ケシ科などで知られ，胞子体型自家不和合性は，アブラナ科・キク科・ヒルガオ科などで知られている．

配偶体型自家不和合性では，花粉が持つS対立遺伝子と雌しべが持つS対立遺伝子との組み合わせによって受精可能かどうかが決まる（図10.4）．両者が同じS対立遺伝子を持っていると受精できないわけである．同じ個体の花粉と雌しべは同じS対立遺伝子を必ず持っているので自殖が起きない．これに加え，他個体の花粉と言えど，同じS対立遺伝子を持っているのならば受精できない．

胞子体型自家不和合性では，花粉のS対立遺伝子ではなく，雄親個体が持つS対立遺伝子によって受精可能かどうかが決まる（図10.4）．たとえばアブラナ科では，葯で生産されたタンパク質が花粉表面に移動するこ

とによってこうした識別が行われることがわかっている.葯および雌しべにおける S 対立遺伝子の発現の仕方には,優劣関係がある場合とない場合とがある.前者では,たとえば S_1 が S_2 に対して優性の場合,S_1S_2 の葯(雌しべ)では S_1 のみが発現する.そして,S_1 を受け取った花粉も S_2 を受け取った花粉も,ともに S_1 として認識される.後者(優劣関係がない;共優性という)では S_1 も S_2 も発現する.そして全花粉が,S_1 かつ S_2 として認識される.S 対立遺伝子の組み合わせによって,自身のみならず他個体とも不和合となる点は,配偶体型の場合と同様である.

10.2.2　自家不和合性の崩壊

上述したように,自殖には有利な点もある.そのため,自家不和合性をいったんは進化させておきながら,それを崩壊させた種も多い.シロイヌナズナ(図 9.21)を用いてこのことを実証した,チューリッヒ大学の土松らの研究を紹介しよう.

シロイヌナズナはアブラナ科の植物であり,祖先種は胞子体型の自家不和合性を示す.しかしシロイヌナズナは自家和合性である.シロイヌナズナの遺伝子を調べ,自家不和合性がどのように崩壊しているのかを解析してみた.

その結果,不思議なことに,シロイヌナズナのいくつかの家系においては,雌側の S 遺伝子が健全に機能していることがわかった.自家和合性でありながら,自家不和合性にかかわる遺伝子も保持しているのである.さらに詳しく調べてみると,雄側の S 遺伝子が突然変異を起こし,その機能を失っていることがわかった.遺伝子操作を行って雄側の S 遺伝子を修復したところ,自家不和合性を復活させることができた.

なぜ,雄側の変異によって自家不和合性が崩壊したのであろうか.自殖を可能にするという点では,雌側の S 遺伝子が識別機能を失ってもかまわないはずである.実は,雄側が機能を失うことには非常に有利な点がある.識別機能を失った花粉は,集団中のどの個体とでも交配できるようになるという点である(図 10.5).雌側が機能を失った場合は,自分の花粉が交配できるのは,異なる S 対立遺伝子を持った個体だけである.そのため,雌側の機能を失わせる突然変異よりも,雄側の機能を失わせるもの

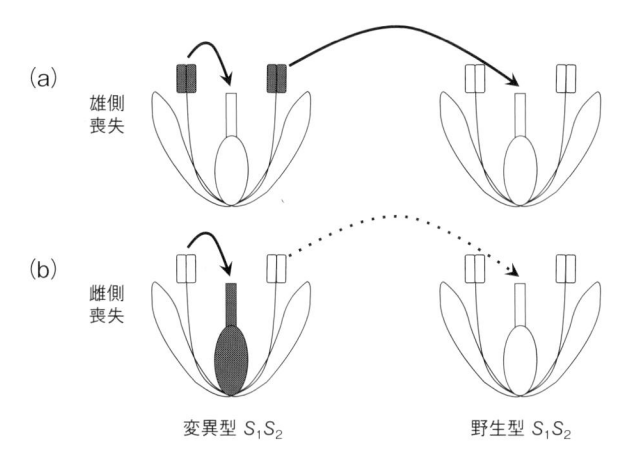

図10.5 雄側のS遺伝子が識別機能を失うことの有利さ
点線の矢印が不和合となる組み合わせ，実線の矢印が和合となる組み合わせを示す．本来は，S_1S_2対立遺伝子を持つ個体どうしは不和合である．しかし，雄側のS遺伝子が識別機能を失った場合（a），花粉は，S_1S_2対立遺伝子を持つ他個体と和合となる．一方，雌側のS遺伝子が識別機能を失った場合（b），その花粉は健全な識別機能を持ったまま散布される．そのため，S_1S_2対立遺伝子を持つ他個体と不和合のままである．

の方が広がりやすいわけである．

シロイヌナズナにおいて自家不和合性の崩壊が起きたのは，間氷期に急速に分布を拡大した時期であると推定されている．新生育地への侵入が頻繁に起こったはずであり，交配相手が少ないという状況も多かったであろう．そのため，自家和合性の獲得により自殖可能となることが非常に有利となったのであろう．

10-3 さまざまな性表現の進化

それでは，雌雄同株以外の性表現はどうして進化したのであろうか．ここではこのことを考えていこう．図10.6に，性表現の進化の基本的な道筋をまとめた．雌雄同株が性表現の基本であり，そこから他の性表現が進化したと考えられている．以下で，主な道筋の進化条件を説明していく．

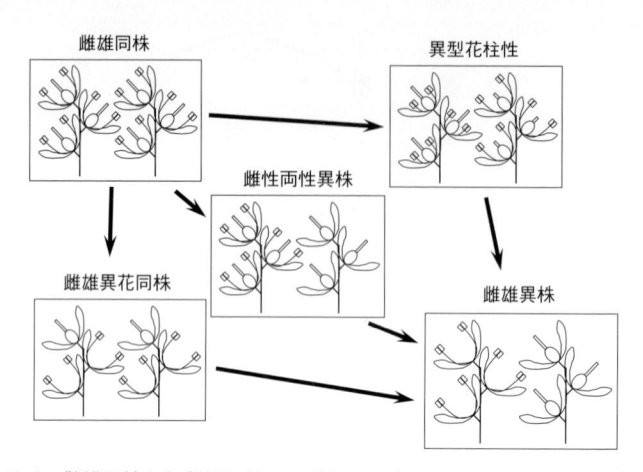

図 10.6　雌雄同株から雌雄異株への進化の道筋
雌性両性異株を経ての進化経路が最も一般的と考えられている．ついで，雌雄異花同株を経ての経路が多いようだ．

10.3.1　雌性両性異株集団の進化

　雌雄同株集団に雌個体が出現して定着すると雌性両生異株集団となる．雌個体の出現には，意外なことがかかわっていることが知られている．以下で説明しよう．

　まずは，雌性両性異株の植物である *Silene nutans*（ナデシコ科：図10.7）を用いた交配実験を紹介する（表10.2）．A, B, C という3つのグループの両性個体（各3個体）間で，片方を雌親にしてもう片方を雄親にする交配を行なった（グループ分けの意味は後述する）．雌親と雄親とを入れ替えた交配も行なった．そして，できた種子を育て，その性表現を調べた．その結果，A グループと B グループとの交配では，どちらが雌親であろうと両性個体ばかりができた．ところが，A グループと C グループとの交配結果は奇妙であった．C グループが雌親だと両性個体ばかりができたのに，A グループが雌親だと雌個体ばかりができたのである．これはどういうことだろうか．

　これは，核遺伝子とミトコンドリア遺伝子との対立という視点から理解できる．ミトコンドリアは，細胞質内に存在する器官である．もともとは独立した生物であり，細胞内に共生するようになったと考えられている．

図 10.7 *Silene nutans*（ナデシコ科）

表 10.2 *Silene nutans* の両性個体どうしの交配実験によりできた子個体の性の頻度分布

A1-A3・B1-B3・C1-C2 は親個体番号である．数字は，それぞれの性表現の個体数を示す．雌性両性同株とは，同じ個体が雌花と両性花とをつける性表現である．C1×A1 の交配実験は失敗した．B グループと C グループの交配結果は省略している．

雌親	雄親	雌	両性	雌性両性同株
A1	B1	1	27	0
A2	B2	0	5	0
A3	B3	3	18	5
B1	A1	0	10	0
B2	A2	0	21	0
B3	A3	0	29	4
A1	C1	40	0	2
A2	C2	36	1	1
A3	C3	27	2	4
C1	A1	—	—	—
C2	A2	0	32	0
C3	A3	0	43	1

[Garraud, C. et al.: *Heredity* 106, 757-764（2011）より]

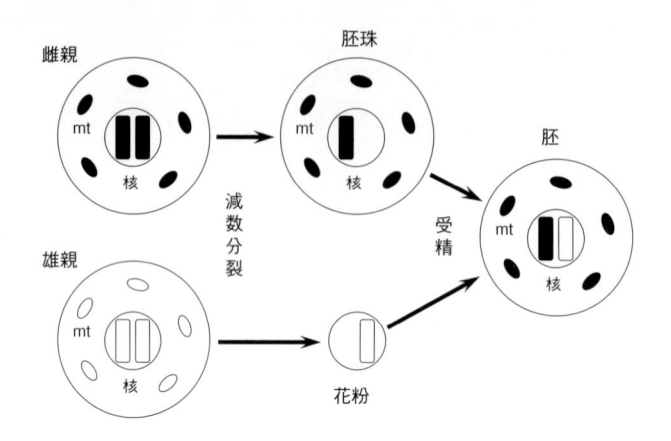

図 10.8　胚珠・花粉・胚の内容物
ほとんどの被子植物において，胚珠は，核と細胞質を親から受け継ぐのに対し，花粉は核のみを受け継ぐ．花粉形成の過程で細胞質は失われてしまうのだ．そのため，受精してできた胚の細胞質は雌親由来である．mt；ミトコンドリア．

そのため自身の遺伝子を持っており，独自に複製している．これはつまり，ミトコンドリア遺伝子にも自然淘汰が働くということである．より多くの複製を残すミトコンドリア遺伝子が広がっていくわけだ．ここで重要となるのが，ほとんどの被子植物において，ミトコンドリアは花粉を通しては次世代に伝わらないということである（図10.8）．花粉ができるときに細胞質（ミトコンドリアが存在する場所）が失われてしまうためだ．つまり花粉生産は，ミトコンドリア遺伝子の増殖にまったく寄与しない．そのためなんと，ミトコンドリア遺伝子が花粉形成を阻害してしまっているのである（雌個体になるということ）．これを，**ミトコンドリア遺伝子による雄性不稔**という．余った資源を雌器官に投資することで種子生産が少しでも増えれば，ミトコンドリア遺伝子にとっては有利である．すなわち，種子生産量が

　　　　　雄性不稔を起こす個体 ＞ 雄性不稔を起こさない個体

でありさえすれば，ミトコンドリア遺伝子による雄性不稔は進化する（進

化条件に，花粉を通しての繁殖は関係しない）．一方，核遺伝子にとっては花粉生産も大切な繁殖手段である（核遺伝子は花粉を通しても伝わるのだから）．そのため，ミトコンドリア遺伝子の干渉を抑え，雄器官を作り上げる性質を進化させている（両性個体になるということ）．これを，**核遺伝子による稔性回復**という．核遺伝子が稔性回復の機能を獲得すると，この回復機能をかいくぐる新たな雄性不稔機能をミトコンドリア遺伝子が獲得するといったことが起きている．

改めて交配実験の結果（表10.2）を見てみよう．Aグループが雌親でCグループが雄親の交配では雌ばかりができた．Aグループのミトコンドリアの雄性不稔を，Cグループの核は回復できないということである．ところが，Aグループが雌親でBグループが雄親の交配では両性個体ばかりができた．Bグループの核は，Aグループのミトコンドリアの雄性不稔を回復できているわけである．雌雄を逆にした交配から，Bグループの核もCグループの核もAグループのミトコンドリアに対して稔性回復できていることがわかる．

このように，核遺伝子とミトコンドリア遺伝子との対立が，雌性両性異株の進化の主要因となっている．

ただし，ミトコンドリア遺伝子による雄性不稔なしに雌性両性異株が進化している例も知られている．たとえば，*Fragaria virginiana*（野生イチゴ）・*Cucurbita foetidissima*（ウリ科カボチャ属）などである．これらの種では，核遺伝子の突然変異によって雌となった個体が共存している．しかしこの場合は，雌個体が定着する条件は厳しくなる（コラム10参照）．両性個体（の核遺伝子）は雌雄両方の繁殖成功が得られるのに，雌個体（の核遺伝子）は雌成功しか得られないからである．雄成功がない分を補うだけの雌成功を上げないといけないわけである．

10.3.2　雌性両性異株集団から雌雄異株集団への進化

雌雄同株から雌雄異株への進化には，両者の橋渡しの状態として雌性両性異株を経ていることが多い．雌性両性異株の集団に雄個体が出現する，あるいは，両性個体が雄化していくわけである．雄の進化条件は複雑なのでここでは紹介しない．要するに，集団中の雌個体の割合が多いほど雄個

第 10 章　植物における性表現

> **コラム 10**
>
> **ミトコンドリア遺伝子による雄性不稔がない場合の，雌雄同株集団で雌個体が広がる条件**
>
> 　雌個体が集団中に広がるためには，雌個体の適応度が両性個体の適応度よりも大きいことが必要である．雌は，花粉を作らないので自殖を行なえない．だから，自殖の有利な点を享受できない代わりに，自殖の不利な点を回避することができる．また，雄としての繁殖成功が得られないという不利な点もある．しかし，雄器官を作る資源を雌器官の生産にまわすことができる．このような仮定のもとで，チャールスワースとチャールスワースは，両性個体ばかりからなる集団に突然変異によって雌個体が出現した場合に，雌個体が増えていく条件を導いた．
>
> 　両性個体の 1 個体あたりの種子生産数が N，自殖率が s，近交弱勢の大きさが d，花粉生産数が P であるとする．このとき，自殖種子の数は sN 個，他殖種子の数は $(1-s)N$ 個であるから，
>
> $$\text{両性個体における種子を通しての適応度} = (1-d)sN + (1-s)\frac{N}{2} \quad (c1)$$
>
> となる（p.134-135 の説明も参照のこと）．右辺第一項は自殖種子を通しての適応度，第二項は他殖種子を通しての適応度である（2.1 節で，「この（適応度の）仮定には問題がある」と述べたのは，適応度をこのようにきちっと考えなかったからである）．一方，他個体の胚珠を受粉させることを通しての適応度はどうなるであろうか？　問題を簡単にするために，自殖に使われた花粉の数は無視できるとし，また，すべての花粉が花から運び出されるとする．このとき，1 個体あたり $(1-s)N$ 個の他殖種子と P 個の花粉があるのだから，1 つの花粉が他個体の胚珠を受粉させる確率は $(1-s)N/P$ である．だから，P 個の花粉のうち，受粉に成功する花粉数の期待値は $(1-s)N/P \times P = (1-s)N$ である．ここで，突然変異型である雌個体はごく少数しかいないので，雌個体の持つ胚珠のことは無視してもよい．

体は広がりやすいということである．これは直感的にもおわかりいただけるであろう．雌個体の割合が多いということは他殖する胚珠の数が多いということであり，胚珠を受粉させることに花粉が成功する確率が高いということである．また，雌雄同株個体の割合が少ないということは，競争相

したがって，

両性個体における，他個体の胚珠を受粉させることを通しての適応度
$$= (1-s)\frac{N}{2} \tag{c2}$$

である．2 で割っているのは，他殖種子と同様，遺伝子が伝わる期待数は 1/2 だからである．(c1) 式と (c2) 式を足し合わせると，

$$両性個体の適応度 = (1-ds)N \tag{c3}$$

となる．一方，雌個体では，k の割合だけ種子生産が増加し，$(1+k)N$ 個の種子を生産するとする．ただし k は正であるとは限らない．k が負ならば，自殖の有利な点を享受できないために種子生産が減ってしまったことになる．遺伝子が伝わる期待数が他殖種子では 1/2 であることを考慮すると，

$$雌個体の適応度 = (1+k)\frac{N}{2} \tag{c4}$$

である（自殖種子や花粉の生産は行なわないので，適応度の成分はこれだけである）．したがって，雌個体の適応度のほうが大きいためには，$(1+k)N/2 > (1-ds)N$，つまり，

$$1+k > 2(1-ds)$$

が成り立つことが必要である．

手となる花粉の数が少ないということである．このような場合には，花粉しか生産しない雄個体でも繁殖に成功しやすくなる．

雄個体と雌個体とが広がった集団では，両性個体が消え去ってしまう可能性も十分ある．たとえば，近交弱勢が大きくて自殖の不利な点が有利な

点を打ち消してしまう場合などである．これが，雌雄異株集団が進化する1つの経路である．

10.3.3 雌雄同株から雌雄異花同株への進化

雌雄同株から雌雄異花同株への進化要因に関しては，いくつかの仮説が提唱されている．その中で最も有力に思える，自家花粉の干渉を防ぐために進化したという仮説を紹介しよう．

雌雄同花の場合，同じ花内の花粉（自家花粉）が柱頭についてしまいやすい．それにより，自家和合性の場合には自殖が起きてしまうことになる．自家不和合性の場合も種子生産に負の影響を及ぼしてしまう．自家花粉と他家花粉（他個体の花粉）とが柱頭上の付着スペースを奪い合ったり，両者の花粉管が花柱内で干渉し合うことで，他家花粉による受精が起きにくくなってしまうためである．また，自家不和合性の種の中には，自家花粉と受精はするけれども受精した胚が健全に成長できないというタイプのものもある．この場合は，自家受精率が上がるほど，健全な種子の生産数が下がってしまう．

この他にも，雄しべの存在が物理的な妨げとなって，柱頭に花粉がつきにくい場合もある．逆に，雌しべの存在が物理的な妨げとなって，花粉が運ばれにくくなる場合もある．

こうした干渉が淘汰圧となって，雌雄同株（1つの花が雄しべと雌しべの両方をつける）から雌雄異花同株が進化しうる．

10.3.4 雌雄異花同株から雌雄異株への進化

雌雄異株が進化するためには，片方の性に特化することが有利となる必要がある．そのためには，雌繁殖または雄繁殖を通しての適応度の少なくともどちらかが，投資量に対して尻上がりの増加をする必要がある．たとえば，雌繁殖への投資量の増加とともに，雌繁殖を通しての適応度が尻上がりの増加をするとする．一方，雌繁殖への投資量の増加とともに，雄繁殖を通しての適応度は比例的に増えるとする（図10.9）．この場合は，雌繁殖に全資源を投資する（つまり雌となる）ことや，逆に，雄繁殖に全資源を投資する（つまり雄となる）ことが有利となりうる．

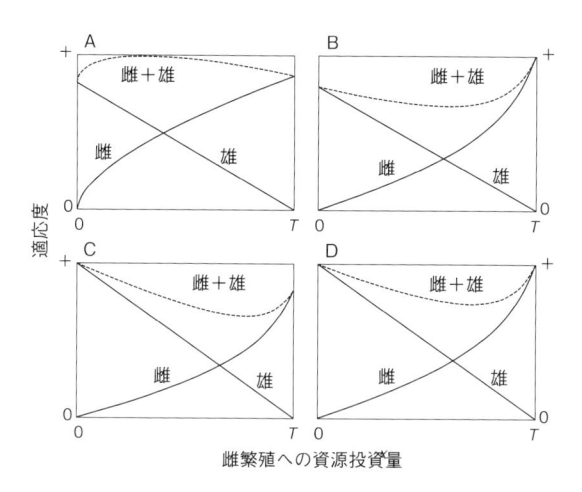

図 10.9　雌繁殖への資源投資量と適応度との関係
雄繁殖を通しての適応度は，どの図においても比例的に増えている（雌繁殖への投資量 x に対して比例的に減っている）．A. 雌繁殖を通しての適応度が x に対して頭打ちの増加をする場合．この場合は，雌雄の適応度の和（雌＋雄）は，x が中間の値を取るところ（$0<x<T$ のどこか）で最大となる．そのため，雌雄両方に投資し両性となることが有利である．B-D. 雌繁殖を通しての適応度が x に対して尻上がりの増加をする場合．この場合は，雌雄どちらかに全資源を投資すること（雌あるいは雄となること）が有利となりうる．適応度の和が，$x=T$ のときの方が $x=0$ のときよりも大きいならば（B 図），全資源を雌繁殖に投資（$x=T$）して雌となる．しかし，集団中の雌個体の割合が増えると，胚珠をめぐる花粉競争が軽減され，雄繁殖に投資することが有利となってくる．適応度の和が，$x=0$ のときの方が $x=T$ のときよりも大きくなり（C 図），全資源を雄繁殖に投資（$x=0$）して雄となることが有利となる．結局，雌個体（$x=T$）の適応度と雄個体（$x=0$）の適応度とが等しくなる（D 図）性比で，両者が共存することになる（4.1 節も参照）．雌；雌繁殖を通しての適応度　雄；雄繁殖を通しての適応度　雌＋雄；雌繁殖および雄繁殖を通しての適応度の和

　雌繁殖を通しての適応度が尻上がりの増加となる状況が 2 つ提唱されている．

　1 つは，自殖による近交弱勢のため，尻上がりの増加が実現しているという説である．雌雄異花同株の植物でも自殖は起きる．雄花から放たれた花粉が同じ個体の雌花に受粉してしまうことがあるためである．自殖の影響を解析したフローマグとコッコのモデルを，少々改変かつ簡略化して紹介しよう．親個体は，T の資源を繁殖に投資する．そして，

$T-x$；花粉生産への資源投資量
x；種子生産への資源投資量

とする．生産された花粉のうち，a の割合が自分の花に受粉してしまうとする．同時に，総量 P の他個体の花粉が受粉するとする．自家和合性であり，自家花粉も他家花粉も受精能力は同じであるとする．その場合，自殖率 s は

$$s = \frac{a(T-x)}{a(T-x)+P}$$

となる．したがって，雌繁殖を通しての適応度 ϕ_f は

$$\phi_f = \frac{(1-s)x}{2} + (1-d)sx$$

である（10.2.1 項参照）．ここで，右辺第一項は他殖種子を通しての適応度，第二項は自殖種子を通しての適応度である．ϕ_f を x で二階微分すると，近交弱勢 d が 1/2 よりも大きいなら ϕ_f は尻上がりの増加，1/2 よりも小さいなら頭打ちの増加をすることがわかる．つまり，自家和合性で近交弱勢が 1/2 よりも大きいなら，雌雄異株への進化条件が整いうるのである．

　もう 1 つの説は，果実をたくさん作るほど，より多くの割合の果実が散布されるというものである．雌雄異株には，液果（果物のように，汁気のある厚い果肉に被われた果実）をつけ，動物（特に鳥）に食べられることで散布される種が多い．食べに来る動物は，果実がたくさんある個体に集まりやすいであろう．そのため，果実数が増えると，比例以上に散布数が増えるという説だ．しかし現実の植物では，散布される果実数は生産果実数に比例する（散布割合でみると一定）種が多いようだ．そのため，この条件が雌雄異株の進化の主要因とは考えにくい．

参考文献

1) 種生物学会 編：花生態学の最前線—美しさの進化的背景を探る—，文一総合出版（2000）
2) オースチン・バート，ロバート・トリバース（藤原晴彦・遠藤圭子 訳）：せめぎ合う遺伝子—利己的な遺伝因子の生物学—，第5章，共立出版（2010）
3) 鷲谷いづみ：サクラソウの目—保全生態学とは何か，第4章，地人書館（1998）

第 11 章

花のジレンマ

　植物は動くことができないので，他個体との交配に媒介者を必要とする．動物媒花の場合，ハチ・ガ・ハエなどの昆虫やハチドリなどの鳥に送受粉をしてもらう．こうした訪花者を誘引するために，動物媒花は，蜜や花粉などを報酬として提供している（ただし，ランのように無報酬のものもある）．また，目立つ花を咲かせたり香りを発散させたりすることで，視覚的・嗅覚的にも誘引をしている．誘引にはコストがかかるので，できるだけ効率良く訪花者を誘引する必要がある．かたや，訪花者が花にやって来るのはもちろん，訪花者自身の利益のためである．訪花者は，蜜や花粉などを採餌するためにやってくるのだ．だから訪花者の方も，できるだけ効率良く採餌しようとする．このことが，植物側から見るとなんとも困ったジレンマをもたらす．

　本章では，訪花者を誘引することのジレンマの話をする．そして，このジレンマを軽減するための戦略も紹介したい．

11-1　訪花者の誘引

　一般に，以下のような個体ほど多くの訪花者を誘引することができる．
　① 同時に咲いている花（または，つけている花）の数が多い．
　② 個々の花の報酬（蜜・花粉）の量が多い．
　③ 個々の花が大きい（誘引器官が大きい）．

①が誘引する理由は 2 つある．第一に，咲いている花（報酬を供している花）が多いため，その個体から得られる総報酬量が多いことである．第二に，花が多い個体は目立ちやすいということもある．②も，報酬の多さに

図 11.1 *Eichhornia paniculata*（ミズアオイ科ホテイアオイ属）

よって誘引するものである．ただし①と異なり，その花の中に入っている報酬の量が遠くからはわかりにくいという特徴がある．③は見た目による誘引である．大きな花ほど目立ちやすい．だから，開花数と個花の報酬量が同じならば，個々の花が大きい個体の方が誘引しやすい．それに加えて，大きな花ほど報酬も多いという相関があるならば，花の大きさは訪花者へのシグナルとなる．

では，植物にジレンマをもたらすのは，上記①〜③のどれであろうか？答えは①と②である．たくさんの花を同時に咲かせることと個花の報酬量を多くすることはジレンマでもあるのだ．本章では，①に特に注目して，花のジレンマのさまを見ていくことにする．

改めて，①による誘引の例を1つ紹介しよう．図11.2は，ホテイアオイの仲間（図11.1）を用いて行なった観察実験の結果である．個体あたりの開花数が3，6，9，12のグループを，2つのグループずつ総当たりで混植し，マルハナバチの訪問行動を観察した．その結果，マルハナバチは，開花数が多い方のグループを多く訪問する傾向にあった．このように，咲いている花が多い個体ほど多くの訪問を受けることが一般的だ．だから当然，より多くの花を咲かせることが有利となるはずなのだが………．次節で，多くの花を咲かせることがもたらすジレンマを詳しく見ていこう．

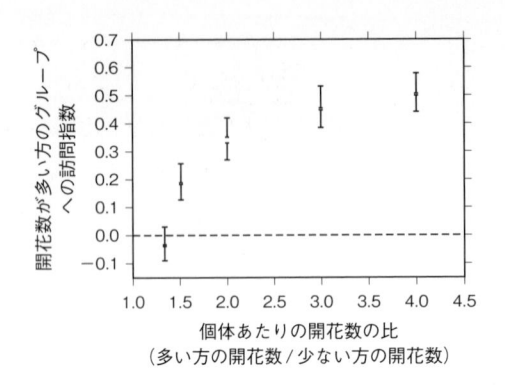

図 11.2 *Eichhornia paniculata*（ミズアオイ科ホテイアオイ属）における，個体あたりの開花数の比と，マルハナバチが，開花数の多い方のグループを好む度合いとの関係

個体あたりの開花数が3, 6, 9, 12のグループを，2つのグループずつ総当たりで混植した（計6通りの組み合わせ）．そして，マルハナバチを自由に訪問させた．横軸は，2つのグループの開花数の比（開花数が少ない方を1としている）である．この値が大きいほど開花数の差が大きい．縦軸は，開花数が多い方のグループへの訪問指数である．この値が＋ならば，開花数が多いグループの方が多く訪問され，値が－ならば少なく訪問されたことを示す．＋の値が大きいほど，開花数が多いグループがより多く訪問された（指数の詳しい説明は原著論文を参照のこと）．

[Harder, L. D. *et al.*: *Nature* **373**, 512-515（1995）より]

11-2 花のジレンマ

　本節では，開花数が繁殖に及ぼす影響を調べた，カルガリー大学のハーダーとトロント大学のバレットの研究を中心に紹介していく．彼らの実験対象は，自家和合性の植物 *Eichhornia paniculata*（ミズアオイ科ホテイアオイ属；ホテイアオイの仲間）である．主な訪花者はマルハナバチだ．上述したように実験では，この植物を，開花数（個体あたり）が3, 6, 9, 12のグループに分け，2つの花数グループの個体を混植した．その際，各花数グループの総花数が同じになるように個体数を調整した．これは，各花数グループの総花粉数と総胚珠数のそれぞれを揃えるためである．そして，いろいろな観察を行なった．

11.2.1 訪花昆虫を誘引することのジレンマ：その1

図 11.3 は，ホテイアオイの仲間における，個体あたりの開花数と，その個体を訪問したマルハナバチが訪花した花の数（個体への1回の訪問あたり）との関係である．この図から読み取れるのは，咲いている花の数が多いほど，その個体内での訪花数も多いということである．たくさんの花を訪れるほど，それだけ多くの花が送受粉される．だからこれは植物にとって良いことのように思える．しかし実は，そうとも言いきれないのだ．

ここで1つ別種のデータをはさみたい．図 11.5 は，シベナガムラサキ（図 11.4）というムラサキ科の植物に訪れたマルハナバチ（上記とは別種のマルハナバチ）により引き起こされる，花粉の平均移動数を示したものである．訪花者はどちらもマルハナバチ類なので，大まかな傾向は，ホテイアオイの仲間にもあてはまるであろう．この図を見ると，1つの花への訪花で，その花の花粉の 8% がマルハナバチの体表に付くことがわかる．花粉数でいうと相当なものであり，マルハナバチ体表の花粉の半分以上が

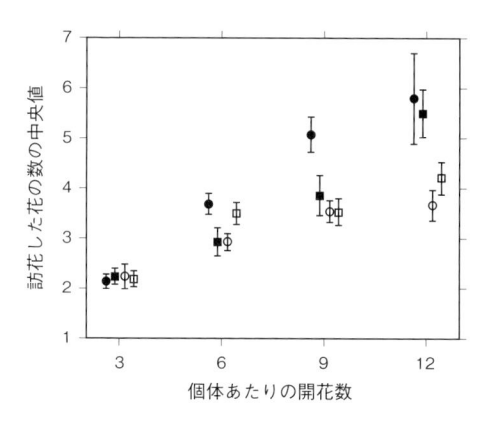

図 11.3 *Eichhornia paniculata*（ミズアオイ科ホテイアオイ属）における，個体あたりの開花数と，その個体内での訪花数（個体への1回の訪問あたり）との関係

開花数が3（●），6（■），9（○），12（□）のグループを，2つのグループずつ総当たりで混植した．ただしこの実験では，開花数が同じグループどうしの混植も行なっている（よって，計10通りの組み合わせ）．横軸は，着目しているグループの開花数である．1つの開花数グループに対して4つの組み合わせの混植をしているので，それぞれに4つの点が対応している．[Harder, L. D. *et al.* : *Nature* 373, 512-515（1995）より]

第11章 花のジレンマ

図11.4 シベナガムラサキ（*Echium vulgare*；ムラサキ科シベナガムラサキ属）

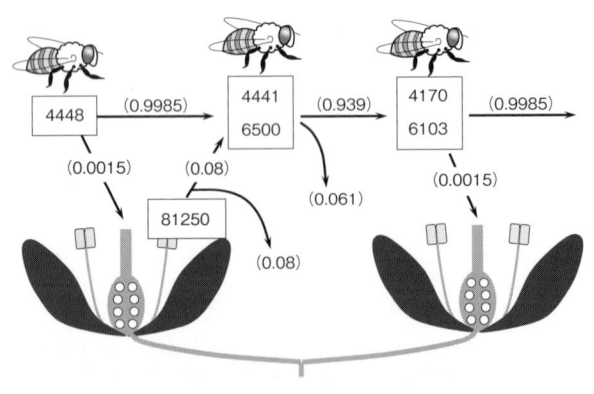

図11.5 シベナガムラサキにおける個体内での花粉の動き
訪問者はマルハナバチである．ある個体に飛んできたマルハナバチの体表には，平均して4448個の他家花粉が付いていた．このマルハナバチが，この個体内の花から花へと移動したときの，体表上の花粉数の変化を示す．□内の，上部の数字は他家花粉の実数，下部の数字は自家花粉の実数である．( )内の数字は率を示す．
[Rademaker, M. C. J. et al.; *Funct. Ecol.* 11, 554–563（1997）より]

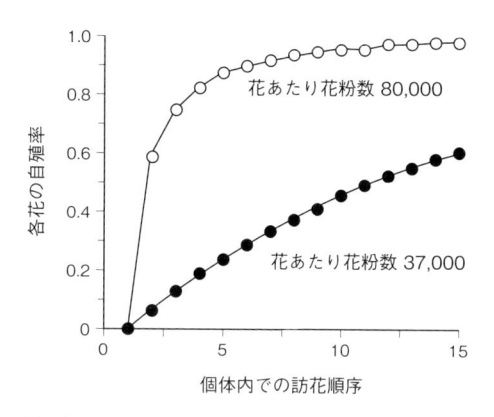

図 11.6 シベナガムラサキのデータ（図 11.5）を用いた自殖率のシミュレーション
個体内での訪花順とその花の自殖率との関係を示す．花あたりの花粉数に関しては，2 つの値の場合を想定している．[Rademaker, M. C. J. et al.: Funct. Ecol. 11, 554-563（1997）]

自家花粉となる．同一個体の次の花にマルハナバチが移ったときに，体表の花粉が柱頭に付く率は 0.15% である．このうちの相当の割合が前の花で付着した自家花粉ということになる．つまり，同じ個体の異なる花の間で受粉が起こるということである．このような受粉を**隣花受粉**という．ちなみに，同じ花の花粉が同じ花の柱頭に付く受粉を**同花受粉**という．

隣花受粉はやっかいである．訪花者の体表に付いてしまったら，自家花粉も他家花粉も運命は同じ，前者の受粉率を抑えて後者の受粉率を上げることなど不可能だからだ．隣花受粉の影響をシミュレーションしてみると（図 11.6），後に訪花される花ほど自殖率が上がっていくことがわかる．このようなことが起きるのは，自個体の花を訪れるほどに，訪花者の体表上の自家花粉の割合が増えていくためである（このことは，図 11.5 から容易に類推されるであろう）．このため，個体内での訪花数が多いほど，個体平均としての自殖率も上がっていくことになる．

ホテイアオイの仲間の話に戻ろう．この種は，総状花序という，垂直方向に花が並んだ構造の花序をつける（図 11.1）．これは，ハナバチ媒花（マルハナバチもハナバチの仲間である）に非常に多い花序構造である．こうした花序をハナバチ類は，下の花から上の花へと訪花していく性質が

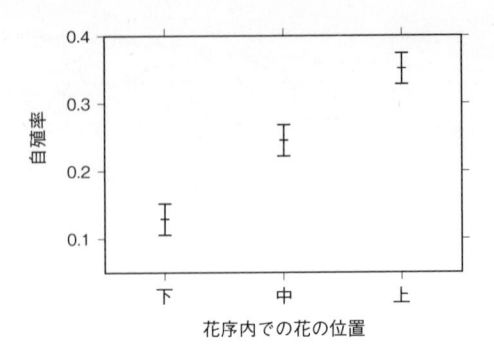

図 11.7 *Eichhornia paniculata*（ミズアオイ科ホテイアオイ属）における，花序内での花の位置と，その花の自殖率との関係
[Harder, L. D. *et al.* : *Nature* 373, 512–515（1995）より]

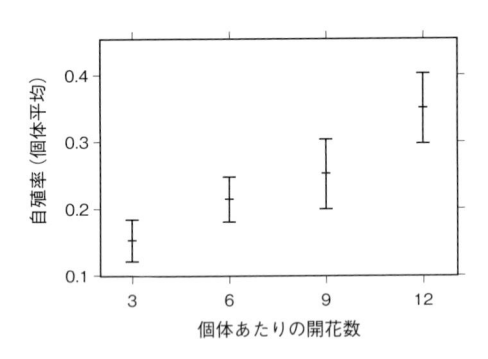

図 11.8 *Eichhornia paniculata*（ミズアオイ科ホテイアオイ属）における，個体あたりの開花数と，個体としての自殖率との関係
[Harder, L. D. *et al.* : *Nature* 373, 512–515（1995）より]

ある．下の花にとまり，順々に上の花へと移動していくわけである．そのため，上の花ほど隣花受粉による自殖が起きやすい状況にある．そして実際にそうであった（図 11.7）．さらには，開花数が多い個体ほど，個体としての自殖率が高くなることもわかった（図 11.8）．これは，開花数が多いほど 1 訪問あたりの訪花数が多く（図 11.3），隣花受粉がそれだけ起きやすいためである．

ここでまた別種のデータをはさむ．表 11.1 は，ミゾホオズキの仲間（図 11.9）における，個体あたりの開花数と，同花受粉・隣花受粉それぞれによる自殖率との関係を示している．表を見ると，同花受粉による自殖

表11.1 *Mimulus ringens*（ゴマノハグサ科ミゾホオズキ属）における，個体あたりの開花数と，同花受粉・隣花受粉それぞれによる自殖率との関係

個体あたりの開花数	同花受粉による自殖率 （同花受粉による自殖種子数 ／全種子数）	隣花受粉による自殖率 （隣花受粉による自殖種子数 ／全種子数）
4	0.216	0.071
8	0.207	0.111
16	0.190	0.182

[Karron, J. D. et al.: *Heredity* 92, 242-248 (2004) より]

図11.9 *Mimulus ringens*（ゴマノハグサ科ミゾホオズキ属）

率は，個体あたりの花数にかかわらず似たような値を示していることがわかる．一方，隣花受粉による自殖率は，開花数が多い個体ほど高くなっている．開花数が16の個体では，隣花受粉と同花受粉による自殖とが同じ程度起きている．

隣花受粉による自殖は，植物が「意図」したものではない．つまり，自殖の有利な点（10.2.1項参照）を享受するための戦略ではない．訪花者を誘引することがもたらす弊害といってよい．このジレンマをまとめよう．

花のジレンマその1：訪花者を誘引するほどに個体内での訪花数も増える
→隣花受粉による自殖が増えてしまう

自家不和合性の植物にもこのジレンマはつきまとう．自家花粉の存在が他

家受精を妨げることがあるからだ（10.3.3 項参照）．

このジレンマは，個花の報酬が多い場合（11.1 節の②）にも生じる．花あたりの報酬が多いほど，訪花者は，その個体内での訪花数を増やすからである．それにともない，隣花受粉も増えてしまうことになる．

11.2.2 訪花昆虫を誘引することのジレンマ：その2

たくさんの花を同時に咲かせることにはもう1つのジレンマがある．もう一度，図 11.5 を見てみよう．実は，マルハナバチの体表に付くことなく花から落下してしまう花粉がかなり多いのだ．その割合は 8% であり，体表に付く花粉と同じ割合である．花から花へと移動中にも，体表の花粉の 6.1% が落下してしまう．さらには，次の花の柱頭に 0.15% が付いてしまう．このように，無視できない数の自家花粉が，他個体に運ばれることなく失われてしまうのである．喪失される自家花粉の数は，個体内での連続訪花数が増えるほどに多くなっていく．花から花へと移動するたびに自家花粉の喪失が起こるからである．

このことは他殖成功にも深刻な影響をもたらす．図 11.10 は，ホテイアオイの仲間における，自個体の種子の自殖率と花粉親としての他殖成功率

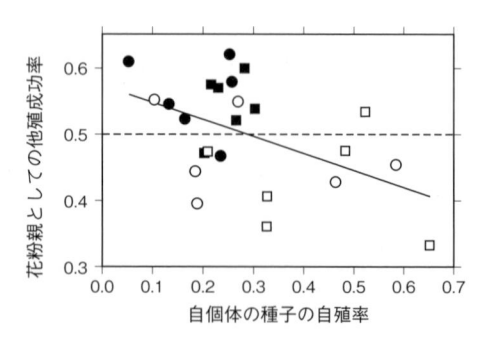

図 11.10 *Eichhornia paniculata*（ミズアオイ科ホテイアオイ属）における，自個体の種子の自殖率と花粉親としての他殖成功率との関係
開花数が 3（●），6（■），9（○），12（□）のグループを，2つのグループずつ総当たりで混植した（各開花数に6つの点があるのは，混植実験を複数回行なったためである）．そして，遺伝マーカーを用いて実った種子の花粉親を推定した．他殖成功率は，全他殖種子のうち，その花数グループが花粉親となったものの割合である．
[Harder, L. D. *et al.*: *Nature* 373, 512–515（1995）より]

との関係である．自殖率が高いほど，花粉親としての他殖成功率が低くなっている．つまり，他個体へと運ばれる自家花粉の数が減ってしまい，それが他殖にも負の影響を及ぼしているのである．ただしこのデータは自殖率との関係図になっていて，開花数と，花粉親としての他殖成功率との関係を見ているわけではない．

　開花数の直接の影響を見た，他の植物のデータも紹介しよう．図11.12は，マルバアサガオ（図11.11）における，個体あたりの開花数と花あたりの他殖成功（その個体が受精させた他個体の種子の総数／その個体の開花数）との関係である．個体あたりの開花数が増えると，花あたりの他殖成功が下がる傾向にある．こうなったのは，花あたりの訪花頻度が下がったためと思うかもしれない．しかし一般には，花あたりの訪花頻度は，個

図11.11　マルバアサガオ（*Ipomoea purpurea*；ヒルガオ科イポメア属）

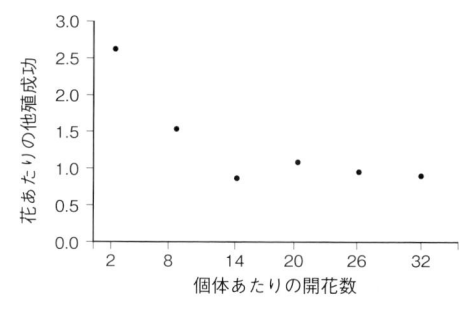

図11.12　マルバアサガオ（*Ipomoea purpurea*；ヒルガオ科イポメア属）における，個体あたりの開花数と花あたりの他殖成功との関係
　「花あたりの他殖成功＝その個体が受精させた他個体の種子の総数／その個体の開花数」である．[Lau, J. A. et al.: Am. Nat. 172, 63-74（2008）より]

体あたりの開花数にかかわらずほぼ一定になることが知られている．だから，どの花においても，潜在的に持ち出される花粉数に差はないはずだ．それでもこのような結果になったのは，隣花受粉による自家花粉の浪費のためであろう．

　花のジレンマの2つ目をまとめる．

花のジレンマその2：訪花者を誘引するほどに個体内での連続訪花数も増える→花あたりの他殖成功が下がってしまう

このジレンマは，自家和合性の植物にとっても不和合性の植物にとっても同等の重石となっている．

　花のジレンマ1と同様にジレンマ2も，個花の報酬の多さによっても引き起こされるものである．

11-3　花のジレンマの軽減

　花のジレンマを軽減するためには，隣花受粉の影響を軽減するか，隣花受粉がそもそも起きにくくするかのどちらかを採る必要がある．本節では，花のジレンマを軽減するための戦略を4つ紹介しよう．

11.3.1　雄性先熟

　両性花では，葯が裂開して送粉可能となっている時期（雄期）と，柱頭が熟して受粉可能となっている時期（雌期）とがずれていることが多い．雄期が先のものを**雄性先熟**，雌期が先のものを**雌性先熟**という．雌性先熟は，自家和合性の種において進化しやすい傾向がある．自殖を避ける（同花受粉・隣花受粉のどちらによるものでも）ためには，自家花粉の散布の前に雌期を終えてしまう方がよいからだ（花粉散布後に雌期を迎えると，訪花者の体表に付いていた自家花粉を受粉してしまう可能性がある）．これに対して雄性先熟は，自家不和合性の種において進化しやすい傾向がある．つまり雄性先熟の有利さは，自殖そのものを避けることではなく，他の点にある可能性が高い．

図 11.13　雄性先熟が他殖を促進するしくみ
総状花序では一般に，下の花から順次開花していく．そのため，下の花（古い）は雌期に移り，上の花（新しい）はまだ雄期であるという状態になる（雌しべのみの花は雌期であることを，雄しべのみの花は雄期であることを示す）．ハナバチは，下の花から上の花へと移動していく．そのため，下の雌期の花は他家花粉を受け取りやすく，上の雄期の花からは他個体へ花粉が運ばれて行きやすい．

　実は，雄性先熟だと他殖を促進することができるのだ．いったいどういう魔法なのか．それは，花序内での開花の順番と訪花者の行動とによって作り出される．総状花序（図 11.1）では一般に，下の花から順次開花していく．そのため雄性先熟の場合，下の花（古い）は雌期に移り，上の花（新しい）はまだ雄期であるという状態になる（図 11.13）．一方，上述したようにハナバチには，下の花から上の花へと順番に訪花する性質がある．そのため，ハナバチが最初に訪花するのは雌期の花ということになる．他個体から移動してきたところなので，体表上の他家花粉の割合が高い（図 11.5）．これにより，雌期の花がたくさんの他家花粉を受粉するわけである．ハナバチは，上の花へと移動してからその個体を去る．上の花は雄期にあるので，たくさんの花粉を付けて，他個体へと飛んで行ってくれるわけだ．

11.3.2　蜜量の個体内変異

　他殖成功を高めつつ隣花受粉による自殖を減らすためには，個体への訪問数を増やしつつ，1 訪問あたりの訪花数を減らすことである．訪問はし

第11章 花のジレンマ

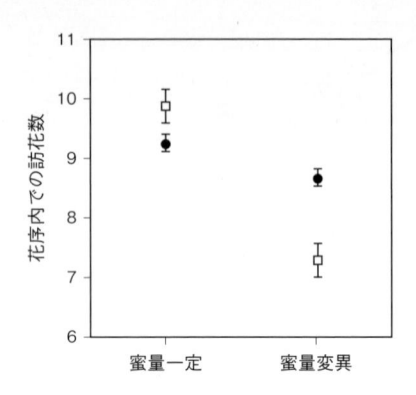

図 11.14 蜜量の花序内変異が花序内での訪花数に与える影響
「蜜量一定」の花序では，どの花にも同じ量の蜜が入っている．「蜜量変異」の花序では，半分の花は空で，残りの半分の花に倍量の蜜が入っている．花あたりの平均蜜量はどちらの花序でも同じである．●：ハチドリ　□：マルハナバチ
[Biernaskie, J. M. et al.: Oikos 98, 98-104 (2002) より]

てもらい，少数の訪花ですぐに立ち去ってもらうわけだ．どうすれば，相容れないように思えるこの2つを実現できるのであろうか．

　その1つの鍵となるのが蜜量の個体内変異である．このことを実証した，レスブリッジ大学のビアナスキーらの実験を紹介しよう．彼らは，人工の花序を用いて以下のような実験を行なった．1つの花序は12個の花からなる．一種類の花序では，どの花にも同じ量の蜜が入っている．もう一種類の花序では，半分の花は空にし，残りの半分の花に倍量の蜜を入れた．花あたりの平均蜜量はどちらの種類の花序でも同じだけれども，後者では当たり外れがあるということだ．ハチドリとマルハナバチとをそれぞれの花序に訪問させて，花序内での訪花数を比較した．その結果，両訪花者とも，蜜量に変異のない花序における訪花数の方が多かった（図11.14）．逆にいうと，蜜量に変異のある花序からより早く立ち去ったわけである．

　ハチドリとマルハナバチはなぜこのような行動をとったのか．その理由は以下のとおりだ．ある期間内における総吸蜜量が多いほど，その期間内における訪花者の生存率やコロニーの適応度が上がるであろう．ただしこれらは，総吸蜜量に比例して増えるのではなく，頭打ちの増加をすることが多いであろう．この場合，総吸蜜量の変異が大きいほど生存率や適応度

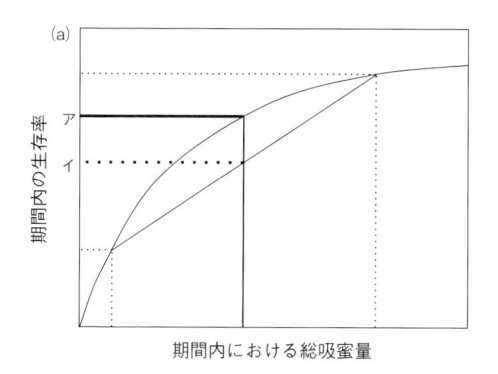

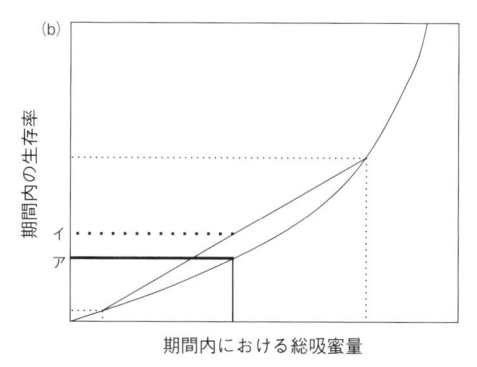

図11.15 ある期間内における総吸蜜量の変異と，その期間内における訪花者（またはそのコロニー）の生存率の平均との関係

a, bどちらの図に置いても，総吸蜜量に変異が無い場合（実線の縦棒と横棒）は，生存率の平均は ア のところになる．総吸蜜量に変異がある場合（点線の縦棒と横棒）は，生存率の平均は イ のところになる．説明を簡単にするために，変異がある場合は，2つの値を1/2の確率でとるとしている．なお，変異がある場合のばらつき方がどのような形をとっていても，以下の説明には影響しない．
a：生存率が，総吸蜜量に対して頭打ちの増加をする場合．総吸蜜量の変異が大きいほど生存率の平均が低くなる．
b：生存率が，総吸蜜量に対して尻上がりの増加をする場合．総吸蜜量の変異が大きいほど生存率の平均が高くなる．

の平均が下がる（図11.15a）．だから，吸蜜量がばらつくことは訪花者にとって不利なことである．そのためハチドリとマルハナバチは，蜜量の変異がある花序を避けたわけである．このように変異を避ける行動を**危険回避**という．一方，生存率や適応度が吸蜜量に対して尻上がりの増加をするならば，蜜量の変異が大きいほど生存率や適応度の平均が上がる（図11.

15b). 吸蜜量のばらつきがかえって有利となり，訪花者は，蜜量の変異がある花序を好むようになるはずである．このように変異を好む行動を**危険嗜好**という．

　では，蜜量の個体内変異が，その個体への訪問数（個体内での訪花数ではなく）に負の影響を及ぼすであろうか．多くの場合，花の外見からは蜜量の個体内変異の程度はわからないであろう．だから訪花者は，まずはその個体を訪問してみるしかない．しかしやがて，個体内変異が大きい個体の位置を学習し，そうした個体への訪問を避けてしまうこともある．だから，どれだけの訪問数を維持できるのかは，学習の程度との兼ね合いで決まる．それなりの訪問を維持できるのなら，蜜量の個体内変異は，他殖成功を維持しつつ隣花受粉を減らす戦略として機能するであろう．

11.3.3　複雑な花

　動物媒花の蜜腺は，花の奥深くにあったり，花器官の後ろに隠されていたりする．こうした構造をとることで，蜜を吸おうと花に潜り込む訪花者の体に，葯や柱頭を触れさせることができるわけである．しかしそれだけではないかもしれない．複雑な構造にすることで訪花者を早く立ち去らせていると，筑波大学の大橋と九州大学の矢原は提唱している．

　彼らの考えをまとめよう．ある植物個体を訪れた訪花者は，いくつもの花を訪れようとする．しかし間違って，蜜をすでに吸ってしまった花（蜜がなくなっている）を再訪花してしまうこともある．再訪花の確率は，その個体内で多くの花を訪れるほど上がっていく．花の構造が単純で，ほぼ瞬時に蜜腺に辿り着くことができるのならば，再訪花もさして苦にならないかもしれない．蜜がないとわかれば，他の花の蜜を吸いにいけばよいからだ．しかし花の構造が複雑だとそうはいかない．蜜腺にたどり着くまでに時間がかかるので，他の花に再度潜り込むことも手間なのだ（しかも，その花にも蜜が残っていない可能性がある）．それよりも，新しい個体（どの花にも蜜が入っていると期待できる）へと移動して，再訪花の危険を回避することが有利となる．つまり複雑な花では，個体からの立ち去りが早くなると予想できる．

　大橋は，キバナアキギリを用いてこの予測を確かめた．キバナアキギリ

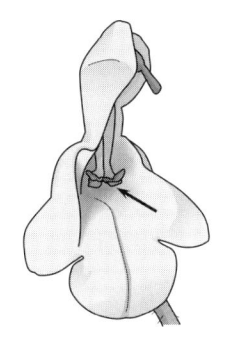

図 11.16　キバナアキギリの花
矢印が仮雄しべである．この奥に蜜腺が隠れている．実験では，仮雄しべの付け根を切り取って，マルハナバチが花の奥へと潜り込みやすくした．

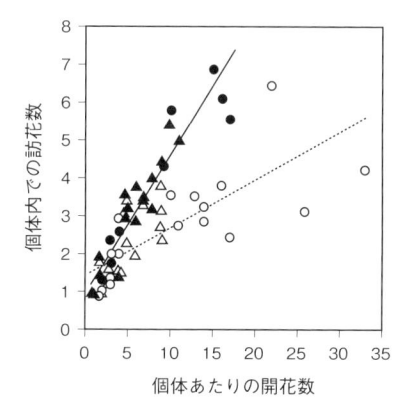

図 11.17　キバナアキギリにおける，その個体の同時開花数と，マルハナバチがその個体内で訪花した花の数との関係
○：無処理個体（1999 年）　△：無処理個体（2000 年）　●：切り取り処理個体（1999 年）　▲切り取り処理個体（2000 年）．[Ohashi, K.: *Evolution* 56, 2414-2423 (2002) より]

の蜜腺は花の奥底にあり，そこへの通り道を塞ぐように仮雄しべ（花粉が入っていない雄しべ）がついている（図 11.16）．マルハナバチは，仮雄しべを押しのけて花に潜り込まないといけない．この仮雄しべの付け根を切除し通りやすくしたところ，花あたりの吸蜜時間が 1.3 秒減少した．そして，植物個体への 1 訪問あたりの訪花数も増加した（図 11.17）．開花数が多い個体で，より多くの花を訪花するようになったのである．逆に

言うならばこれは，複雑な構造の花にすることで，個体から早く立ち去らせているということである．

11.3.4 大きな花

11.1節で述べたように，大きな花は目立ちやすい．そのため訪花者は，開花数が同じならば，大きな花をつけた個体をより多く訪問するであろう．そうするとどうなるだろうか．富山大学の石井とカルガリー大学のハーダーは，このことが隣花受粉を減らすことにつながると考えた．その理由はこうだ．上述したように（11.3.3項参照），1個体内で多くの花を訪花するほど，蜜を吸ってしまった花に再訪花してしまう確率が高まる．そのため訪花者は，ある数の花を訪花したところで見切りをつけ，他の個体へと移動していく（たとえ花の構造が単純であったとしても，いつかは見切りをつける）．他の訪花者もたくさん訪問していた個体では，その訪花者が訪問したときには，多くの花がすでに蜜を吸われてしまっているであろう．そのためこうした植物個体では，より早く見切りをつけることになる．このように，「より多くの訪問を受ける個体では，1訪問あたりの訪花数が少なくなる」という関係が生じるのである（ただしこれは，各個体の開花数は同じ場合である）．したがって，大きな花をつけた個体ほど訪問されやすいという傾向が維持される限り，こうした個体では隣花受粉が緩和されることになるのだ．

石井とハーダーは，*Delphinium bicolor*（キンポウゲ科オオヒエンソウ属：図11.18）と *Delphinium glaucum* を用いてこの予測の実証も試みた．花被の一部を切除して誘因効果を小さくしたところ，その個体へのマルハナバチの訪問頻度が減少した（図11.19a）．しかし，1訪問あたりの訪花数は増加した（図11.19b）．訪問頻度が少ないため蜜の残っている花が多く，それがゆえに立ち去りが遅くなったわけだ．逆にいうならば，大きな花の個体は多くの訪問を受けるがゆえ，個体内での訪花数は少ないということである．この結果は，隣花受粉を減らすために個々の花を大きくするという自然淘汰が働いている可能性を示唆している．

図 11.18 *Delphinium bicolor*（キンポウゲ科オオヒエンソウ属）

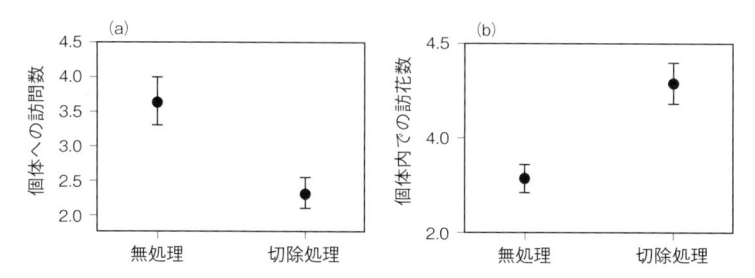

図 11.19 *Delphinium bicolor*（キンポウゲ科オオヒエンソウ属）における，花被の切除処理が個体への訪問数と個体内での訪花数に与える影響
a；個体への訪問数（5時間あたり） b；1訪問あたりの，個体内での訪花数
Delphinium glaucum の実験結果も同じような傾向であった．
[Ishii, H. S. et al.：*Funct. Ecol.* 20, 1115-1123（2006）より]

参考文献

1) 種生物学会 編：花生態学の最前線—美しさの進化的背景を探る—，文一総合出版（2000）

第12章

訪花動物の行動

　訪花者の採餌対象である蜜と花粉（報酬とよぶ）には3つの特徴がある．

　1つ目は，その花の中に蜜や花粉がどれくらいあるのかは，外見だけではわかりにくいということだ．特に蜜は，花の中に潜ってみて初めて，正確な量を知ることができる．

　2つ目は，蜜・花粉は，パッチになって分布しやすいということである．花序（1つの花茎につく花の集合）や株（植物個体）がまとまって存在する部分と，それらがあまり存在しない部分とがあったりするのだ．あるいは，報酬の多い花序の集まった部分と，報酬の少ない花序の集まった部分とがあったりもする．後者のパッチ分布ができる要因の1つは，報酬量に個体間で遺伝的な差があることや，生育環境の良し悪しによって報酬の生産量が異なることである．もう1つの要因は，訪花者による採餌行動自体に求められる．誰も採餌していない場所と，誰かに採餌されたばかりの場所というパッチが生まれるわけである．

　3つ目は，蜜・花粉は回復する資源であるということだ．訪花されて蜜が空になった花も，時間が経てば蜜がまた貯まる．花粉にも回復性がある．同じ花内の葯が順次に裂開する種の場合，葯が新たに裂開すると新たな花粉が手に入るわけだ．同じ花内の葯は一斉に裂開する種においても，花序として見れば回復性がある．花序内の花間で葯の裂開時期が異なれば，花粉が順次提供されることになるからだ．

　では，こうした3つの特徴を持つ蜜・花粉を採餌する場合，どのようにすれば効率良く採餌できるのであろうか．本章では，訪花者の採餌行動を紹介しよう．

12-1 採餌経験がないときの戦略

新たな採餌場所にやって来た訪花者や新生個体の訪花者は，その採餌場所での経験がない状態で採餌を始める．この場合，どのような採餌戦略を採るのであろうか．まずはその説明をしよう．

12.1.1 ニアファー探索（near-far search）

冒頭で述べたように，報酬はパッチになって分布していることが普通である．しかし，その場所での採餌経験がない訪花者には，報酬の多いパッチがどこにあるのかがわかりにくい．こんな状況下で訪花者は，ニアファー探索（near-far search）という採餌行動を採る．これは，「報酬の多い花序に当たったら，その次は近くの花序に移動し，報酬の少ない花序に当たったら，その次は遠くの花序に移動する」という行動である（図12.1）．これにより，報酬の多いパッチには長く留まり，少ないパッチからは早く抜け出すことが期待できる．

人工花を用いて，マルハナバチがニアファー探索をすることを示した，トロント大学のバーンズとトムソンの研究を紹介しよう．蜜のある人工花と蜜のない人工花とを図12.2のように配置し，マルハナバチを自由に訪花させた．マルハナバチはこの配置下での採餌経験がないので，蜜のある

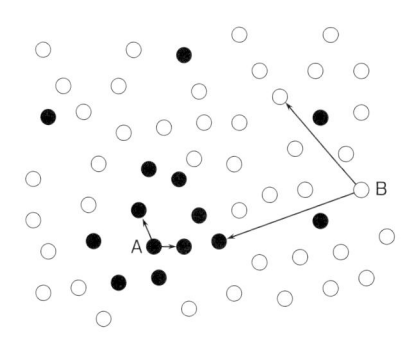

図12.1 ニアファー探索（near-far search）
●が報酬の多い花序，○が報酬の少ない花序とする．報酬の多い花序に当たったら，その次は近くの花序に移動し（図中のA），報酬の少ない花序に当たったら，その次は遠くの花序に移動する（図中のB）．これにより，報酬の多いパッチには長く留まり，少ないパッチからは早く抜け出すことが期待できる．

第12章　訪花動物の行動

人工花のパッチがどこにあるのかを知らない．その結果，蜜のない人工花を連続で訪れるほど，その後の飛行距離が増えることがわかった（図12.3）．これにより，蜜のないパッチからの脱出を試みているわけである．

その場所での採餌経験を積むと，記憶を活かした採餌へと変化していく．蜜のあるパッチの場所を記憶し，その場所へ再訪花するようになるのだ．上記のバーンズとトムソンの実験でも，このことが確かめられている（図12.4）．その人工花の配置の下で多くの花を訪花するほど，正答率

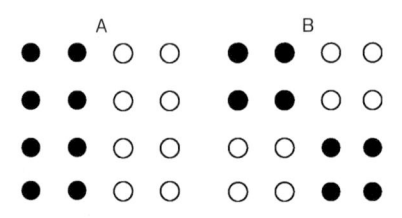

図12.2　人工花の配置
●が蜜のある人工花，○が蜜のない人工花．A，Bという2つの種類の配置の下で実験を行なった．[Burns, J. G. et al.: *Behavioral Ecology* 17, 48-55 (2006) より]

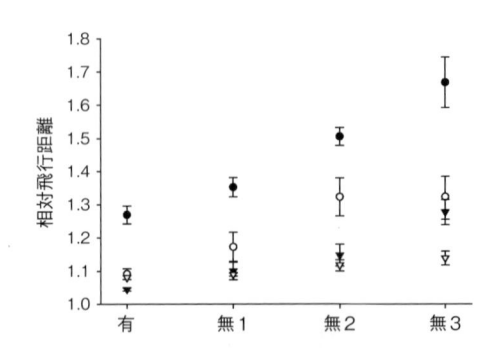

図12.3　直前に訪れた人工花の蜜の有無とその後の飛行距離との関係
有：直前に訪れた人工花に蜜があった場合
無1〜3：連続して1〜3個の蜜のない人工花を訪れた場合
相対飛行距離は，隣接する人工花間の距離を1としたものである．
●：配置Aで，隣接する人工花間の距離が10 cm
○：配置Aで，隣接する人工花間の距離が40 cm
▼：配置Aで，隣接する人工花間の距離が80 cm
▽：配置Bで，隣接する人工花間の距離が80 cm
　[Burns, J. G. et al.: *Behavioral Ecology* 17, 48-55 (2006) より]

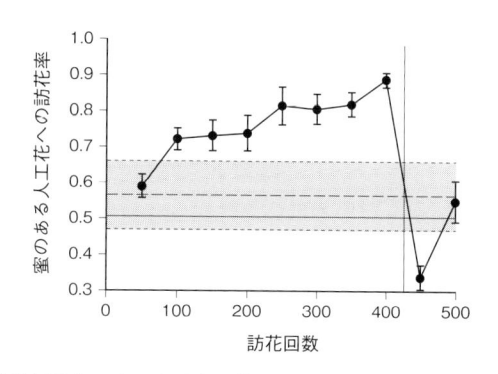

図 12.4 訪花回数と，蜜のある人工花への訪花率との関係
実線が，蜜のある人工花への訪花率．灰色の領域は，ニアファー探索で訪花した場合（記憶をまったく用いない）に期待される，蜜のある人工花への訪花率．400 回目の訪花のところで，蜜のある人工花と蜜のない人工花の位置を入れ替えた．この実験結果は，配置 A で，隣接する人工花間の距離が 80 cm の場合のものである．
[Burns, J. G. et al.: Behavioral Ecology 17, 48-55 (2006) より]

（蜜のある人工花への訪花率）が上がっていくのだ．正答率は，ニアファー探索（記憶をまったく用いない）で期待される正答率よりも高かった．さらには，蜜のある人工花とない人工花の位置を入れ替えると，正答率が急に落ちることもわかった（図 12.4）．これらの結果は，マルハナバチが蜜のある人工花の場所を記憶したことを示している．

12.1.2 見た目の良い花序への訪問

採餌経験のない場所では，見た目が重要な手がかりとなる．まずは，大

図 12.5 実験に用いた人工花序
灰色が蜜のある人工花，白抜きが蜜のない人工花．
[Makino, T. T. et al.: Func. Ecol. 21, 854-863 (2007) より]

きな花序や，花序がたくさん集まった部分へと訪問するわけだ．その方が，「ニアファー探索だけ」（見た目情報は無視）よりも効率が良いであろう．そして経験を積むと，上述のように，記憶を活かした採餌へと変化していく．

　見た目による採餌から記憶を用いた採餌への変化を示した牧野と酒井の研究を紹介しよう．彼らは，見た目（花序内の花数）と蜜量（蜜が入っている花の数）が異なる四種類の人工花序を用意した（図12.5）．マルハナバチを自由に訪花させたところ，採餌経験が無いうちは，蜜の多い花序で

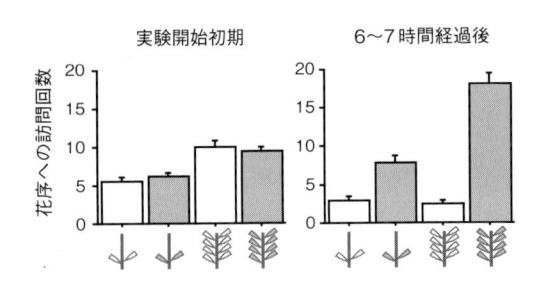

図12.6　採餌経験がない場合（実験開始初期）とある場合（6〜7時間経過後）とにおける，各人工花序への訪問回数
灰色が蜜のある人工花，白抜きが蜜のない人工花．
[Makino, T. T. et al.: Func. Ecol. 21, 854-863 (2007) より]

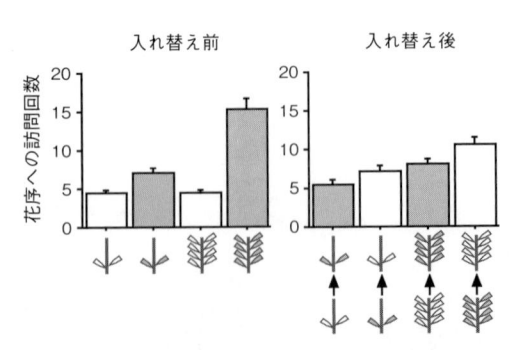

図12.7　蜜のある人工花序と蜜のない人工花序の位置を入れ替える前後の訪問回数
人工花序に240回訪問した後に，蜜のある人工花序と蜜のない人工花序の位置を入れ替えた．灰色が蜜のある人工花，白抜きが蜜のない人工花．
[Makino, T. T. et al.: Func. Ecol. 21, 854-863 (2007) より]

はなく，花数の多い花序に訪問する傾向があることがわかった（図12.6）．しかしやがて，蜜の多い花序を訪問するようになった（図12.6）．この変化は記憶によるものであることも確かめられている．人工花序の位置を入れ替えたところ，蜜量の多い花序があった位置への訪問が続いたからである（図12.7）．

　花序内の花粉が多いことと同様に，個々の花が大きいことも，採餌初期には訪花の手がかりとなる．

12.1.3　他の訪花者個体から得られる情報の利用

　訪花者は，報酬を求めて他の訪花者（同種だけれど別コロニーの個体や別種の個体）と競争をしている．だから他の訪花者の存在は，その訪花者にとって負の影響しか持ち得ないように思える．しかし，他の訪花者の行動から，自分にとって有益な情報を引き出していることもわかってきた．花についた訪花者の臭いからその花の残存蜜量を推定したり，訪花者の存在を視覚的に捉えると，そこから何らかの判断をしたりするのである．以下で，それぞれについて説明しよう．

訪花者の臭い

マルハナバチ類・ミツバチ類・ハリナシバチ類などのハナバチが訪花すると，その花に訪花者の臭いがつく．あとからやって来たハナバチは，この臭いを認知して，蜜・花粉が残っていないと判断する．これにより，無駄な訪花を減らすことができる．花についた臭いは，同種のみならず別種のハナバチのものも利用されている．

　臭いの利用の仕方はかなり高度なものである．その花の蜜分泌速度や形態の複雑度（採餌にかかる時間を反映）を学習し，臭いへの反応を変えているらしいのだ．たとえば，サザンプトン大学のスタウトとグールソンは，「植物種と，それに訪花するマルハナバチ種」の組み合わせをいくつか調査し，蜜分泌速度が再訪花行動に影響するという結果を得ている．彼女らは，その植物種の蜜分泌速度と，一度訪花した花への再訪花をマルハナバチが避ける時間の長さとの関係を調べた．その結果，蜜分泌速度が遅い種では，再訪花を避ける時間が長い傾向があった．マルハナバチは，そ

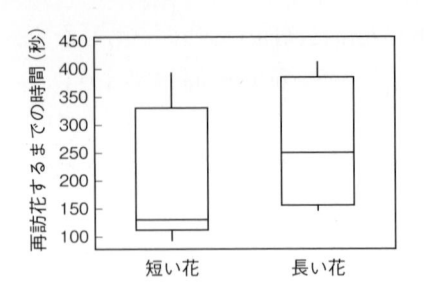

図12.8 マルハナバチが，蜜源までの距離が短い人工花と長い人工花それぞれへの訪花を開始する時間
事前に，蜜源までの距離が短い人工花と長い人工花とでマルハナバチを吸蜜させ，長い人工花の方が吸蜜に時間がかかることを学習させた．その後，同量の訪花痕臭をつけた人工花を提示し，それぞれへの訪花を開始するまでの時間を測定した．
[Saleh, N. et al.: Animal Behaviour 71, 847-854 (2006) より]

の植物種の蜜分泌速度を学習している．そして，蜜量がほどよく回復した時に再訪花しようとしているのだろう．前回の訪花からの時間経過の手がかりとなっているのは，臭い成分の発散により，残存している臭いが時間とともに変化することであると考えられている．一方，トロント大学のサレーらは，その花の採餌にかかる時間が再訪花行動に与える影響を調べた．彼らは，蜜源までの距離が長い人工花（採餌に時間がかかる）と短い人工花（時間がかからない）とを用意し，両人工花にマルハナバチを訪花させた．そして，長い人工花の方が採餌に時間がかかることを学習させた．その後，同量の訪花痕臭をつけた長い人工花・短い人工花を提示した．そして，それぞれの花への訪花を開始する時間を比較した．その結果，訪花を始める時間は，短い人工花に比べ長い人工花の方が遅かった（図12.8）．長い人工花の方が吸蜜に時間がかかるので，蜜がより多く回復するまで待つという判断をしたのであろう．

視覚による認識

訪花者の存在の視覚的な認識も重要な情報となる．このことを示した，筑波大学の川口らの研究を紹介しよう．彼女らは，マルハナバチが，同種の他個体の存在にどのように反応するのかを調べた．このマルハナバチは，ハナツクバネウツギ（スイカズラ科ツクバネウツギ属；図12.9）を

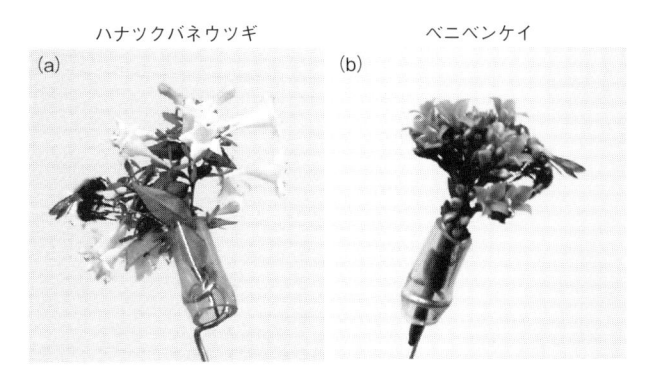

図 12.9 ハナツクバネウツギ（スイカズラ科ツクバネウツギ属）とベニベンケイ（ベンケイソウ科カランコエ属）
実験では，マルハナバチの新鮮な死体をつけ，他個体が訪花している状況を模した．
[Kawaguchi, L. G. et al.: Proceedings of the Royal Society Biological Sciences Series B 274, 2661-2667（2007）より]

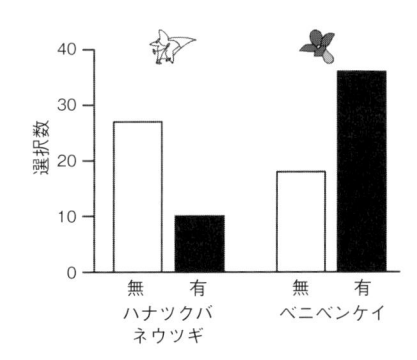

図 12.10 マルハナバチによる，他個体（の死体）がいる花序といない花序の選択
ハナツクバネウツギとベニベンケイそれぞれにおいて，他個体の新鮮な死体をつけた花序（有）と何もつけない花序（無）とを選択させた．そして，最初にどちらの花を選択するのかを調べた．[Kawaguchi, L. G. et al.: Proceedings of the Royal Society Biological Sciences Series B 274, 2661-2667（2007）より]

頻繁に訪花している．この植物と，ベニベンケイ（ベンケイソウ科カランコエ属：図 12.9）という，マルハナバチにとって未知の植物を用いて選択実験を行なった．それぞれの植物種において，マルハナバチの新鮮な死体をつけた花序（他個体が訪花している状況を模擬）と，何もつけない花

序とを用意した．そして，マルハナバチがどちらを訪花するのかを調べた．その結果，ハナツクバネウツギは，他個体（の死体）がいない方が訪花されやすいことがわかった（図 12.10）．ベニベンケイは，他個体（の死体）がいる方が訪花されやすいことがわかった（図 12.10）．ハナツクバネウツギはマルハナバチにとって既知の種であり，蜜があることを知っている．他個体が訪花しているということは，その花の蜜量が減っているという情報となる．一方，ベニベンケイは見たことのない花だ．他個体が訪花しているのだから，蜜の豊富な花であるのかもしれない．そこで自分も訪花しようとしたのであろう．このように他個体の存在が，既知の花と未知の花とで異なる情報として解釈されたわけである．

12-2 採餌経験をつんでからの戦略

その場所での採餌経験をつんだ訪花者は，蜜の多いパッチの位置を記憶するようになる（12.1.1～2 項参照）．以降は，そうしたパッチを再訪問するわけである．しかし，問題はそれほど単純ではない．たとえば，自分が蜜を吸って空にしたパッチをすぐに再訪問するのは無意味だ．蜜が回復した頃に再訪問するべきである．また，「蜜の多いパッチ」は複数あるであろう．どうすれば，これらを順々に効率良く再訪問できるのか．一方，他の訪花者との競争という問題もある．蜜の回復を待っている間に，他の訪花者に横取りされてしまうかもしれない．こうした状況下で，どのような戦略を採れば効率良く採餌できるのか．本節ではこのことを考えていこう．

12.2.1 トラップライン

採餌経験をつんだ訪花者は，トラップラインとよばれるものを形成して採餌することが知られている．これは，ある一定の巡回ルートを作り，そのルート上の花序を順次訪問する採餌方法である．たとえば図 12.11 は，2 m 間隔で配置された 37 個の水挿しのキバナコスモスを，マルハナバチがどのような頻度で訪問するのかを示したものである．各個体が，特定のキバナコスモスを高頻度で訪問していることがわかる．それぞれのトラッ

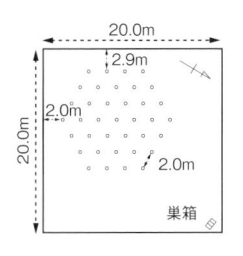

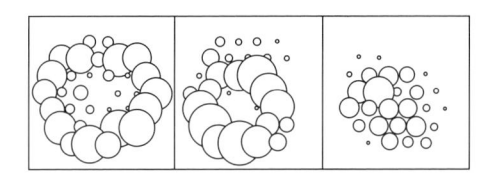

図12.11 37個の水挿しのキバナコスモス（キク科コスモス属）が配置された実験採餌場におけるマルハナバチの採餌行動

キバナコスモスを上図のように配置した．そして，マルハナバチを自由に訪問させた．下の3つの図は，3個体のマルハナバチが同時に採餌した場合の例である．1つの図が1個体のマルハナバチの採餌行動を示す．○が大きい花ほど訪問回数が多い．[Makino, T. T. *et al.*: *Behavioral Ecology and Sociobiology* 56, 155-163 (2004) より]

プラインを形成し，そのルートにあるキバナコスモスを訪れるためである．また，マルハナバチは，お互いのトラップラインがあまり重ならないようにしている．これは，何らかの手がかりを通しての，マルハナバチどうしの干渉の結果であろう．他のマルハナバチ個体を排除して1個体だけで採餌させると，その個体のトラップラインが広がることも確かめられている．

トラップラインを定期巡回すると，ルート上のそれぞれの花序を再訪問するまでの時間がほぼ一定となる．このことには，2つの大きな意義がある．第一に，花序あたりの平均吸蜜量が大きくなることである．ただしこれには，花序の蜜量が頭打ちの増加をする場合という条件がある（図12.12）．第二に，花序間での吸蜜量のばらつきが小さくなることである．これは，危険回避の採餌（11.3.2項参照）をする場合に有利である．

トラップライン採餌においては，蜜量が回復するまでの時間を知る能力があると有利である．蜜量が回復したころにちょうど一周するようなトラ

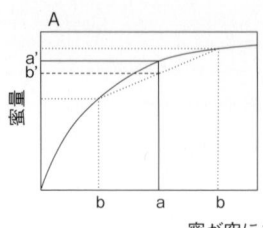

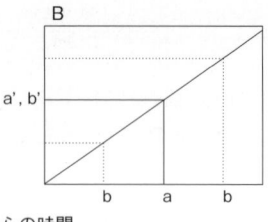

図 12.12 蜜量の回復の仕方と平均吸蜜量との関係
A, B図とも，吸蜜により蜜が空になってからの，蜜の回復の仕方を示している．Aの場合，花に貯まっている蜜の量（回復した蜜量）は頭打ちの増加をする．蜜量が回復するとともに，蜜の分泌速度が低下する場合にこのようになる．この場合，吸蜜の時間がばらつくとき（b）の平均吸蜜量（b'）に比べ，常に一定の時間経過後に吸蜜するとき（a）の平均吸蜜量（a'）の方が大きくなる．Bの場合，花に貯まっている蜜量は一定の速度で増加していく．この場合，吸蜜時間にばらつきがあるとき（b）もないとき（a）も，平均吸蜜量（a'，b'）は同じになる．

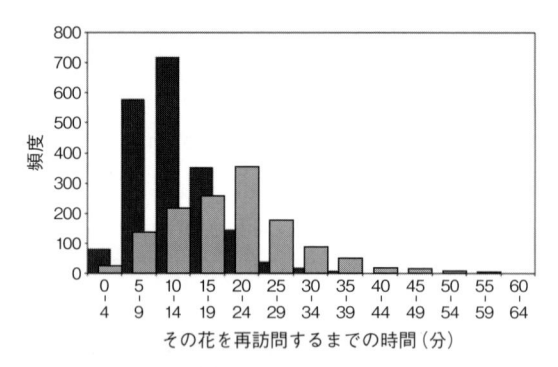

図 12.13 蜜量が 10 分で回復する人工花と 20 分で回復する人工花とへの再訪問時間の頻度分布
蜜量が 10 分後に回復する人工花（黒）と 20 分後に回復する人工花（灰）とを作り，それぞれでの吸蜜を学習させた．そして，その人工花に訪問してから，同じハチドリ個体が再訪問のために戻ってくるまでの時間を記録した．[Henderson J. et al.: *Current Biology* 16, 512-515（2006）より]

ップラインを作ることができるからだ．そして実際に，訪花者がこの能力を持っていることが確かめられている．野生のハチドリに人工花を吸蜜させた実験の例を紹介しよう．この実験では，蜜量が 10 分後に回復する人工花と 20 分後に回復する人工花とを作り，それぞれでの吸蜜を学習させた．そして，その人工花に訪問してから，同じハチドリ個体が再訪問のた

めに戻ってくるまでの時間を記録した．その結果，戻ってくる時間は，10分回復の人工花に比べ20分回復の人工花の方が長かった（図12.13）．同じ個体が，回復時間に応じて再訪問の時間を変えていたわけである．マルハナバチにも同様に，時間を計る能力があることを示した研究もある．

12.2.2　ときどきの探索

トラップライン採餌者は，トラップラインから外れることなく採餌しているわけではない．ときどき，トラップラインから外れた花序を訪問したりするのだ．たとえば牧野らは，フジアザミ（キク科アザミ属）の自然集団で採餌するマルハナバチを個体追跡した．その結果，そのマルハナバチ個体に何度も訪問されるフジアザミから，1回しか訪問されないフジアザミまであることがわかった．何度も訪花されるものはトラップライン上にあると考えてよい．少ししか訪問されないものはトラップラインから外れているのであろう．

こうした行動は，単なる間違いというよりも，積極的な意味があると考えられている．蜜量がより多い花序を発見できれば，トラップラインを修正し，より効率の良い採餌ができるようになるからだ．大橋とトムソンがシミュレーションモデルで解析したところ，ときどきの探索が確かに有利となりうることがわかった．その採餌場を利用する訪花者の数が少なく，誰にも訪問されない花序が残っている場合である．こうした花序は，トラップライン採餌では見過ごされてしまう．ときどきの探索を行なうことで発見することができるのだ．しかし，訪花者の数が多く未訪問のまま残された花序が少ない場合は，ときどきの探索を行なうことは不利となる．探索に費やす時間が無駄になるだけだからである．

12.2.3　採餌場の状況に応じたパッチ離脱

あるパッチで採餌しているとき，そのパッチからいつ離脱すべきか？パッチ内でたくさんの花を採餌するほどに，蜜が空となった花を間違って再訪花してしまう確率が増える．だから，あるところで見切りをつけ，他のパッチに移動する方が採餌効率が良くなる．

パッチ離脱の判断をする上で，その採餌場における報酬の分布状況を学

習していれば有利である．報酬量にパッチ間でばらつきがあるのか，それともないのか．ばらつきがある場合は，そのパッチは良い（報酬の多い花が集まっている）か悪い（報酬の多い花が少ない）かのどちらかである．この場合は，報酬の多い花に出会うほどに，「そのパッチは良い」という期待が高まる．だから，そのパッチに留まるという判断になる．報酬量にパッチ間でばらつきがない場合は，どのパッチも「並」である（「良い」「悪い」という差がないという意味で）．この場合は，報酬の多い花に出会うことがパッチの質の判断にはつながらない．「並」であることは始めからわかっているからだ．むしろ，報酬の多い花を採餌するほどに，そろそろ離脱しようという判断になる（そのパッチの残存報酬量が低下していくので）．このように，パッチ離脱の意志決定は，採餌場における報酬の分布状況によって変わってくる．

　レスブリッジ大学のビアナスキーらは，マルハナバチが，採餌場の状況に応じた意志決定をしていることを示した．彼らの実験を紹介しよう．人

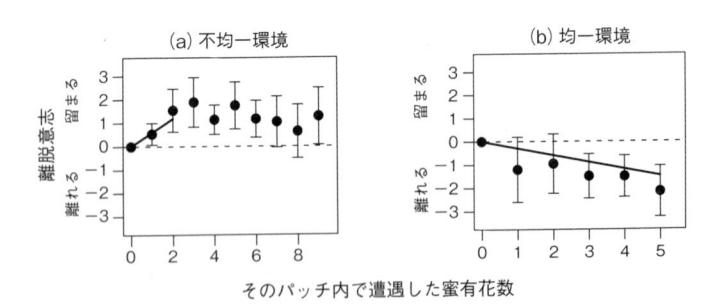

図12.14　蜜量にパッチ間でばらつきがある場合とない場合とにおける，マルハナバチのパッチからの離脱意志決定
1パッチあたり12個の人工花からなるパッチを10個作った．計120の人工花のうち，50花に蜜を70花に水を入れた．そして，以下の2つの採餌場を作った．
(a) 不均一採餌場：12個の人工花のうちの1花だけ蜜があるパッチが5個．9花に蜜があるパッチが5個．
(b) 均一採餌場：12個の人工花のうちの5花に蜜があるパッチが10個．
マルハナバチをそれぞれの環境で学習させた．そして，パッチ内で遭遇した蜜有花数に依存した，パッチからの離脱意志決定を調べた．縦軸の指数は，正ならばそのパッチに留まりやすいことを，負ならば離脱しやすいことを示す．どちらの場合も，絶対値が大きいほどその傾向が強くなる．[Biernaskie J. M. *et al.*: *American Naturalist* 174, 413-423 (2009) より]

工花を用いて，パッチ間で蜜量のばらつきがある採餌場とばらつきがない採餌場とを作った．そして，マルハナバチを自由に訪花させ，採餌場の蜜分布状況を学習させた．その後，マルハナバチのパッチ離脱の意志決定のさまを調べた．その結果，蜜量のばらつきがある採餌場では，あるパッチ内で蜜のある花に出会うほどに，そのパッチに留まる傾向があることがわかった（図 12.14）．蜜量のばらつきのない採餌場では，蜜のある花に出会うほどに，そのパッチから離脱してしまう傾向があることがわかった（図 12.14）．採餌場の状況を学習し，それに基づいて異なる意志決定をしているわけである．

12-3　認知的な制約

ここで，話の趣を少し変える．訪花者が抱える認知的な制約が，訪花行動にどのような影響をもたらしているのかを見てみよう．その制約のために訪花者は，合理的には必ずしも見えない訪花行動をとっているのだ．いや正しくは，制約の下でせいいっぱい合理的な行動をとっている．本節ではまず始めに，認知的制約の主因となっている，訪花者の記憶形態について説明する．ついで，定花性とよばれる行動について説明しよう．

12.3.1　記憶の形態

訪花者はみな，記憶を頼りに採餌を行なっている．そのため，記憶形態が，採餌行動に大きく影響している．では，訪花者の記憶形態はどのようなものなのか．なお，記憶形態は，訪花者も人間も基本的には同じである．

記憶には，大きく分けて 2 つの領域があり，長期記憶と短期記憶（作業記憶）とよばれている．長期記憶は，たくさんの情報を長期にわたって貯蔵しておく領域である．短期記憶は，情報の一時的な維持と，それを用いた処理を行なう領域である．新たな情報は短期記憶でまずは処理され，必要に応じて長期記憶に貯蔵される．長期記憶に蓄えられた情報は，短期記憶に引き出されて利用される．たとえば，誰か新規の相手に電話をかけるとき，「123 の……」と反復しながら番号を打つであろう．これが短期記

憶による維持である．そして，打ち終えたらその番号を忘れてしまう．その電話番号は，長期記憶に貯蔵されることなく消えたわけだ．一方，誰かに自宅の住所を尋ねられたら，ちゃんと答えることができるはずだ．ただし，尋ねられる直前までは住所のことは意識になかった．住所は長期記憶に貯蔵されていて，そこから短期記憶に引き出されたわけである．

短期記憶は容量が小さく，同時に保持できる情報量が少ない．たとえば人間の場合，単語として7つくらいしか同時に保持できないという．保持以外の作業（保持した情報の処理など）も行うと，保持できる情報量はさらに減ってしまう．一方，長期記憶の容量は大きい．人間がたくさんのことを覚えていられるのは，この容量の大きさのおかげである．

長期記憶と短期記憶のこうした特徴は，訪花者の採餌行動に色濃く影響する．採餌経験をつんだ訪花者が報酬の多いパッチに戻ってくる（12.1.1～2項参照）のは，長期記憶にその位置を蓄えたためである．一方，短期記憶には，今その場での採餌に必要な情報を保持している．たとえば，「何色のどういう形の花を探すのか」という情報を短期記憶に保持しながら，訪花者は目当ての花を探す．実はここに，本節で問題とする認知的制約が絡んでいる．そして，定花性とよばれる訪花行動が，この制約により進化したと考えられている．このことを，次項で詳しく紹介しよう．

12.3.2 定花性

定花性とは，「その訪花昆虫種としては複数の植物種を訪花しているのに，個々の個体は特定の植物種を訪花する現象」のことである．例を紹介しよう．サクセス大学のグルッターらは，人工花を使ってミツバチの定花性の度合いを調べた．彼らはまず，黄色の人工花または青色の人工花のどちらか1花で吸蜜させ，蜜があることを学習させた．そしてその後，黄色の人工花と青色の人工花とが同数互い違いに置いてある採餌場で自由に訪花させた．どちらの人工花にも同量・同濃度の蜜が入っており，形状（吸蜜技術）も同じである．だから，どちらかを選択する意味はない．しかしミツバチは，自分が覚えた色の人工花ばかりを訪花するようになった（図12.15）．ただしこの結果は，自分が学習しなかった色の人工花に蜜があることを知らないためかもしれない．そこで，黄色の人工花1つと青色の人

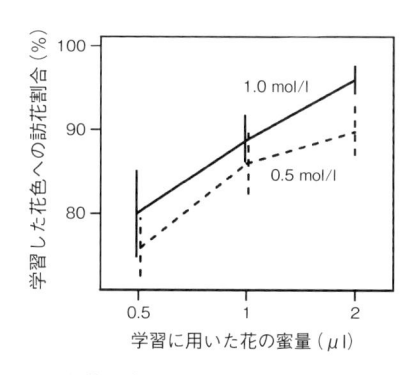

図 12.15 学習に用いた花の蜜量・濃度に依存した定花性の度合い
ミツバチに，黄色または青色の人工花のどちらか1花で吸蜜させ，その色の花に蜜があることを学習させた．学習させたミツバチを，両色の人工花が同数互い違いに置かれた採餌場で自由に訪花させた．そして，学習した色の花への訪花割合を調べた．このとき，蜜の量と濃度を変えて，定花性の度合いへの影響も見た．ただし両色とも同量・同濃度の蜜が入っている．[Gruter, C. et al.: *The Journal of Experimental Biology* 214, 1397-1402（2011）より]

工花1つとを吸蜜させ，どちらにも蜜があることを学習させた．その結果，度合いは落ちるものの，最初に吸蜜した色への定花性がやはり認められた．

定花性の度合いは種によっても異なるし，同種の個体によっても異なる．たとえばマルハナバチでは，完全な定花性を示す個体から，ランダムに近い花選択をする個体までいるようだ．

ではなぜ，訪花者は定花性を示すのであろうか？ ある花を素通りして他の花に行くことは非効率に思える．定花性には適応的な意義があるのであろうか？

定花性の進化を説明する最も有力な仮説が，探索イメージ仮説とよばれるものである．これには，短期記憶の容量の小ささ（12.3.1項参照）がかかわっている．たとえば，図12.16から，特定の色・形のマークを探し出すとする．複数の種類のマーク（灰色のハートと黒の四角とか）を探す場合には，「灰色のハート」「黒の四角」というイメージを短期記憶に同時に入れて探索することになる．しかしこれでは，この2つのイメージを頭の中（短期記憶）に保持することに労が注がれ，肝心の探索に頭が回りにくくなってしまう．一方，一種類のマーク（灰色のハートとか）を探すの

図 12.16 ある色・形のマークは何個あるか？
複数種類のマークを同時に探す場合と，一種類のマークを探す場合とで効率を比較してみよう．

なら，短期記憶に負担をかけることなく探索に専念できる．訪花者にも同じことが当てはまるというのが，探索イメージ仮説である．「黄色で細長い花と青色で丸い花」などと複数のイメージを同時に探索対象にするよりも，「青色で丸い花」と1つのイメージに集中する方が探索しやすいであろう．それにより探索の速度と正確さが高まるならば，定花性を示すことが有利となるわけだ．

探索イメージ仮説に合う実験結果がいくつかある．たとえばサザンプトン大学のグールソンは，ミヤコグサ（マメ科ミヤコグサ属）とクサフジ（マメ科ソラマメ属）とを用いて以下のような実験を行なった．ミヤコグサの花は黄色で，クサフジの花は紫色である．そして両者ともに，マルハナバチによく訪花される．これらの花序を活けた水挿しを，他の黄色の花の植物（マルハナバチが訪花しない）が群生する場所に置いた．その結果，クサフジ（紫色）への訪花効率（花から離脱後，次の花に訪花するまでの時間）は落ちなかったのに，ミヤコグサ（黄色）への訪花効率が落ちた．訪花対象を背景色から識別することが訪花効率に影響しているわけである．

では定花性は，採餌効率と本当に関係しているのであろうか？ 認知的制約の下で，採餌効率を精一杯高めているのだろうか？ トロント大学のジェギアとトムソンは，黄色の人工花と青色の人工花とをマルハナバチに

訪花させる実験を行なった．彼らは，両色の人工花が同数混ざった採餌場を用意した．そして，人工花あたりの蜜量が多い採餌場と少ない採餌場とを作った．ただし，人工花あたりの蜜量は両色とも同じである．マルハナバチを自由に訪花させたところ，人工花あたりの蜜量が少ない採餌場での方が定花性の度合いが高くなることがわかった．人工花あたりの蜜量が少ない方が，効率的な採餌がより強く求められるはずである．だからこの結果は，定花性が採餌効率に結びついている可能性を示唆している．次に，人工花あたりの蜜量は少ないままに，各人工花間の距離が長い場合（15 cm 間隔）と短い場合（7 cm 間隔）とで定花性の度合いを比較してみた（1つ目の実験では，人工花間の距離は 7 cm であった）．花間の距離が長い方が，花間の飛行によるエネルギー浪費が大きくなる．定花性を守るために隣接の異色の花を拒否すると，この浪費はますます大きくなる（定花性のコストとよぼう）．この浪費を抑えるためには，何色でもかまわないので隣の花に移動する方がよい．そして実際に，人工花間の距離が長い場合の方が定花性の度合いが低くなった．つまり，定花性のコストが定花性の度合いに影響していた．定花性はやはり採餌効率にかかわっており，コストとのバランスでその度合いが決まっている可能性があるわけだ．彼らはさらに，定花性の程度と採餌効率（蜜採餌速度）との関係を調べた．そ

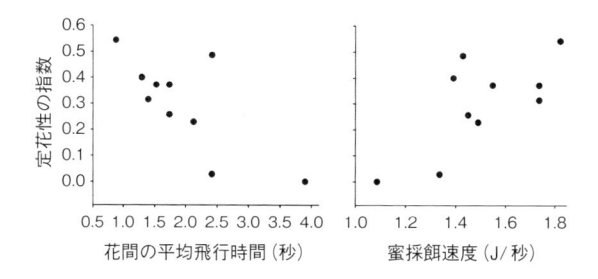

図 12.17 定花性と，花間の平均飛行時間および蜜採餌速度との関係
マルハナバチに，黄色の人工花および青色の人工花の両方で吸蜜の学習をさせた．その後，両色の人工花が同数ある採餌場で自由に訪花させた．この図は，花間の距離が 15 cm の場合のものである．定花性の指数は，−1 ならば完全の非定花性（次に訪れる花は必ず別色），0 ならばランダム，+1 ならば完全な定花性（次に訪れる花は必ず同色）であることを示す．花間の平均飛行時間は，ある人工花を離れてから次の人工花へと移るまでの飛行時間である．蜜採餌速度は，時間あたりの獲得エネルギー量である．[Gegear, R. J. et al.: *Ethology* 110, 793-805 (2004) より]

の結果,人工花間の距離が長い場合(15 cm 間隔)には有意な正の相関があった(図 12.17).しかし,人工花間の距離が短い場合(7 cm 間隔)には,正の相関の傾向はあったものの,有意な相関は検出できなかった.定花性と採餌効率との関係がどれだけ確かなものなのかについては,今後さらなる研究が必要であろう.

参考文献

1) 種生物学会 編:花生態学の最前線―美しさの進化的背景を探る―,文一総合出版(2000)

第 13 章

葉っぱの寿命

　葉っぱの寿命というと，まるで一枚の葉が生き物の 1 個体のように一生を終えるかのように誤解するかもしれない．また，一枚の葉が子どもの葉を作り出して世代交代するかのような響きがある．しかし，学術用語として用いられる「**葉寿命**」は，樹木の一枚の葉が展葉してから落葉するまでの時間の長さを指しており，葉っぱ自体が生殖能力を持っているわけではない．ただ，一枚の葉は展葉してから徐々に光合成能力が低下することが知られており，その事実は，やはり人の一生に例えて「**葉の老化**」と言われている．葉が老化するとは言え，私たちは古来より春先には新緑まぶしい山々を眺め，秋には色鮮やかな紅葉を鑑賞することを楽しんできた．樹木が毎年のようにほぼ同じ時期に葉を展葉させ，また落葉させるわけだから，それは決まり事であり何の不思議もなく，「葉寿命」がわざわざ取り上げられるべき問題になることの方が不思議に感じられるかもしれない．しかし，これもまたよく知られているように，樹木には大きく分けて落葉樹と常緑樹があり，常緑樹の中にはツバキやヒイラギのような常緑広葉樹とアカマツやトドマツのような針葉樹が存在する．落葉樹の葉寿命は，容易に 1 年未満であると想像される．常緑樹は「常盤木（ときわぎ）」と言われるように，葉寿命は長く，1 年を超えるだろうと想像されるが，永遠であるわけではないだろう．では，一枚の葉は一体どのくらいまでつけ続けられているのだろうか？

　表 13.1 は，落葉性樹種と常緑性樹種について，知られている限りの葉寿命の最短と最長を記したものである．最長はマツの仲間の *Pinus longaeba*（和名はない）の約 45 年であり，最短はシナノキ科の樹木 *Heliocarpus appendiculatus*（和名はない）の 37 日である．中には，常緑

第13章 葉っぱの寿命

表 13.1 樹木の葉寿命の変異

葉寿命		最短	最長
落葉樹		90 日 オオバヤシャブシ	330 日* *Bulnesia arborea* ユソウボク
常緑樹	広葉	37 日 *Heliocarpus appendiculatus* シナノキの仲間	5.1 年 *Camellia japonica* ヤブツバキ
	針葉	0.94 年 *Pinus tabulaeformis* アブラマツ	45 年 *Pinus longaeva* マツの仲間

(*このデータの多くは参考文献1)に拠っているが，ユソウボクのデータについては，2004年のNature誌のデータを参考にした．[Wright *et al*.: *Nature* 428, 821-827 (2004) より])

樹とよばれているのに葉寿命が1年未満である樹木種も存在している．これらのことから，葉寿命がとても大きな幅を持っていることや，樹木は冬を迎えるから葉を落とすわけでもないことや，常緑樹であるから葉っぱの寿命が1年を超えているわけでもないことがわかる．そのため，葉寿命は一体どのように決められているのかを理解するために，第2章で述べた最適戦略という考え方に基づいて，数理モデルを用いて理解しようとする試みが行われてきた．この章では，それらの試みの基本にある理論を紹介することにしたい．

13-1 最適戦略理論

ここで，第2章で解説した最適戦略理論についてもう一度まとめてみよう．その考え方は，「着目する生物の形質や行動が，自然選択の結果，現時点で最も適応的なものになっている」との前提から出発する．したがって，数理モデル化の過程は，

(1) 着目する生物の形質（あるいは行動）を「**戦略**」と仮定する．
(2) その戦略を持った遺伝子型の「**目的関数**」を戦略の関数として定義する．第2章では，「目的関数」として「**適応度**」が使われていた．
(3) その目的関数を最大にする戦略（「**最適戦略**」とよぶ）を求める．

となる．(2) の定義の際には，目的関数を，着目する戦略とその他のパラメーターの関数として定式化を行なう．たとえば，2.1 節（13 ページ）で紹介した「開放花モデル」では，着目する戦略は開放花生産への投資資源量であり，パラメーターは花生産への総投資資源量である．また，2.2 節（19 ページ）の「卵サイズモデル」では，戦略は卵の大きさであり，パラメーターは一定の資源 T や卵の生存率 $W(S)$ にあたる．したがって，これらの過程を通じて求められた<u>最適戦略は，多くの場合パラメーターの値によって異なっている</u>ので，パラメーターの値と最適戦略の間の関係について調べると，現存する生物の性質について，すなわち，最適戦略がパラメーターにどのように依存しているのかについて，説明を与えることができる．たとえば，「開放花モデル」では，総投資資源量が小さいときは，その個体は開放花しか作らないが，総投資資源量の多い個体ほど，開放花の数は一定のままで閉鎖花を増やす傾向がある，と説明することができる（2.1 節 13 ページ）．この傾向が，現存するミゾソバなどの場合に見いだされるならば，この数理モデルは現存する生物の性質について説明ができるモデルであるということができる．

　この章のテーマに即して言えば，戦略は葉寿命である．次に，図 13.1 のように，葉一枚が光合成産物を生産する工場であるとして，葉寿命に影響を与えるであろう重要なパラメーターについて考えてみよう．光合成工場を操業開始することは葉を展開することにあたるから，展葉には工場建設に必要な資金が必要である（その資金を「**作成コスト**」とよぶことにしよう：葉の原材料費をさす）．さらに，資金投資を行なった上で工場を毎日稼働させるための操業経費も必要だろう（それを「**維持コスト**」とよぶことにしよう）．建設された工場は，毎日一定の量の光合成産物を産出（その日々の光合成産出量を「**光合成速度**」とよぶことにする）しながら，維持コストを消費していく．日々の産出量から日々の維持コストを引いたもの（植物生理学的には「純光合成速度」とよばれている）が正であれば，その工場は毎日黒字であるから，夏場は一生懸命同化産物を稼ぐことだろう．しかしながら，冬場にはそうはいかない[1]．葉の表面温度が約

---

1) この章では，簡単のために専門用語の使用を避けているが，「維持コスト」，「光合成速度」は植物生理学の用語で言えば，「呼吸速度」および「総光合成速度」をさす．

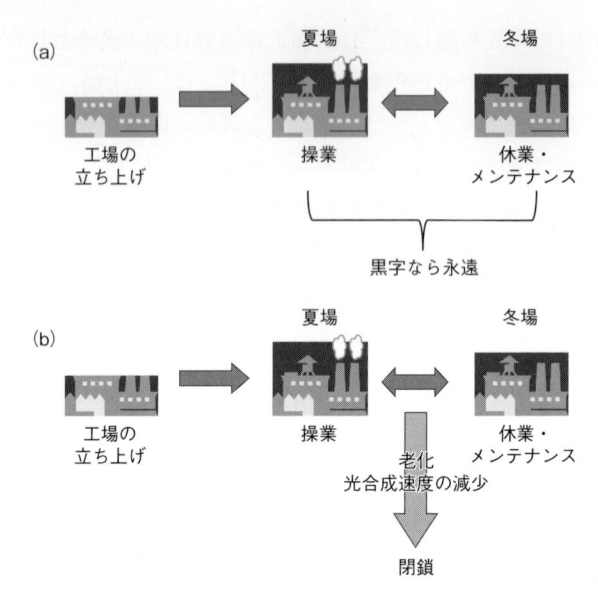

図13.1 光合成産物生産工場の模式図
(a) 葉の老化がない場合：もし，冬を越しても1年目が経常黒字であれば，永遠に葉をつけ続けているのが最適戦略である．
(b) 葉の老化がある場合：1年目が経常黒字であっても，葉が老化することによっていつかは経常赤字に到達するのでいつかは閉鎖しなければいけなくなる．

5℃を下回ると光合成速度が極端に低下するものが多く（参考文献4)を参照），さらに凍結温度では高等植物は光合成を行なうことができないことが知られているからである（参考文献2)を参照）．光合成ができない冬場には，光合成ができないだけではなく，おそらく操業中と同様に維持コストもかかると想像される．同化産物の産出と消費の収支が赤字であるくらい，維持コストがかかり過ぎたり光合成速度が小さいのであれば，この工場を立ち上げることは得策ではない．現存する樹木の葉は，おそらく黒字になれるほど効率の良い，すなわち，光合成速度は十分に大きく，維持コストが少ない優秀な工場になっているはずである．1年間のサイクルを通した年間収支が黒字であれば，最高である．経常黒字であれば，いつかは工場建設資金も回収できるであろうし，その時には，工場を閉鎖する必要はないので葉寿命は永遠になるだろう（図13.1a）．

とは言え，樹木ではそういう場合はありえないと言っていい．というの

も，この章の初めに紹介したように，光合成工場は多くの場合，時間の経過とともに光合成能力の衰えを経験するからである（図13.1b）．ということは，1年目に経常黒字であったとしても，2年目以降のいつかは経常赤字になる可能性をはらんでいることになる．衰えが速く（この速度を**「老化係数」**とよぶ）2年目に経常赤字を経験しそうであれば，2年目の冬場に入る前に工場を閉鎖（落葉）させるべきである．このように，光合成産物による炭素の収支を計算する**「炭素経済」**に基づいて，炭素収支にかかわる費用（コスト）および利得（ベネフィット）を考慮することによって葉寿命を理解しようとする考え方が促進されたのは1980年代の始めであった．

13-2 重要なパラメーターと葉寿命の関係

この章の冒頭で説明したように，樹木の葉寿命には大きな変異があることがわかっている．炭素経済の考え方から予想されるように，葉の特性を示す重要なパラメーターは葉寿命と強い関係があるだろうと考えた多くの研究者たちは，さまざまな樹木種の葉寿命と13.1節で紹介したパラメーターである構成コスト，光合成速度，老化係数を詳しく調べた（図13.2）．図中，最大光合成速度は「光合成速度」の代表値であると考えられており，その低下速度は「老化係数」の指標である．また，構成コストは単位面積あたりの葉の重さ（Leaf Mass per Area；LMA）に比例すると考えられるので，LMAはその指標となる．それらの結果から，

1. 光合成速度が大きくなると，葉寿命が短くなる．
2. 光合成速度の老化係数が大きいほど，葉寿命が短くなる．
3. 構成コストが大きくなるほど，葉寿命が長くなる．

という傾向があることがわかってきた．老化係数が大きいほど，葉が短い期間で使い物にならなくなるのだから，葉寿命が短くなるのは至極当然のようにも思える．しかし，光合成速度が大きい葉は稼ぎ頭であるから寿命を長くした方が良さそうであり，至極当然とは言いにくい．炭素経済的に

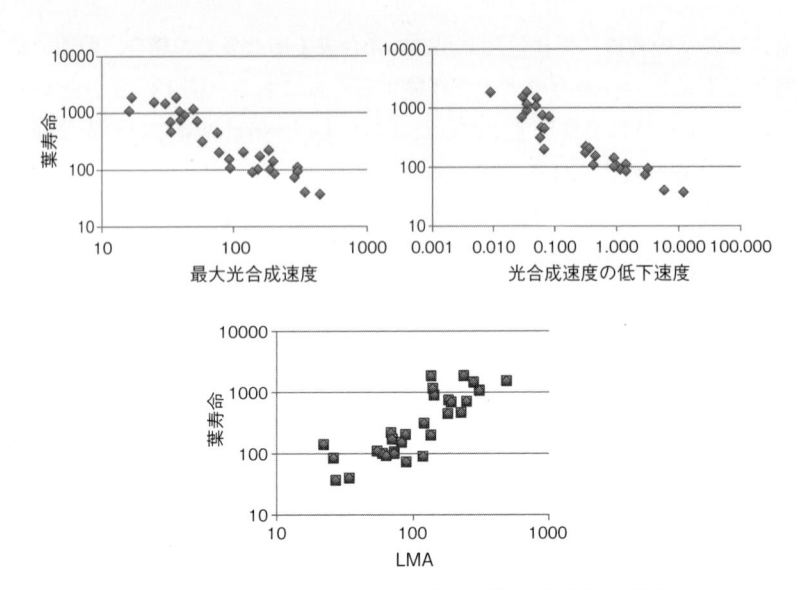

図 13.2　樹木の葉寿命と重要なパラメーター（菊沢（2005）より改変）
葉寿命，最大光合成速度，光合成速度の低下速度，LMA の単位は，それぞれ日数，nmol/g/s，nmol/g/s/day，g/m^2 である．

考えて，これらの葉寿命と重要なパラメーターとの関係を理論的に導きだすことはできるだろうか？　この素朴な疑問から出発したのが，**コストベネフィットモデル**とよばれる最適戦略モデルである．この素朴な疑問は十数年にわたって一連のコストベネフィットモデルを生み出すことになる．

13-3　目的関数

　13.1 節での例え話で言えば，光合成工場を閉鎖するタイミングはどのように決めればよいのであろうか？　操業期間の稼ぎ，すなわち，操業期間の総光合成生産量から総維持コストと構成コストを引いたもの（純利得），は操業期間の長さにともなって図 13.3 のように変化する．まず時刻ゼロでは葉を展葉するために構成コストの分だけ赤字になる．その後，日々の稼ぎ，すなわち，「日々の光合成速度から日々の維持コストを引いたもの」の分だけ徐々に上昇し，いつかは最大点に到達する．なぜなら，

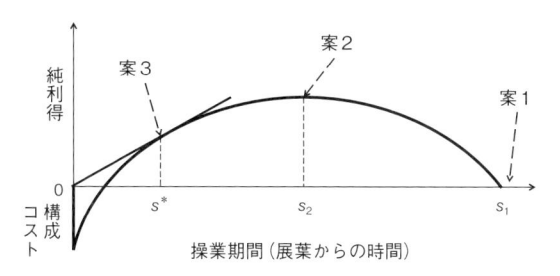

図 13.3　光合成工場の閉鎖タイミング
案1は，純利得がゼロになったときを意味しているのに対して，案2では，純利得の増加がゼロになっていることを意味している．その時の日々の収支はゼロである．案3が効率最大であるタイミングを示していることは，コラム⑪を参照してほしい．

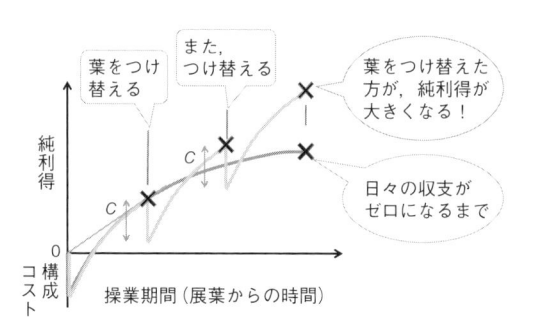

図 13.4　効率最大の原則と純利得の関係
効率最大のときに葉をつけ替える（工場を立ち上げ直す）ということを繰り返すと，日々の収支がゼロになるまで葉寿命を延ばすよりも純利得が大きくなる．

新しい葉は大きい光合成速度を持つが，老化するにつれて日々の光合成速度が減少し，日々の稼ぎが減少していくからである．その後，日々の維持コストが光合成速度を上回るため，純利得は徐々に減少し，いつかは赤字になってしまう．

　それでは，純利得がゼロになるまで頑張って，通算で赤字になる寸前で老朽化した工場を取り壊し新しい工場を立ち上げ直す，という考え方がいいのだろうか（図13.3の案1）．確かにこのやり方では赤字にならないが，何の儲けもないわけだからこれでは樹木本体を成長させることはできない．別の考え方として，日々の稼ぎがゼロになったところで工場を閉鎖するのはどうだろう（図13.3の案2）．このやり方であれば，工場閉鎖ま

コラム 11

効率最大の点の求め方

2.2 節（19 ページ）では，最適な卵の大きさが満たす条件として

$$W'(S) = \frac{W(S)}{S} \quad [\text{第 2 章，(2.1) 式より}]$$

を求めた．式中，S は卵サイズ，$W(S)$ は卵サイズ S によって変化する生存率関数である．そこでは，その解（最適卵サイズ）を幾何学的に求める方法は，原点から引いた直線が関数 $W(S)$ に接するところを求める，であった．その接線は，図 2.3（20 ページ）から理解できるように，原点から引いた直線の傾き $\frac{W(S)}{S}$ が最大になる直線でもある．

S を操業期間，$W(S)$ を純利得に変えたとき，実際，下図の中で，原点から純利得の曲線上へ直線を引いてみると，破線 A でも破線 B でも接線よりは傾きが小さい．純利得の曲線上のすべての点を選んでみても，やはり接線より傾きの大きい直線を引くことはできない．したがって，純利得を操業期間で割った効率最大の操業期間は図 13.3 の案 3（s^*）であることが理解できる．

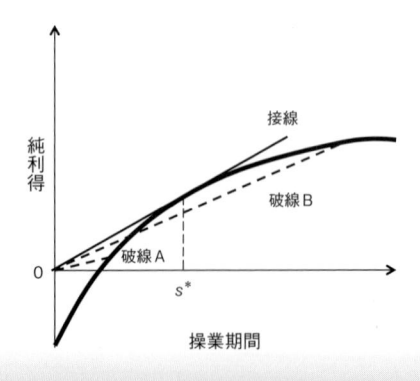

での期間に稼いだ光合成産物の蓄積は残るので，新しい葉を作ることができるだろう．しかし，これでは冬場には必ず工場を閉鎖することになるので，常緑性の葉は温帯や寒帯域では現れないことになる．そこで，単位操業期間あたりの平均純利得（これを操業「**効率**」とよぶことにする）が最

大になる時に工場を閉鎖することを考えてみる．効率最大の点は，原点から引いた直線が純利得曲線に接するところに対応している（図 13.3 の案 3；コラム 11 参照）．「効率」が良いのだから，工場を閉鎖しては立ち上げ直すことを繰り返すと，将来的には最も多くの純利得を得ることができそうである（図 13.4）．樹木が一生の間に稼ぐ純利得が多いほど，その個体の適応度が高くなると仮定して，この「効率」を最適戦略論で用いる「目的関数」として採用することにしよう．

13-4　コストベネフィットモデル

この節では，最も基本的なコストベネフィットモデルを紹介することにしよう（参考文献 5) を参照）．時刻ゼロのときに展葉すると仮定すると，展葉からの時間（s）はすなわち葉寿命であり，葉寿命が s である葉が稼ぐ純利得（$\phi(s)$）は以下のように定式化される．

時刻 t での光合成速度を $L(t)$ とすると，$L(t)$ の時間 0 から s までの合計が**総光合成産物量**であるから，合計を意味する積分を用いて，

$$\int_0^s L(t)dt$$

と表すことができる．同様に，維持コストを $C_m(t)$ とすると，$C_m(t)$ の時間 0 から s までの合計が総維持コストであるから，

$$\int_0^s C_m(t)dt$$

となる．したがって，純利得 $\phi(s)$ は，

$$\phi(s) = -C + \int_0^s L(t)dt - \int_0^s C_m(t)dt \tag{13.1}$$

である．(13.1) 式右辺の第一項は，最初に葉を作ったときの構成コスト

分（C）の支出を意味している．このように定式化された純利得は，具体的に$L(t)$と$C_m(t)$の関数形を決めてやると計算することができるので，以下ではさまざまな場合について純利得を求めてみよう．

（ⅰ）1年中光合成好適期間である場合

まず簡単のために，1年中光合成が可能であると仮定しよう．また，老化していない時の光合成速度はaであるとする．したがって，老化によって光合成速度が$(1-bt)$倍に減少するとすれば，$L(t)=a(1-bt)$である．老化係数bが大きいほど，光合成速度がより速く減少し，葉寿命を$1/b$より大きくすると，光合成速度は負になってしまう．また，やはり簡単のために，維持コストも葉の老化とともに同様に減少すると仮定し，$C_m(t)=m(1-bt)$とする．(13.1)式を計算すると，

$$\phi(s)=(a-m)s\left(1-\frac{bs}{2}\right)-C \qquad (13.2)$$

となり，この曲線は図13.3に示されるように，sが$1/b$のときに頂点となる，上に凸の放物線である．

最大にすべき目的関数は，単位時間あたりの純利得$\phi(s)/s(=E(s)$；効率)であるから，第2章のコラム③（16ページ）で学んだように，最適戦略を微分を使って求めることにしよう．$E(s)$の極大点では微分$=0$が成立しているので，最適葉寿命s^*は

$$\frac{d}{ds^*}\left\{(a-m)\left(1-\frac{bs^*}{2}\right)-\frac{C}{s^*}\right\}=-\frac{b(a-m)}{2}+\frac{C}{s^{*2}}=0$$

を満足しなければならない．したがって，最適葉寿命は，

$$s^*=\sqrt{\frac{2C}{b(a-m)}} \qquad (13.3)$$

である．(13.3) 式は1年中光合成好適期間である場合に限っての葉寿命の公式であるが，13.2節で説明した葉寿命と葉の生理学的諸特性の関係がよく表されている．確かに，光合成速度 (a) が大きくなるか，老化係数 (b) が大きいほど，葉寿命が短くなり，構成コスト (C) が大きくなるほど，葉寿命が長くなるという結果が得られ，このモデルは葉寿命と重要なパラメーターとの関係を理論的に導きだすことに成功している．さらに，維持コスト (m) が大きくなればなるほど，寿命が延びるという理論的予測も示している．

光合成速度が高くなると最適葉寿命が短くなるのは，直感に反していると感じられるかもしれない．「たくさん稼げるのだからずっと葉をつけ続けていればいい．」と思われるからである．葉の老化が起こらなければそうかも知れないが，この公式から与えられる結論は，「たくさん稼げるのだから老化する前に葉を落とし，葉を付け替える方が効率は良くなる」である．また，図13.4の s_2（光合成速度マイナス維持コストがゼロになる寿命）よりもずっと早い時刻 s^* で落葉することから，老化で使い物にならなくなったから葉を落としているわけではないことが推察される．

(ii) 光合成不適期間がある場合

温帯や寒帯においては，大きな気温の年変動が観察され，年内のある期間は光合成が不可能である低温を経験する．したがって，1年中光合成好適期間である場合は少ないであろう．その期間を光合成不適期間とよぶことにすると，世界のさまざまな場所で光合成不適期間の長さが異なり炭素収支が変わるのだから，葉寿命も不適期間の長さに大きく影響されることだろう．その場合のコストベネフィットモデルは (13.1) 式のように単純ではない．好適期間と不適期間が交互に訪れるので，好適期間の割合を $f (0 \leq f \leq 1)$ とすると（図13.5），純利得を次のように書くことができる．

$$\phi(s) = -C + \int_0^f L(t)dt + \int_1^{1+f} L(t)dt + \cdots + \int_{[s]}^s L(t)dt - \int_0^s C_m(t)dt \quad (13.4)$$

式中，$[s]$ は s を超えない最大の整数を表すガウス記号とよばれるもので

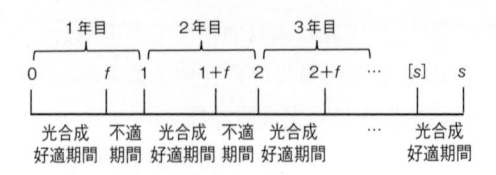

図 13.5　光合成好適期間と不適期間

簡単のために，光合成好適期間と不適期間が交互に訪れ，好適期間が年の初めから始まり，f 年（$0 \leq f \leq 1$）続き，その後不適期間が年末まで続くと仮定している．そのため，展葉時期は年初めが最適である．

ある．右辺第二項は1年目の総光合成産物量を表すため，図13.5の中の1年目の好適期間だけの積分が行われている．以下，2年目，3年目の生産量が計算され，最後の年だけ葉を落とす時刻 s までの積分となっている．前と同様に，$L(t)=a(1-bt)$，$C_m(t)=m(1-bt)$ を代入して計算すると，(13.4) 式は，

$$\phi(s) = \begin{cases} (a-m)s\left(1-\dfrac{bs}{2}\right)-C-a(1-f)[s]\left\{1-\dfrac{b([s]+f)}{2}\right\} & ([s] \leq s < [s]+f \text{ の場合}) \\ -ms\left(1-\dfrac{bs}{2}\right)-C+af([s]+1)\left(1-\dfrac{b([s]+f)}{2}\right) & ([s]+f \leq s < [s]+1 \text{ の場合}) \end{cases}$$

(13.5)

となる（コラム⑫参照：この計算は少し難しいので，数式展開に興味のない読者にはこのコラムを読み飛ばして先に進むようお勧めする）．したがって，効率 $E(s) = \dfrac{\phi(s)}{s}$ を図示すると，$f=1.0$（1年中好適期間）の場合の効率曲線とは大きく異なり（図13.6a），ギザギザの微分不可能な点[2]を数多く持つ曲線になる（図13.6b, c）．その場合には，最適戦略を求めるために微分＝0の点を求める方法を使うことはできず，解析的な最適葉寿命の公式を得ることができない．そのため，五種類のパラメーター（a, m, b, C, f）のさまざまな組み合わせに対して，効率最大となる最適葉寿命を数値計算で求めることになる．

---

[2]「微分不可能な点」とは，左からの接線の傾きと，右からの接線の傾きが等しくない点を言う．図13.6b, c から明らかなように，ギザギザの頂点はそうなっている．

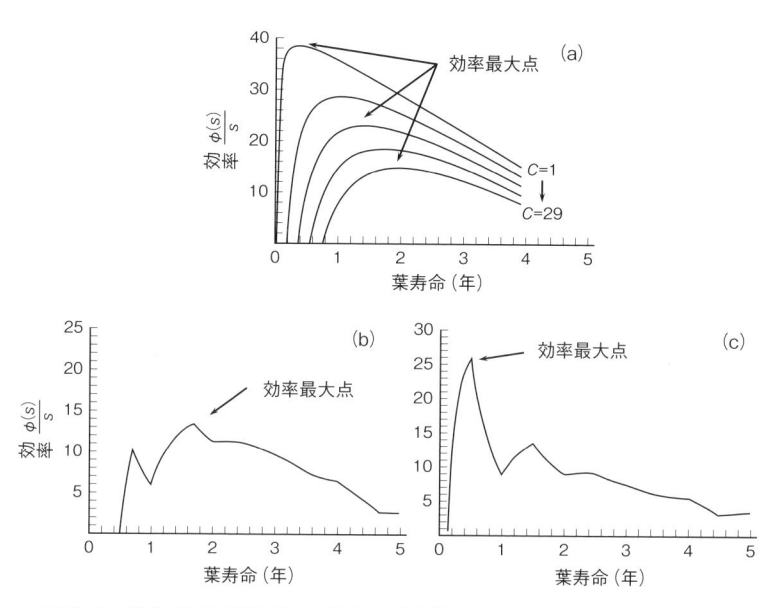

図 13.6 光合成不適期間がある場合の効率曲線

光合成不適期間があるとギザギザの微分不可能な点を持つ曲線になる.
(a) 選ばれたパラメーターが $a=50$；$m=6$；$b=1/3$；$f=1.0$ の場合，$C=1$ から 29 へ変化するとともに，最適葉寿命が 0.37 年から 1.99 年に連続的に変化する.
(b) 選ばれたパラメーターが $a=50$；$m=6$；$b=1/3$；$C=20$；$f=0.7$ の場合，最適葉寿命は 1.7 年.
(c) 選ばれたパラメーターが $a=50$；$m=11$；$b=1/3$；$C=5$；$f=0.5$ の場合，最適葉寿命は 0.5 年.

　たとえば，図 13.6 と同じパラメーター $a=50$；$m=6$；$b=1/3$ を使って，構成コスト C だけを 1〜30 まで変化させてみたときの最適葉寿命を求めてみると，図 13.7a のようになる. 1 年中好適期間である場合 ($f=1.0$) も，不適期間が三割ある場合 ($f=0.7$) も，構成コストが大きくなると最適葉寿命が増加する傾向は変わらない. $f=1.0$ の場合には葉寿命が連続的に変化し，構成コストが大きくなるほど葉寿命が連続的に増加する（式 (13.3) を参照）. その傾向は図 13.6a において構成コストを変化させたときの効率曲線の変化にも見てとれる. しかし，不適期間がある場合 ($f=0.7$) には，構成コストを変化させたときに最適葉寿命が急激に変化することが起こり（図 13.7a），f の値に強く影響を受けて最適葉寿

コラム 12

光合成不適期間がある場合の純利得の求め方

式（13.4）を計算するにあたって，$[s] \leq s < [s]+f$ である場合と，$[s]+f \leq s < [s]+1$ である場合に分けて考えてみよう．

（i） $[s] \leq s < [s]+f$ である場合

$$\int_i^{i+f} L(t)dt = \int_i^{i+f} a(1-bt)dt = [at(1-\frac{bt}{2})]_i^{i+f}$$
$$= a(i+f)\left\{1-\frac{b(i+f)}{2}\right\} - ai\left\{1-\frac{bi}{2}\right\}$$

および

$$\int_{[s]}^s L(t)dt = \int_{[s]}^s a(1-bt)dt = -a[s]\left(1-\frac{b[s]}{2}\right) + as\left(1-\frac{bs}{2}\right)$$

であるから，2つの式を総光合成産物量 $G(s)$ に代入すると，

$$G(s) = \int_0^f L(t)dt + \int_1^{1+f} L(t)dt + \cdots + \int_{[s]}^s L(t)dt$$
$$= \sum_{i=0}^{[s]-1} a(i+f)\left\{1-\frac{b(i+f)}{2}\right\} - \sum_{i=0}^{[s]-1} ai\left\{1-\frac{bi}{2}\right\} - a[s]\left(1-\frac{b[s]}{2}\right) + as\left(1-\frac{bs}{2}\right)$$

となり，第一項の和の添字 i を $j=i+1$ に変更し，第二項と第三項をまとめると，

$$= as\left(1-\frac{bs}{2}\right) + \sum_{j=1}^{[s]} a(j-1+f)\left\{1-\frac{b(j-1+f)}{2}\right\} - \sum_{i=1}^{[s]} ai\left\{1-\frac{bi}{2}\right\}$$

となる．合計の指標である i, j を統一すると，

$$= as\left(1-\frac{bs}{2}\right) + a\sum_{i=1}^{[s]}\left[(i-1+f)\left\{1-\frac{b(i-1+f)}{2}\right\} - i\left\{1-\frac{bi}{2}\right\}\right]$$
$$= as\left(1-\frac{bs}{2}\right) - a(1-f)\sum_{i=1}^{[s]}\left\{1-\frac{b(2i-1+f)}{2}\right\}$$
$$= as\left(1-\frac{bs}{2}\right) - a(1-f)[s]\left\{1-\frac{b([s]+f)}{2}\right\} \tag{13.6}$$

と簡単になる．したがって，

$$\int_0^s C_m(t)dt = \int_0^s m(1-bt)dt = ms\left(1-\frac{bs}{2}\right)$$ を用いて，

$$\phi(s) = -C + G(s) - \int_0^s C_m(t)dt$$
$$= (a-m)s\left(1-\frac{bs}{2}\right) - C - a(1-f)[s]\left\{1 - \frac{b([s]+f)}{2}\right\}$$

となり，(13.5) 式前半を得る．

(ⅱ) $[s]+f \leq s < [s]+1$ である場合

不適期間である $[s]+f \leq s < [s]+1$ では $L(t)=0$ であるから，

$$G(s) = \int_0^f L(t)dt + \int_1^{1+f} L(t)dt + \cdots + \int_{[s]}^s L(t)dt$$
$$= \int_0^f L(t)dt + \int_1^{1+f} L(t)dt + \cdots + \int_{[s]}^{[s]+f} L(t)dt + \int_{[s]+f}^s 0\, dt$$
$$= \int_0^f L(t)dt + \int_1^{1+f} L(t)dt + \cdots + \int_{[s]}^{[s]+f} L(t)dt$$

である．したがって，この合計は $s=[s]+f$ の時の $G(s)$，すなわち，$G([s]+f)$ に等しい．したがって，(13.6) 式を用いて，

$$\phi(s) = -C + G([s]+f) - ms\left(1-\frac{bs}{2}\right)$$
$$= -C + a([s]+f)\left(1-\frac{b([s]+f)}{2}\right) - a(1-f)[s]\left\{1-\frac{b([s]+f)}{2}\right\} - ms\left(1-\frac{bs}{2}\right)$$
$$= -ms\left(1-\frac{bs}{2}\right) - C + af([s]+1)\left(1-\frac{b([s]+f)}{2}\right)$$

となり，(13.5) 式後半を得る．

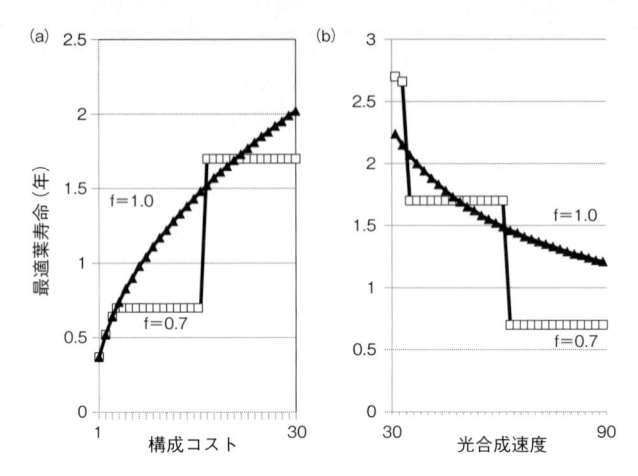

図 13.7　最適葉寿命とパラメーターの関係
パラメーターが $m=6$；$b=1/3$ に対して，年中好適期間である場合と不適期間がある場合の例を示してある．f は好適期間の割合．
(a) $a=50$ と固定し，$C=1$ から 30 まで変化したときの最適葉寿命．
(b) $C=20$ と固定し，$a=30$ から 90 まで変化したときの最適葉寿命．

命が 0.7 年や 1.7 年という値を示すことが多い．同様の傾向は，光合成速度 a を 30〜90 まで変化させてみたときにも現れる．光合成速度が大きくなると最適葉寿命が減少する傾向を持ちながらも，不適期間がある場合には，最適葉寿命は急激に変化する．

13-5　好適期間が変化するとどうなるか？

　前節では好適期間が短くなると最適葉寿命に大きな違いが生まれることがわかった．実際に地球上では，年中 5℃ を越える地域もあれば，下回る期間がほとんどである地域もある．その大きな原因は，緯度の異なる地域では太陽高度が異なることにある．その結果，低緯度地域では好適期間が長く，高緯度地域では好適期間が短くなる傾向を持っている．そのため，パラメーター f を変化させることによって，低緯度地域から高緯度地域にわたって，最適葉寿命がどのように変化するか数理モデルによる予想を求めることができる．元京都大学教授の菊沢喜八郎氏はその点に着目して，好適期間の割合を変化させて最適葉寿命を求める数値計算を行なってみた

（参考文献5）を参照のこと）．その他のパラメーターについては，$a=20\sim100$, $m=2\sim18$, $b=1\sim12$, $C=3\sim18$ の範囲で変化させるので，落葉性の葉が最適であることもあれば，常緑性の葉が最適であることもあるだろう．そのため，a, m, b, C のパラメーターの組み合わせのうち，何割が常緑性になるかを求めてみる．その結果，光合成好適期間が長くなるほど，常緑樹の割合が減少し，落葉樹の割合が増えていくが，$f=0.5$ を境に，落葉樹の割合が減少し，常緑樹の割合が増えるということがわかった（図13.8）．これらのことは，低緯度地域と高緯度地域に常緑性の葉を持つ樹種が多いという**常緑性の二峰分布**がみられることを意味する（図13.9）．この研究は，寒帯域に多くみられる常緑針葉樹と熱帯・亜熱帯域に多くみられる常緑広葉樹では，それらの葉の形状や機能が大きく異なると思われるのに，双方ともに常緑性であるという不思議さをうまく説明している（図13.10）．

確かに，不適期間が短い低緯度地域では，不適期間に葉を落とし新たに葉をつけることは無駄になるということが理由で，常緑性になりやすいだろう．葉の構成コストが大きい場合にはその傾向は顕著になるはずであ

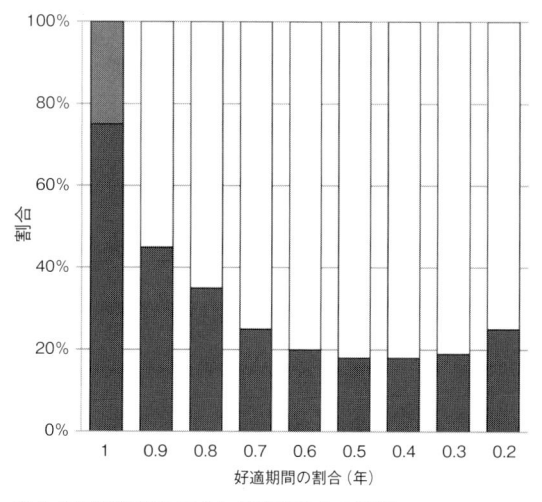

図13.8 光合成好適期間の長さと最適葉寿命の関係
光合成好適期間が長いか，短い場合に常緑性の葉の割合が多い．このことは，低緯度地域あるいは高緯度地域で常緑性の葉が最適である場合が多いことを示している．

第13章　葉っぱの寿命

- 落葉樹林（温帯）
- 常緑広葉樹林（熱帯・亜熱帯）
- 常緑針葉樹林（冷温帯・寒帯）

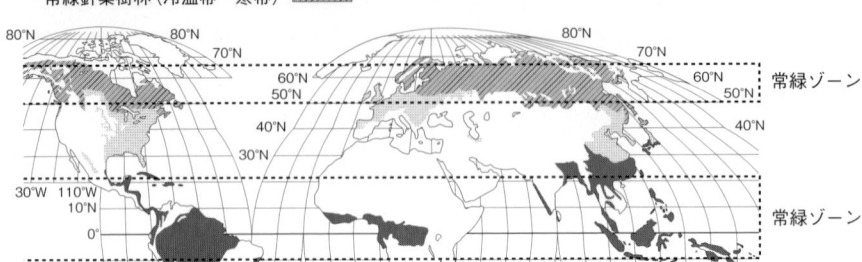

常緑ゾーン

常緑ゾーン

図 13.9　世界の主要な樹林帯
常緑性の樹種が多い樹林帯は，赤道周辺と高緯度地域に分かれて存在する．このことを「常緑性の二峰分布」とよぶ．

図 13.10　世界の主要な樹林の景観
(a) 落葉樹林（日本・北海道）(b) 常緑広葉樹林（マレーシア・ランビル州）
(c) 常緑針葉樹林（カナダ・アルバータ州）：工藤岳氏のご厚意により掲載
(b)(c) では，葉の形状や機能が大きく異なるように見えるのに，双方ともに常緑性である．

る．それでは，不適期間が長い高緯度地域ではどうだろう．不適期間が長ければ，1年目にあまり稼ぐことができず，1年目の通算の純利得が黒字になることが少ないだろう．そうであれば，老化係数が低い場合には徐々に時間をかけて効率を最大にできる可能性がある．そのことが，好適期間が短い場合にも常緑性の葉が最適になる理由であると考えられている．

13-6　葉寿命研究のその後

　この章では，炭素経済上のコストとベネフィットを考えた，最も簡単な最適葉寿命モデルを紹介した．この数理モデルによって，実際の測定および観察によって見いだされた葉寿命と重要なパラメーターとの関係が理論的に示されることが明らかになった．また，常緑性樹種の二峰分布を数値計算によって導き出すことに成功した．しかし，少し数理モデルに詳しい読者なら疑問を感じたかもしれない．というのも，二峰性は，計算するときに用いた四種のパラメーター（a, m, b, C）のある特殊な範囲でだけ成立している関係かもしれない．二峰性はパラメーターの範囲を広げても成立する普遍性の高い法則であろうか？　また，この章では，目的関数として一枚の葉の「効率」を用いてきたが，それは本当に個体の「適応度」を最大にできるのであろうか？　さらに，少し植物に詳しい読者であれば，地中海性気候の地域に生育する硬葉樹種では，落葉の主要要因は乾燥であることを知っているだろう．乾燥の時期の到来を不適期間と考えて，硬葉樹種の葉寿命をこの数理モデルでうまく説明できるのであろうか？

　このように考えると，他にもいくつもの疑問が出てくる．1つの理論の出現は，それで疑問がすべて解決したことを意味するのではなく，新たな疑問をもたらす要因にもなりうるからである．むしろ，数理モデルは，論理的に疑問を整理するための道具としての役割を担ってきた．そのため，いくつかの疑問を解決することを目的にして，一連のコストベネフィットモデルが提案されてきている．たとえば，落葉性の葉だけを対象にした「落葉樹モデル」や，年間の気温変動を詳細に考慮した「温度依存モデル」などがある（参考文献3)を参照）．また，一枚の葉（**個葉**）にだけ注目するのではなく，何枚かの葉の集まり（葉群）に着目するモデルも出現し

た．というのも，上部を占めている葉の数が多いと下の葉に光が行き届かず，下の葉にとっては光合成をするのに不利な状況が生まれるからである．そこで，日陰ができた場合の相互作用（**被陰効果**）を考慮して，葉位依存的な最適葉寿命を調べるためのモデルなども提案されている．

このように，歴史的には社会学や経済学において発想されたコスト・ベネフィットという視点は，最適戦略という進化学的な原理を得ることによって植物の炭素経済の中で活躍を始めた．その結果，葉寿命についてだけではなく，個体全体の葉群に関する別のモデルが出現する要因にもなった．たとえば，葉群の量の多さを示す指標である**葉面積指数**を戦略として，光合成生産量を最大とする葉面積指数を求めるモデルも提案されている．今後も葉の植物生理学や生態学の研究に幅広く活用されていくことであろう．

参考文献

1) 菊沢喜八郎：葉の寿命の生態学―個葉から生態系へ，共立出版（2005）
2) 酒井　昭：植物の分布と環境適応―熱帯から極地・砂漠へ，朝倉書店（1995）
3) 高田壮則：Cost-benefit modelを用いた最適葉寿命モデル―最適戦略基準の検討―，日本生態学会誌（印刷中）
4) W. ラルヘル（佐伯敏郎・舘野正樹 訳）：植物生態生理学，シュプリンガー・フェアラーク（1999）
5) Kikuzawa, K.：A cost-benefit analysis of leaf habit and leaf longevity of trees and their geographical pattern. *American Naturalist* 138, 1250-1263 (1991)

第14章

生物の多様化と絶滅

　地球上には，学名で認識された生物だけで数百万種が存在する．約38億年前には，細菌のような比較的単純な生命しか地球上に存在していなかった．そこから現在に至るまでの期間に，生き残るための戦略が多様化し，光合成をするものや，他の生物に寄生するもの，他の生物と高度な相利共生を発達させるものなどが現れてきた．

　この章では，生物たちの生き残り戦略を，生命史という長い時間規模で考察する．どのような場合に生物が爆発的な多様化を遂げるのか？　絶滅してしまった生物たちに共通する，「失敗の戦略」というものがあるのか？　こうした挑戦的な問いに答えるための土台を提供したい．

14-1　なぜ生物は多様なのか？

　個々の生物種が利用する食べ物の種類や生息場所を，**生態学的地位**（ニッチ：コラム⑬参照：図14.1，14.2）とよぶ．ニッチという言葉は，「専門化した職業」を意味する経済学の用語に由来する．同業者の間では競争が働く．小さな町に八百屋が10軒もあれば，いずれ価格やサービスの善し悪しで淘汰され，せいぜい2～3軒しか生き残れないだろう．しかし，もし野菜ではなく果物を売るようになれば，他の店と客を取り合うことなく，同じ町で共存が可能だろう．

　生物の世界でも，同じようなものを食べ，同じような生息場所を利用する生物種どうしの間では競争が起こる．そのため，ある生物種の集団のなかで，他種と異なる資源を利用する突然変異個体が現れれば，やがてその個体を祖先として新しい種が新しいニッチへと進出する．このように，な

第14章 生物の多様化と絶滅

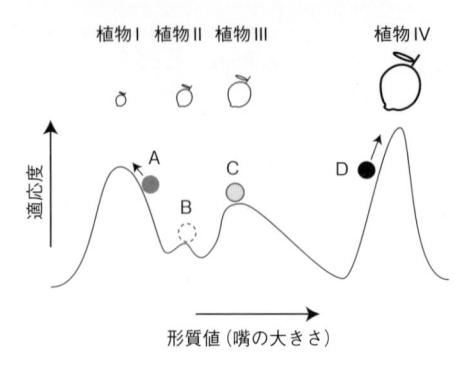

図 14.1 生態学的地位（ニッチ）
コラム⓭を参照.

図 14.2 ニッチの例
針葉樹と広葉樹が混生する屋久島の高標高域に生育するヤクシマシャクナゲ（*Rhododendron yakushimanum*）と石垣島の汽水域に生育するヤエヤマヒルギ（*Rhizophora mucronata*）.

るべく他の種とニッチが重ならないように自然淘汰を受けることで，生物は多様化を遂げていく．驚くほど特殊な食べ物や生息場所を利用する種が生態系のなかに満ちあふれているのはこのためである．

　この節では，生物が新たなニッチを開拓して多様化していく過程を考察する．形成されてからある程度の時間がたった生態系のなかでは，すでにそれぞれの生物種が細分化されたニッチを占めている．その場合，新たなニッチを開拓する余地は少ない．しかし，生物個体や集団が時として，まだ他の生物種が到達していないような広大な「フロンティア」に放りださ

> **コラム 13**
>
> ### 生態学的地位（ニッチ）と適応
>
> ヒトの社会にさまざまな職業があるように，自然界の生物も多様な生き方をしている．それぞれの生物は一定の範囲の資源や環境（食べ物や生息場所）に対して適応しており，利用する資源や環境が近すぎる生物集団どうしの間では，競合が生じる．
>
> 小さな島に鳥がやってきて，その子孫が環境に対して適応していく過程を想像しよう．この島には，四種類の植物が生育していて，お互いに異なる厚さの殻で種子を守っている（図 14.1）．小さな種子を食べるには小さな嘴が，大きな種子を食べるには厚い殻を割ることができる大きな嘴が適応的であるとする，その場合，この島には嘴の大きさに関して，適応度のピークが 4 つ存在する．そのため，はじめは 1 つだった鳥の集団はこれらのピークのそれぞれに対応したスペシャリストとして，嘴サイズの平均値が異なる 4 つの種に分かれていくことが予想される．
>
> しかし，植物種によっては，生産する種子の量が少ないものがあるかもしれない．図中の植物 II に適応した鳥の種 B は，個々の個体の適応度が A や C よりも低いため，この島の中でどんどん少数派となっていくであろう．最終的には，種 B は絶滅し，植物 II は鳥の種 A もしくは種 C によって消費されるようになると予想される．

れることがある．その場合，開拓者となった個体を祖先として，子孫たちがさまざまなニッチへ適応し，急速な**多様化**（**種分化**）を遂げていく．

フロンティアにおけるこうした急速な進化的分化を，**適応放散**とよぶ．では，どんなときに適応放散が起こりやすいのであろうか？ 大きく分けて，以下の 3 つの場合があると言われている．

14.1.1　競争相手のいない環境への進出

1 つ目は，競合する他の生物がいない環境へ祖先種が進出した場合である．たとえば，海底の火山活動でできた新しい島へ，祖先となる生物種が侵入した場合が考えられる．競合する他の種がいない環境へ進出すると，さまざまな空きニッチを利用できるようになる．幅広いニッチを一種が利用するという進化の方向性もあるが，限られた資源を専門的に利用する種

との競争に勝てないことが多い．ある資源を専門的に利用する種は，効率よくその資源を利用できるよう自然淘汰されている．それぞれの資源がそれぞれの専門家（スペシャリスト）によって効率よく利用されるようになると，何でも屋は生きる糧を失ってしまうのである．そのため，新しい環境への進出のあと，細分化されたニッチに適応したスペシャリストがつぎつぎと生まれ，種の多様性が急速に高くなっていく．

　この適応放散の代表例が，ガラパゴス諸島におけるダーウィンフィンチ類の進化である．太平洋の赤道直下に浮かぶこの島は，500〜1,000万年前の火山活動で形成された島々であり，エクアドルの本土から900 kmも離れた隔離環境である．200〜300万年前，現在では水没してしまった北東の島々を渡って，大陸本土からダーウィンフィンチ類の祖先種がガラパゴス諸島へと侵入した．他の鳥類が生息していなかったこの島では，餌となり得るものすべてが潜在的に利用可能であった．やがて，自然淘汰によってそれぞれの餌資源に適応した種が生まれていった．大きな嘴で植物の種子を食べる種や，細い嘴で昆虫を捕食する種，サボテンの実や花を食べる種，他の動物を嘴でつついて吸血する種など，特定のニッチを占める種へと適応放散が起こった（図14.3）．

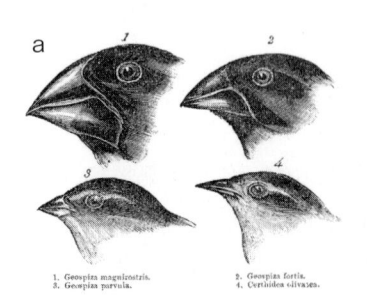

図14.3　ダーウィンフィンチ類の適応放散
　（a）共通の祖先から，それぞれのニッチへと進出する種が現われ，生物の系統は分化していく．オオガラパゴスフィンチ（*Geospiza magnirostris*：左上）やガラパゴスフィンチ（*Geospiza fortis*：右上）は，主に植物の種子を食べる．固い殻に包まれた種子を食べるため，ペンチのように頑丈な嘴が進化している．コダーウィンフィンチ（*Geospiza fuliginosa*：左下）とムシクイフィンチ（*Certhidea olivacea*：右下）は主に昆虫食で，昆虫を捕まえやすいよう，鋭い嘴を持つ．Darwin (1845) "*Voyage of the Beagle*"より．（b）ガラパゴスフィンチ．[Wikipediaより：Creative Commons「表示-継承」：putneymark 氏］

14.1.2　競争相手の絶滅

競争相手となる生物群の絶滅も，適応放散を促進する場合がある．空のニッチが大量にできるという点では，競争相手のいない環境へ進出するのと同じ意味がある．

競争相手の絶滅が適応放散を促進した例としては，恐竜の絶滅後に起こった哺乳類の多様化が代表的である．2億5,000万年前から6,550万年前までの中生代，恐竜たちが多様化し，さまざまなニッチへと進出していた．しかし，この恐竜の時代は，6,550万年前に突如として終わりを迎える．鳥類以外の恐竜が絶滅したのである．この大量絶滅には，気候の寒冷

図14.4　恐竜のニッチと哺乳類
恐竜が絶滅したあとも，彼らのニッチを埋める哺乳類が進化してきた．写真は，中生代と新生代のそれぞれにおける特徴的な捕食者（上段）と大型草食者（下段）．（左上）ティラノサウルス（*Tyrannosaurus* sp.）．[Wikipediaより：Creative Commons 「表示-継承」：Pierre Camateros氏］（右上）ネコ科のスミロドン（*Smilodon* sp., 大きな犬歯は，種内の他個体との闘争に使われた可能性がある）．[Wikipediaより：Creative Commons 「表示-継承」：Wallace63氏］（左下）ブラキオサウルス（*Brachiosaurus* sp.）．[Wikipediaより：Creative Commons 「表示-継承」：AStrangerintheAlps氏］（右下）キリン（*Giraffa camelopardalis*）．

化が影響したと考えられている．巨大隕石の落下によって大量の塵が大気中へ放出され，太陽光を遮ったとの説が有力視されている．

　中生代，哺乳類の多くはネズミほどの大きさで，恐竜の活動が及ばない夜に動き回っていたと推測されている．恐竜の絶滅後，空のニッチが哺乳類に残された．かつて恐竜が占めていた生態系ピラミッドの各階層に，多様化した哺乳類が新生代に進出していった．ティラノサウルスのような大型捕食者のニッチには大型のネコ科哺乳類が，竜脚類のような大型の植食者に替わってゾウやキリンが，首長竜類に替わってイルカ・クジラ類が適応放散し，現在の生態系を形づくっている（図14.4）．

14.1.3　革新的な形質の進化

　新しいニッチを開拓し，適応放散を遂げるためのもう1つの道は，革新的な「発明」によって生物自身がフロンティアを創り出したときに拓かれる．たとえば，植物による動物媒の進化がそうである．裸子植物の花は単

図14.5　被子植物の多様化
訪花する昆虫に対応して，花の形態が複雑になり，多様化してきた．［川口利奈氏のご厚意により掲載］

純な構造をしており，花粉の移動は主に風に頼っている．そのため，繁殖のために大量の花粉を生産しなければならない．一方で，裸子植物から分化した被子植物は，花蜜や色鮮やかな花弁，芳しい花の香りを進化させ，昆虫をはじめとする動物を招き寄せるようになった（図14.5）．これらの発明により，動物によって花粉を確実に運んでもらえるようになり，繁殖の効率を大幅に改善させることに成功した．この進化的な革新ののち，より効率的に花粉を運んでくれる動物を招き寄せるよう，個々の植物種が適応を遂げていった．この適応放散の結果，現在では，多様な昆虫，鳥類，コウモリ類が，それぞれの被子植物の繁殖を助けている．

新たな相利共生者を獲得することも進化的な革新であり，適応放散を促進する．原核生物（細菌や古細菌：コラム13）から真核生物（植物・動物・真菌［カビやキノコ］・原生生物［ゾウリムシやアオミドロなど］）が生まれる過程でも，相利共生が大きな役割を果たした．真核生物のすべてが持つミトコンドリアは，もともと単独で生きていた細菌である．ミトコンドリアの祖先は，自由生活性もしくは寄生性の細菌であったと考えられている．このミトコンドリアの祖先は，真核生物の祖先にとって，格好の餌であった．しかし，20億年以上前のあるとき，このミトコンドリアの祖先を消化せずに体内に残し，「エネルギーの通貨」とよばれるアデノシン三リン酸（ATP）の生産を任せる変わり者の捕食者が現れた．ミトコンドリアの祖先を取り込んだこの捕食者こそが，すべての真核生物の祖先となり，爆発的な適応放散を遂げていく（図14.6）．植物の細胞に含まれる葉緑体も，もともとは単独で生きていた藍藻（シアノバクテリア）である．この共生がなかったならば，地球上の陸地はいまだに赤茶けた地肌をさらしていたであろう．

自分にはない機能を持つ生物との相利共生は，爆発的進化の引き金となる可能性を秘めている．このような例として他にも，植物と菌根菌の共生（第13章参照），地衣類（真菌と藻類の共生体）の進化（図14.6），動物とさまざまな共生細菌との関係（第13章参照）などがある．

第14章 生物の多様化と絶滅

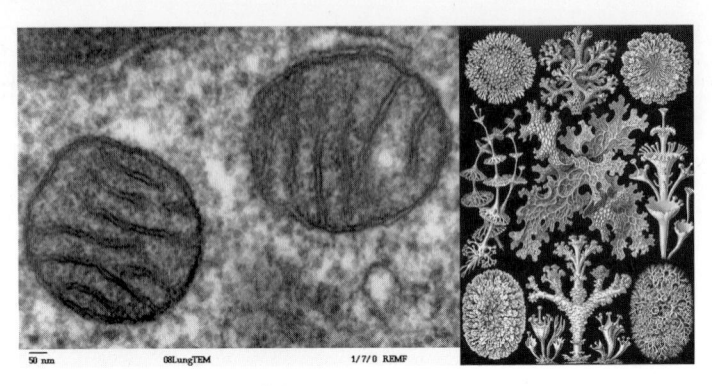

図 14.6 細胞内共生による革新
（左）細胞内のミトコンドリア．もともとアルファプロテオバクテリア門に属する自由生活性（もしくは寄生性）の細菌だったが，20億年以上前に，真核生物の祖先の細胞内に相利共生するようになった．［Wikipedia より：Louisa Howard 氏］
（右）真菌（カビやキノコのなかま）と藻類の共生体である地衣類は，光合成を行なうことができ，岩の上や植物体の表面など，地球上のさまざまな環境に進出して多様化している．［Haeckel, E.：*Kunstformen der Natur*（1904）より］

14-2 系統樹で読み解く生物の進化

　生命は約40億年の歴史を通じて，著しい多様化を遂げてきた．その多様化の歴史を遡る上で土台となるのが生命の「家系図」，すなわち**系統樹**である（図 14.7）．

　生物が共通祖先から分化する様子を樹の形で表そうとした最初の人物がダーウィンである．彼が生きていた時代，博物学者たちは，互いに近い形

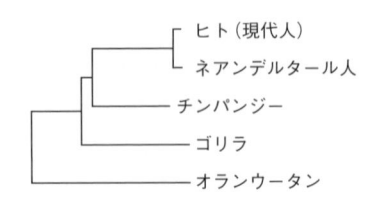

図 14.7 系統樹の例
図 14.8 で示したヒト上科の各種について，シトクロムオキシダーゼサブユニット I 遺伝子の全長配列（1,542 塩基対）をもとに分子系統樹を作成した．

態的特徴を持つ種をまとめて同じ属や科へと分類していた．では，互いによく似通った種とそうでない種が存在するのはなぜだろうか？ この問いに答えたのがダーウィン（とウォレス）だった．すべての生物が，共通の祖先から分かれて多様化してきたのだとすれば，大昔に分かれた種どうしは形態的に大きく異なり，最近に分化した種どうしは互いに似通っているはずである．それまで，「なぜ多様なのか？」という問いを「すべては神の御業」としてきた博物学に，ダーウィンは「系統による分類」という基本的な考え方を導入した．そして，「共通祖先からの系統分化」という現象をわかりやすく説明するために彼が用いたのが，系統樹であった．

系統樹は，化石記録とともに，過去の進化過程を解き明かす貴重な手がかりとなる．生命史の全体像を系統樹で表現することは，進化生物学者の壮大な夢である．生物の系統関係を推定する際，1980 年代までは，生物種間で共有される形態的特徴が主な情報源として利用されてきた．その後，分子生物学の進展により，生物の遺伝情報が大量かつ容易に得られるようになり，DNA の塩基配列の違いを基にした**「分子系統樹」**が主流となっている．DNA の情報を使えば，生物の形態や生態の情報がなくても，対象とする生物群がどのように系統分化してきたのか，解き明かすことができる（図 14.7, 14.8）．さらに，この分子系統樹を使えば，生物の系統が分岐する過程で，形態や生態がどのように進化してきたのか，その道筋を考察することができる（図 14.9）．

ここでは，系統樹の情報をもとにして，生物の進化過程をいかに読み解くことができるのかを解説する．

ヒト（現代人）	GGATACATAGGTATGGTCTGAGCTATGATATC
ネアンデルタール人	GGATACATAGGTATGGTCTGAGCTATGATATC
チンパンジー	GGATATATAGGCATGGTTTGAGCTATAATATC
ゴリラ	GGATATATAGGTATAGTCTGAGCTATAATATC
オランウータン	GGGTATATAGGCATAGTCTGAGCCATAGTCTC

図 14.8　DNA の塩基配列の種間比較

ヒト，ネアンデルタール人，チンパンジー，ゴリラ，オランウータンについて，ミトコンドリアのシトクロムオキシダーゼサブユニットⅠ遺伝子（1,542 塩基対）のうち一部の塩基配列を示している．ヒトと類人猿の間で塩基の異なる場所が多いのに対し，ヒトとネアンデルタール人の塩基配列は大変よく似ている（表示した部分では完全一致）．なお，ネアンデルタール人の DNA は，化石骨より採集することができる．

216　第14章　生物の多様化と絶滅

```
                                    ツバキシギゾウムシ
                                    （屋久島系統）
                                    17.70mm
                                    ツバキシギゾウムシ
                                    （種子島以北系統）
                                    10.70mm
                                    サザンカシギゾウムシ（仮称）
                                    3.15mm
                                    クロシギゾウムシ
                                    4.41mm
                                    コナラシギゾウムシ
                                    6.72mm
                                    クヌギシギゾウムシ
                                    5.85mm
                                    シイシギゾウムシ
                                    5.19mm
                                    クリシギゾウムシ
                                    6.75mm
                                    ヒシガタシギゾウムシ
                                    2.17mm
   2000      1000      0万年前
```

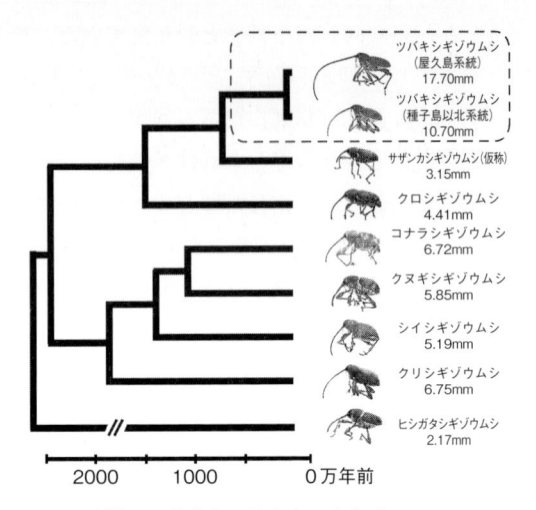

図14.9　分子系統樹で形質進化の歴史をひもとく
ゾウムシ科シギゾウムシ属（*Curculio*）の系統を，ミトコンドリアのDNA配列をもとに推定した．さまざまな長さの口吻をもつシギゾウムシ類が，共通祖先から進化してきたことがわかる．サザンカシギゾウムシ（仮称）と分かれたあと，ツバキシギゾウムシの系統で口吻が急に長く進化してきたことがわかる．［Toju, H. *et al.*: *Molecular Ecology* **18**, 3940-3954（2009）より］

14.2.1　多様化を促す要因

　生物の多様化は，常に同じ速度で起こっているわけではない．前節で説明したように，新しい環境へ進出したり，鍵となる革新的な形質を進化させたりしたときに，爆発的な多様化が起こる．この適応放散の過程を，系統樹をもとにして読み解くことができる．系統樹がもたらす情報をうまく使えば，どれくらい前に適応放散が起こったのか，また，生物の形質がどのように変化（進化）してきたのかを推定することができる．こうした情報をもとに，適応放散の鍵となった環境の変化や革新的な「発明」が何だったのか，考察する手がかりが得られるのである．

　植食性の甲虫であるゾウムシ類やカミキリムシ類，ハムシ類（図14.10）からなる食葉群は，13万5,000種の多様性を誇り，昆虫の中でもとりわけ多様化に成功した分類群である．ゾウムシ類とハムシ類の起源は古い．化石記録から，2億3,000万年前（三畳紀）にはこれらの昆虫のグル

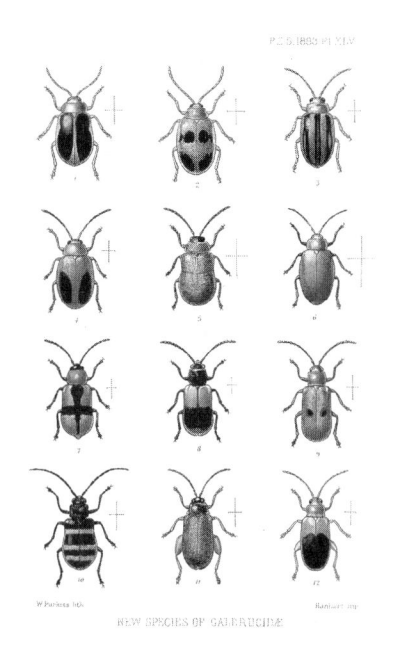

図 14.10 ハムシ類
[Jacoby, M.: *Proceedings of the Zoological Society of London*, 399-406 (1883) より]

ープが起源していたことがわかっている．ゾウムシ類とハムシ類の祖先が生きていたジュラ紀，彼らは裸子植物を餌としていた．しかし，白亜紀になると，ゾウムシ類やハムシ類の中から，裸子植物食をやめて被子植物食になる系統が現れてきた．

　食葉群の系統関係を推定すると，裸子植物を餌とする系統と被子植物を餌とする系統が入り乱れた系統樹ができあがる（図14.11）．こうした系統樹のパターンは，被子植物を餌とするという形質の進化が何度も独立に起こったことを示している．この系統樹はさらに重要なことを示している．被子植物を餌とする種群は，裸子植物を餌とする種群よりも種の多様性が圧倒的に高いのである．被子植物は，白亜紀以降，花という繁殖器官の多様化によって適応放散を遂げ，現在では24万種が地球上に生育している．その被子植物に適応する過程を通じて，被子植物食の昆虫種群も，

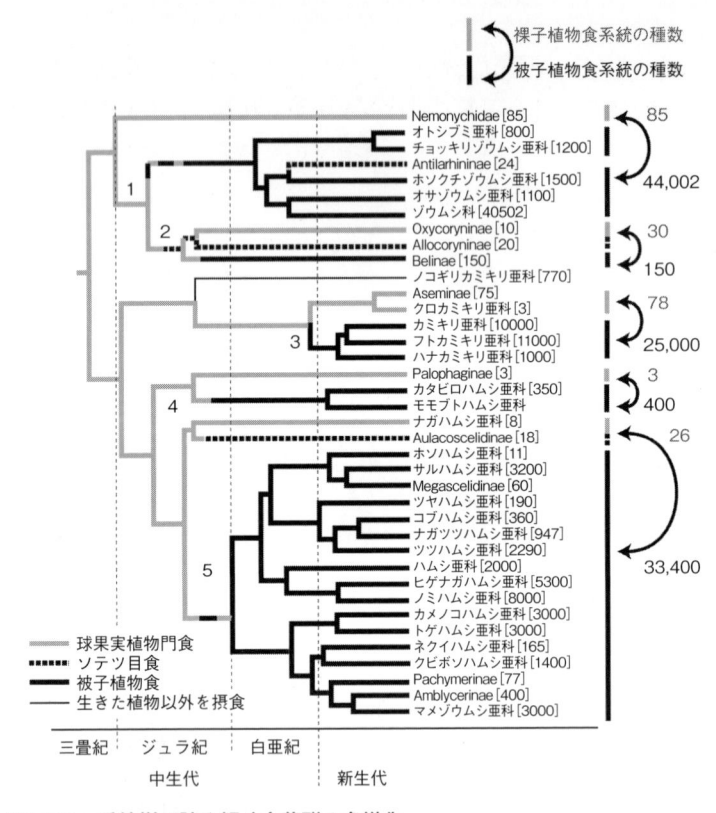

図 14.11 系統樹で読み解く食葉群の多様化

食葉群の祖先は，裸子植物（球果植物門・ソテツ目）を寄主としていた．しかし，ジュラ紀以降，少なくとも 5 回，被子植物を食べる系統が生まれている（系統樹上の数字を参照）．科や亜科の名前の後ろの括弧に，現生する記載種の数を示してある（和名が不明な系統はラテン語表記のままとした）．被子植物食となった系統群と，裸子植物食にとどまっている系統群（姉妹群）の間で，種多様性を比較すると，被子植物食の系統群のほうが高い多様性を示す．[Farrell, B. D.: *Science* 281, 555-559（1998）より]

多様化を遂げていったのであろう．裸子植物から新たに進化した被子植物という「フロンティア」に進出することで，食葉群の爆発的な多様化が始まったと言える．

14.2.2 共種分化

特定の宿主とだけ関係を結ぶ寄生者や相利共生者は，宿主が種分化するとともに，自身も系統分化を遂げると予想される．宿主とその共生者（や寄生者）が時を同じくして系統分化していく**共系統分岐**の歴史を，系統樹をもとに明らかにすることができる．

共系統分岐が起こってきたことが確認された寄生関係や相利共生関係は数多い．その最も極端な例が，真核生物とミトコンドリアの関係や，植物と葉緑体の関係である．これらの関係では，宿主の生殖細胞の中に共生者が入り込み，宿主の世代を越えて確実に共生者が受け渡されていく．そのため，宿主の系統樹とミトコンドリアや葉緑体の系統樹の間では，ほぼ完全な分岐パターンの一致がみられる（図 14.12）．動物や植物に至っては，DNA 情報を基にした生物の同定（**DNA バーコーディング**）を適用する際，宿主自身ではなく，ミトコンドリアや葉緑体の DNA 情報を用いるほどである．

第 7 章で紹介した，マルカメムシとその共生細菌（イシカワエラ）の関

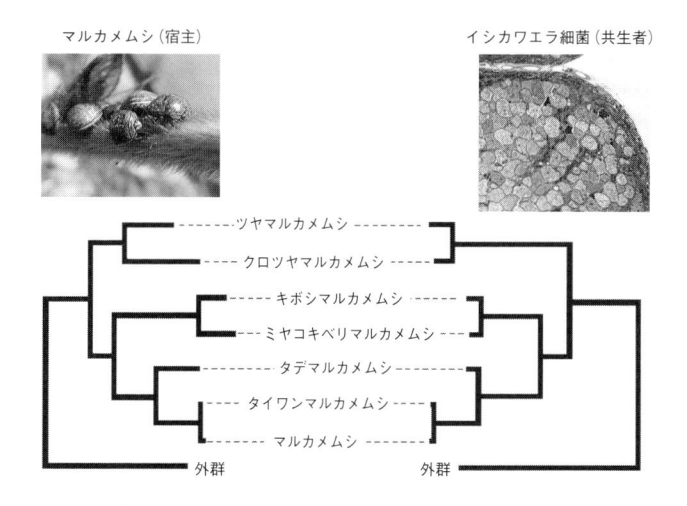

図 14.12 昆虫と共生細菌の共種分化
マルカメムシ類とその腸内に住むイシカワエラ細菌の系統樹は，分岐の順序が完全に一致する．これは，マルカメムシの系統に「乗っかる」かたちで，イシカワエラの系統も分化してきたことを意味する．[Hosokawa, H. et al.: PLoS Biology 4, e337 (2006) より．写真は細川貴弘氏のご厚意により掲載]

係においても，共生細菌の詰まったカプセルによって，ほぼ確実に親から子へと共生者が受け渡される．そのため，マルカメムシ類とイシカワエラの間では，系統分岐パターンの完全な一致がみられる（図 14.12）．寄生者と宿主の関係においても，シラミとその宿主となる鳥類の間などで，共系統分岐が起こっている．

14-3 進化の袋小路と絶滅

　生命の歴史は，多様化だけで読み解くことはできない．多様化の裏側で，無数の生物種が絶滅してきたことを忘れてはいけないのだ．絶滅した生物種も，彼らが生きていた時代にはうまくまわりの環境に適応していたはずである．では，彼らはなぜ滅びてしまったのであろうか？

　生物種の絶滅には，隕石の落下や火山の噴火など，大規模な環境の変化による偶然性が大きくかかわっていることが多いと言われる．しかし，そうした大きな環境の変化がなくても，生物はしばしば絶滅する．こうした絶滅の背後に，生物種が適応の末に迷い込んでしまう「進化の袋小路」の存在があるのではないかと議論されている．

　自然淘汰は，現在の環境に適応する個体や遺伝子を選別することはあっても，未来の環境での成功を約束してはくれない．人の社会でも，個々人が現在の経済的な利得を追求するあまり，将来の世代が公害や借金，資源の枯渇で苦しむということがしばしば起こる．自然界でも，現在の世代が適応度を最大化することで，生息環境を少しずつ悪化させたり，適応できるニッチの幅を狭めたりしてしまう可能性があるのである．このように，自然淘汰がある生物集団（または種）の長期的な存続確率を低下させ，絶滅へと導く場合，その進化過程を「**進化的自殺**」とよぶ．以下では，進化的自殺を引き起こしかねない進化の例を紹介する．

14.3.1 無性生殖

　短期的には適応的でも，長期的に進化の袋小路へと導きかねない戦略の代表例が，**無性生殖**である．雄は，自分自身では子どもを残すことができない．そのため，**有性生殖**によって生まれた子どもと無性生殖によって生

まれた子どもの生存力や繁殖力が同じならば，無性生殖をする（雌の子どもばかりを産む）母親個体のほうが，そうでない母親個体よりも適応度が高いであろう．実際，ギンブナやアブラムシといった動物や，さまざまな植物・真菌類の種において，無性生殖が観察されている．

　しかし，長期的な観点からみた場合，無性生殖という戦略には大きな欠陥がある．まわりの環境が変化したとき，無性生殖によって繁殖する生物は，新しい環境にうまく適応できないことが多いと考えられるのである．有性生殖をする生物では，雄由来の遺伝子と雌由来の遺伝子の組み合わせで多様な遺伝子型が生まれる．こうした遺伝的多様性のおかげで，頻繁に環境が変化する場合でも，自然淘汰に応答して生き残る個体が生まれやすい．対照的に，無性生殖をする生物個体の子孫は，遺伝的に均一（クローン）となる．このため，環境の変化によってすべての個体が死亡する危険性があり，進化の袋小路に迷い込んでいると言える．

　生物を取り囲む環境は，刻一刻と変化している．特に，寄生者や相利共生者といった**生物的な環境**は，進化によって絶えず変化している．世代時間が短く，進化の速いウィルスや細菌と互角にわたりあっていくためには，有性生殖によって供給される遺伝子型の多様性が重要な意味を持っている．

　ニュージーランドの湖に生息する巻貝の一種には，有性生殖をする系統と無性生殖をする系統の両方が存在する．この巻貝が住む湖には，寄生性の吸虫（プラナリアやサナダムシに近い寄生性の動物）の一種が存在し，湖底の堆積物に混じった吸虫の卵が巻貝の体内に取り込まれることで感染が起こる．吸虫に感染した巻貝は生殖器官に寄生されてしまい，繁殖能力を完全に失ってしまう．なお，吸虫に感染した巻貝がカモ類に食べられると，今度はカモ類が吸虫の宿主となる（巻貝は「中間宿主」，カモ類は「最終宿主」と言うことができる）．

　この巻貝と吸虫は共進化の関係にある．巻貝は抵抗性にかかわる遺伝子を持っており，ヒトの血液型のように，各個体の抵抗性遺伝子の遺伝子型が決まっている（表14.1）．この型に適合する感染性遺伝子の遺伝子型を持たなければ，吸虫は巻貝に感染することができない．多くの巻貝が無性生殖をする集団では，突然変異がなければ，親個体とまったく同じ遺伝子

表 14.1　巻貝の抵抗性遺伝子と吸虫の感染性遺伝子の対応関係

巻貝（宿主）と吸虫（寄生者）の相互作用では，宿主が持つ抵抗性遺伝子の遺伝子型とそれに対応する寄生者側の感染性遺伝子の遺伝子型が存在する．以下は，宿主の抵抗性遺伝子と寄生者の感染性遺伝子のそれぞれで，2つの遺伝子座（それぞれ対立遺伝子が2つずつ）が存在する場合を仮想した際の，感染の成立条件である．

宿主の抵抗性遺伝子の遺伝型	寄生者の感染性遺伝子の遺伝型			
	ÁB́	Áb	áB́	áb
AB	感染	—	—	—
Ab	—	感染	—	—
aB	—	—	感染	—
ab	—	—	—	感染

型の子どもばかりが生まれる．こうした集団では，その遺伝子型に適応して吸虫がすぐに適応してしまい，無性生殖個体の子どものほとんどが死亡してしまう．一方，有性生殖をする個体が多い巻貝集団では，同じ親から多様な遺伝子型の子どもが生まれる（ヒトでも，一組の夫婦から多様な血液型を持った子どもが生まれる）．そのため，吸虫が多い環境や，吸虫が何らかの理由で巻貝の遺伝子型にすばやく適応してしまう環境であっても，生き残れる個体が生じやすい．

　この予測は野外観察によって裏付けられている．湖の浅い場所では，最終宿主のカモ類がいるため，吸虫が世代交代することができる（図 14.13B）．一方で，深いところにはカモ類がいないため，吸虫が世代交替せず，浅いところからやってくる吸虫が巻貝に感染することになる．進化は世代の交代を通じて起こる現象であるため，巻貝の抵抗性遺伝子の遺伝子型に対する吸虫の適応は，深いところでは起こりにくい．このため，深いところでは，無性生殖の巻貝個体であっても子どもを残せる可能性が高く，増殖率で勝る分，有性生殖個体よりも有利であると予想される．一方，浅いところでは，巻貝集団内で優占するタイプの遺伝子型に対して吸虫がすぐに適応してしまう．そのため，同じ遺伝子型の子どもしか残せない無性生殖個体は不利になり，多様な遺伝子型の子どもを残せる有性生殖個体の割合が高くなると予想される．実際，雄個体の割合は浅いところで高く，浅いところで有性生殖の頻度が高いことを示唆する（図 14.13C）．

　湖の浅いところと深いところのそれぞれで採集した巻貝に，同じ湖で採集した吸虫を実験室で感染させる実験を行なったところ，浅いところの巻

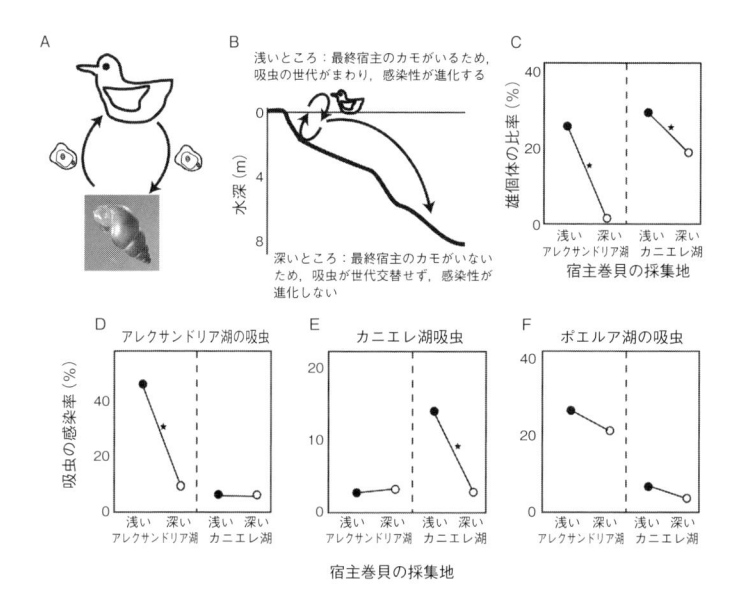

図 14.13 寄生者との共進化と性の進化

ニュージーランドの巻貝（*Potamopyrgus antipodarum*）は，寄生者である吸虫（*Microphallus* sp.）に進化的に対抗しているが，この共進化において性が重要な役割を果たす．（A）吸虫は，巻貝を中間宿主とし，カモ類を最終宿主としている．（B）湖の浅いところでは，最終宿主のカモ類がいるため，吸虫類の世代が更新される．そのため，巻貝との相互作用を通じて感染性が進化する．一方，深いところでは，吸虫がカモ類の体内に入る可能性が低い．そのため，深いところで感染性の突然変異や自然淘汰が起こったとしても，吸虫の次世代にその効果が伝わりにくい（深いところでは感染性が進化しにくい）．浅いところの巻貝に対応する感染性遺伝子が深いところへと移入するため，深いところの吸虫は，なかなか深いところの巻貝に適応することができない．（C）アレクサンドリア湖とカニエレ湖のそれぞれで雄個体の比率を調査した結果．どちらの湖でも，浅いところよりも深いところで雄が少ない（★印は統計的に有意な違いを示す）．この結果は，深いところよりも浅いところで有性生殖が行なわれやすいことを示唆する．（D）アレクサンドリア湖の浅いところで採集した吸虫を，同じ湖の浅いところと深いところのそれぞれで採集した巻貝と一緒に飼育したところ，浅いところの巻貝に対して，高い感染率を示した（左）．一方で，カニエレ湖で採集した巻貝を使って同じ実験をしたところ，こうした違いはみられなかった（右）．（E）カニエレ湖で採集した吸虫を使って同様の実験を行なったところ，カニエレ湖で採集した巻貝を実験に用いたときだけ，浅いところの巻貝と深いところの巻貝の間で感染率の違いがみられた．（F）ポルエア湖の吸虫とアレクサンドリア湖もしくはカニエレ湖の巻貝を用いた実験では，浅いところの巻貝と深いところの巻貝の間で感染率に有意な違いがみられなかった．[King, K. C. et al.: *Current Biology* 19, 1438-1441（2009）より]

貝に対して吸虫が適応していることが明らかになった（図14.13D〜F）．浅いところの巻貝個体は，有性生殖によって子どもの遺伝子型に多様性を持たせなければ，子どもがまるごと寄生者（吸虫）の犠牲となってしまう危険性を抱えていることがわかる．

14.3.2 宿主昆虫を性転換させる細菌

　昆虫の細胞内に寄生する細菌のなかには，宿主の卵に侵入することで，宿主の世代を超えて受け継がれるものがいる．こうした細菌は，雌の宿主に寄生した場合，宿主体内の卵に潜り込むことで，次の宿主世代へと乗り移ることが可能である．しかし，雄の宿主に寄生した場合，空間的に限られた精子の内部に侵入することができないため，子孫を残すことができないと予想される．しかし，ボルバキアという細菌の一部の系統は，宿主の性を変化させてしまうという驚くべき形質を進化させ，この問題を解決している．ボルバキアが雄の宿主に感染した場合，その宿主の発生過程を操作し，本来雄になるべき宿主個体を雌へと変えてしまうのである．宿主の性の操作というこの適応形質によって，たとえ雄の宿主個体に感染してしまった場合でも，ボルバキアは子孫を残すことができる．

　しかし，長期的な視点で考えた場合，この進化戦略はボルバキアの自滅に終わる可能性がある．このボルバキアによる宿主の性転換が適応的で，ほとんどの宿主個体にボルバキアの感染が広がったと仮定しよう．その場合，ボルバキアによる性操作によって，宿主集団のほとんどの個体が雌となってしまう．そうなると，宿主の昆虫は子孫をうまく残すことができず，ボルバキアもろとも絶滅に向かってしまうのである．

　宿主の雄個体を雌個体に変えるという戦略は，自身のコピーが宿主集団の中で広まるのを助けるため，適応的である．しかし，短期的には適応的な戦略であっても，その戦略自体が，まわりの環境（この場合は宿主の性比）を徐々に悪化させてしまうことがあり得る．実際，こうしたボルバキアが感染するキチョウ（図14.14）では，性比が大きく雌に偏ってしまっている集団が存在する．こうした集団では，近い将来，キチョウがボルバキアを「道連れ」にして，絶滅してしまうかもしれない．

図 14.14 細菌に性を操作される宿主
特定の系統の *Wolbachia* に感染したキチョウ（*Eurema hecabe*）の雄は，幼虫の時期に雌に性転換させられてしまう．[Wikipedia より：Creative Commons「表示-継承」：Alpsdake 氏]

14-4 大量絶滅

隕石の落下や，地球環境の急速な寒冷化／温暖化は，自然淘汰で対応しきれない変化をもたらし，これまでにも多くの生物群を絶滅させてきた．地球史の時間規模で生物の進化を考える際には，地球レベルの環境の変化が果たした役割についても考察する必要があるであろう．

多細胞生物が著しく多様化したエディアカラ紀（6億2,000万年前～5億4,200万年前）以降，地球上では5回の**大量絶滅**が起こった（図14.15, 14.16）．環境が大きく変化すれば，それまで優勢だった生物群が別の生物群に置き換わる．これは，生き物の進化ゲームのなかで，競技ルールが変わるのに等しい．環境の大変動は，それまで生物たちが築き上げた適応形質を無意味なものにしてしまうわけである．しかし，その破壊ののちに，新しい環境へ適応する生物群が現れる．そういった生物群は，絶滅した生物群のニッチを埋めるかのように適応放散を成し遂げる．やがて，数百万年，数千万年という長い時間をかけて，生物の多様性が回復していく．

現在，地球上では，**6回目の大量絶滅**が進行している．ただ，今回の大量絶滅には，過去の5回の大量絶滅にはなかった特徴がある．地球環境に急速な変化をもたらしている要因が，ヒトという一種の生物の活動に由来

第14章 生物の多様化と絶滅

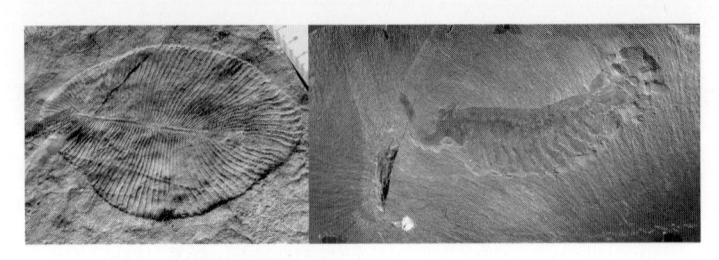

図 14.15 絶滅した奇妙な動物たち
（左）エディアカラ紀に生きていたディキンソニア（*Dickinsonia* sp.）．Wikipedia より（Creative Commons「表示-継承」：Verisimilus 氏）．（右）カンブリア紀に生きていたオパビニア（*Opabinia* sp.）．左側に伸びるノズルで他の動物を捕食していたと考えられている．[Wikipedia より；Creative Commons「表示-継承」：FunkMonk 氏]

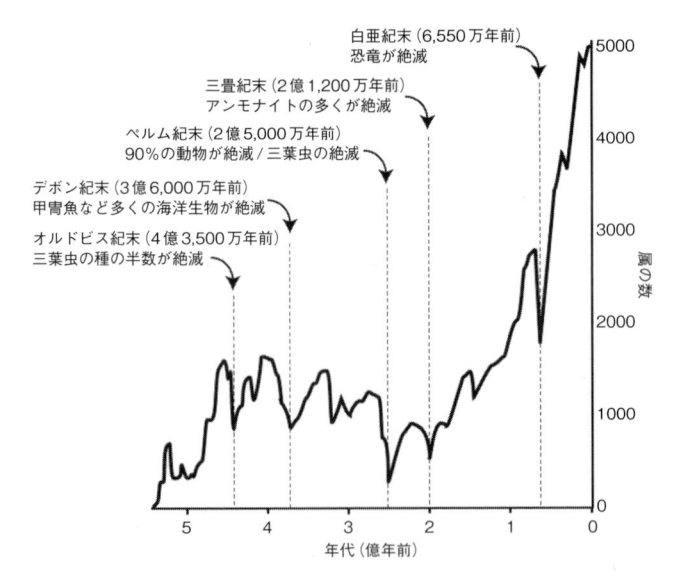

図 14.16 大量絶滅の歴史
化石記録として残る属の数がどのように推移してきたかを示す．5 回の大きな落ち込みは，地球上でこれまでに起こった大量絶滅に対応している．[Rohde, R. A. et al.: *Nature* 434, 208-210（2005）をもとに作図]

している点である．生物の生息地の破壊や，過剰な捕獲／採取，化学物質による環境汚染，温室効果ガスによる急激な気候の変化，交通網の発達による外来種問題は，複雑に絡み合いながら，個々の生物種をとりまく環境

を大きく変化させている．

　地球上に生息する生物種のなかで絶滅の恐れがある現生種の割合は，哺乳類で 1/5〜1/4，両生類で 1/4〜1/3，裸子植物で 1/3 以上と推定されており，他にもさまざまな生物群が危機に瀕している．地球史の時間規模で一瞬とも言える短い時間の間で大量絶滅が進行すれば，ヒトが依拠する生態系の機能が根本的に損なわれてしまいかねない．ヒトの行動や心理の基礎が進化の産物であることを考慮すると（第 15 章参照），われわれもまた，進化的自殺へと向かう種の一例なのであろうか？

参考文献

1) 池谷仙之・北里　洋：地球生物学―地球と生命の進化，東京大学出版会（2004）
2) 加藤　真：生命は細部に宿りたまう，昭和堂（2010）
3) カール・ジンマー（渡辺政隆　訳）：進化大全―ダーウィン思想：史上最大の科学革命，光文社（2004）
4) 佐藤矩行・柁原　宏　他：マクロ進化と全生物の系統分類（シリーズ進化学 1），岩波書店（2004）
5) 佐藤矩行・柁原　宏　他：行動・生態の進化（シリーズ進化学 6），岩波書店（2006）
6) 嶋田正和・山村則男・粕谷英一・伊藤嘉昭：動物生態学　新版，海游舎（2005）
7) スティーブン・グールド（渡辺政隆　訳）：ワンダフル・ライフ―バージェス頁岩と生物進化の物語，早川書房（2000）
8) 日本古生物学会 監修：小学館の図鑑 NEO―大むかしの生物，小学館（2004）
9) 矢原徹一：花の性：その進化を探る，東京大学出版会（1995）

参考になるウェブサイト

日本 DNA データバンク：http://www.ddbj.nig.ac.jp/
アメリカ合衆国　国立生物工学情報センター：http://www.ncbi.nlm.nih.gov/
Tree of Life webproject：http://tolweb.org/tree/

第15章

ヒトが歩む進化の道

　人類の起源ほど，ダーウィンを悩ませた課題はなかったであろう．自然淘汰の理論をヒトに適用する際に彼が抱いた苦悩は，当時のキリスト教社会に生きた者でなければ共感できないものだった．サルからヒトが進化してきたことを示唆する理論を世に問うことは「殺人を告白するようなもの」だと，彼は友人に打ち明けている．実際に彼の著作は，当時のイギリス社会からの強い反発を招くこととなる（図15.1）．

　現在では，彼の理論をもとにしたさまざまな研究分野が発展し，進化学

図15.1　「不都合な」理論
19世紀イギリスのキリスト教社会にとって，サルからヒトが進化したことを示唆するダーウィンの理論は受け入れがたいものだった．［図は，ダーウィンを皮肉った漫画（作者不詳："The Hornet"誌1871年3月22日：Wikipediaより）］

的な視点で人間性や社会の構造を理解しようという研究が盛んになってきている．この章では，霊長類学や人類学，行動生態学，進化心理学の研究成果を紹介しながら，私たちヒトの本性に光をあてたい．

なお，この章で議論する内容には，まだ定説とはなっていないものも多く含まれる．ヒトの本性は，学問の対象としてとてつもなく大きく複雑だが，それだけに刺激的で挑戦のしがいがある．章末の文献リストも参考にして，自分なりの「ヒト学」を構築してみよう．

15-1 ヒトらしさとは？

まずは，霊長類学と人類学の視点からヒトを眺めてみよう．現生の霊長類や絶滅した人類との共通点や相違点を考察することで，ヒトらしさが浮かび上がってくる．

15.1.1 ヒト (Homo sapiens) という名の霊長類

ヒトらしさとは何であろうか？ 二足歩行をすること，大きな脳を持つこと，体毛がほとんどないことから始まり，様々な特徴を挙げることができる．他の動物との違いは，解剖学的なものに留まらない．社会構造も，

表 15.1 ヒト上科の社会構造の比較
群れの内部に雄が1個体しかいない種では，雄による育児行動がみられる．雌をめぐる雄間の闘争が激しい種では，雄の体が雌よりもはるかに大きい．複雄複雌の乱交型社会のチンパンジーは，精子をたくさん生産できる雄ほど適応度が高いため，大きな睾丸が進化している．

	社会構造	交尾関係	雄による育児	体重の性比 (♂/♀)	睾丸重量/体重	出産間隔
テナガザル類	単雄単雌	長期配偶関係	あり	1.1		36ヶ月
オランウータン	単独性	短期配偶関係	なし	2.0	0.05	96ヶ月
ゴリラ	単雄複雌	長期配偶関係	あり	1.6	0.02	48ヶ月
ヒト	単雄単雌/単雄複雌	長期配偶関係	あり	1.2	0.06	10-48ヶ月
チンパンジー	複雄複雌	乱交/短期配偶関係/独占排他的	なし	1.3	0.27	60ヶ月
ボノボ	複雄複雌	乱交	なし	1.2		54ヶ月

[山極「人類進化論―霊長類学からの展開」(2008) をもとに作成]

単雄複雌のゴリラや複雄複雌のチンパンジーとは異なり，単雄単雌性の傾向が強い（表 15.1）．このように，他の生物種との違いを挙げていくことで，ヒトという種がたどった進化の方向性を考察する手がかりが得られる．

　しかし，チンパンジーやゴリラの祖先と分かれたあとで獲得したヒト固有の性質だけが，ヒトらしさを構築するのではない．一般的に人間性の重要な要素とされている性質の多くは，他の霊長類や動物と共有している．異性のパートナーを獲得するために立ち回り，幼き者を慈しむ心は，ヒトをヒトたらしめる重要な要素だ．これらの性質は，遠い昔の祖先動物から受け継ぎ，現在も機能し続けているヒトらしさである．他の生物との違いが強調されるにしても，類似性が強調されるにしても，私たちの祖先が経験した自然淘汰や**性淘汰**（コラム14）が，現在の私たちの行動や心理の基礎を形作ってきたことは疑いようがない．

　化石記録によると，私たちの祖先は少なくとも 700 万年ほど前にはチンパンジーの祖先と異なる進化の道を歩き出していた．600 万年ほど前のオロリン・トゥゲネンシスの化石からは，直立二足歩行をしていたことを示唆する痕跡が大腿骨の腱に残されている．一方で，440 万年前のアルディピテクス・ラミダスの化石から推定される脳容積は 300〜350cc であり，現在のチンパンジーとほとんど変わらない．しかし，これら初期の猿人の

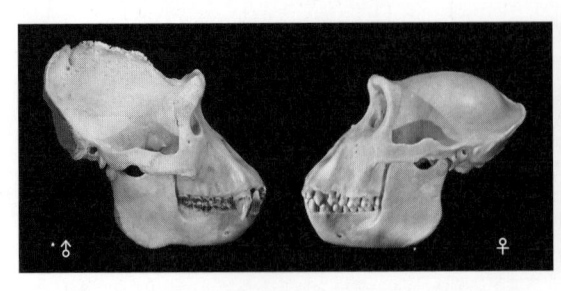

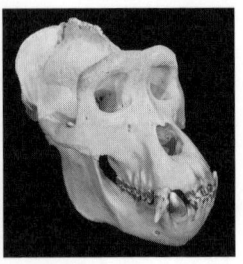

図 15.2　ヒトの近縁種にみられる雌雄の違い
ゴリラ（*Gorilla gorilla*）の雄は，武器として使用できる大きな犬歯を持つ（左）．また，雄の頭骨には，その上部に突起がある（右：雄の頭骨を斜め前方から見た写真）．これは強力な顎の筋肉を支える役割を果たす．こうした雌雄間の形態の違いは，単雄複雌型の社会を持つ生物でよく見られる．雌をめぐる雄間の闘争を通じて強い自然選択が働いたためであると考えられる．［Wikipedia より：Creative Commons 「表示-継承」：Didier Descouens 氏］

コラム 14

性淘汰

　自然淘汰について考えるとき，生存率で測った形質の有利・不利が論じられることが多い．一方で，有性生殖をする生物では，配偶者の獲得成功率や獲得数によって残せる子孫の数が異なる．配偶者を獲得する過程で働くこうした淘汰のことを，性淘汰とよぶ．

　性淘汰には，大きく分けて2つの種類がある．1つは，異性の獲得をめぐって同性の個体どうしが闘争する過程で，武器となるような形質が淘汰を受ける場合である（図15.3a）．もう1つは，異性に対する魅力にかかわる形質が淘汰を受ける場合である（図15.3b）．こうした性淘汰は，特に雄において特殊な形質を進化させる例が多い．これには，1回の繁殖イベントに必要な資源（精子や卵・胎児の生産）や時間（妊娠や子の養育）が一般的に雌よりも雄で軽いことによる．雄は，配偶相手を多く得ることで子孫の数を増やすことが可能なため，雌をめぐって雄どうしで争ったり，自身の魅力を雌に積極的に見せたりする機会が多い．同性間の闘争で使用される角や牙，異性を惹きつける鮮やかな体色や複雑な鳴き声は，実際，雄でのみ進化していることが多い（図15.3）．

図15.3　性淘汰を受ける形質
　（a）カブトムシ類の雄は，大きな角を持つ個体ほど，雄どうしの闘争に勝利しやすく，したがって雌を獲得しやすい．こうした性淘汰の過程を経て，片方の性で特徴的な形質が進化する．（b）フウチョウ類は，雄（上）が鮮やかな飾り羽を効果的に使って踊り，雌（下）に求愛する．雌の選り好みによって，雄の飾り羽や踊り方が性淘汰を受ける．[Wikipediaより：John Gerrard Keulemans (1912)]

社会構造が現在の私たちのものに近づいていた可能性が，歯の化石を調べた研究から指摘されている．それは，犬歯の大きさの変化に見てとれる．複雄複雌のチンパンジーや単雄複雌のゴリラでは，雌をめぐって雄どうしが激しく闘う．その際，強力な武器となるのが犬歯であり，これらの種では雄の犬歯が著しく発達している（図15.2）．一方のアルディピテクス・ラミダスの犬歯には，雌雄で大きなサイズの差がない．このことから，猿人として歩き出した初期から，雌雄のペアが長い間に渡って持続的な関係を結んでいたことが推察される．

15.1.2 ヒト属の姉妹種たち

250万年前にヒト属の人類が現れ，脳の急速な大型化が始まった（図15.4）．ホモ・ハビリス，ホモ・エレクトス，ホモ・ハイデルベルゲンシスといった祖先種を経て，私たちヒト（ホモ・サピエンス）が20万年前に現れたと推測されている．そして，およそ10万年前にヒトは，人類進化の故郷であるアフリカから世界各地へと拡散を開始する．

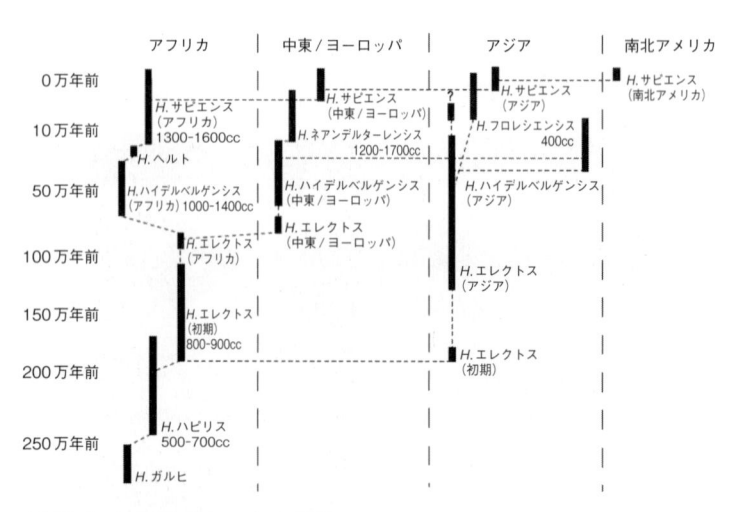

図15.4 ヒト属（*Homo*）の系譜
同じ時代に，複数の種が共存していたことがわかる．ヒト（*Homo sapiens*）は，10万年前頃にアフリカを出て，世界各地へと拡散していった．各種名の下に，化石から推定される脳容積を示す．［斎藤・諏訪ほか「ヒトの進化（シリーズ進化学5）」(2006)をもとに作図］

新天地となるはずだった移住先には，別のヒト属の種がすでに進出していた地域もあった．近年，インドネシアのフローレス島の若い地層から，大人でも身長わずか1mの小型ヒト属の化石がみつかり，驚きをもって迎えられた．この種，ホモ・フロレシエンシス（フローレス人）は，脳容積がわずか400ccしかなく，何らかの病気にかかったホモ・サピエンスではないかという議論が巻き起こった．しかし，標本の精査が行なわれるに従い，現在では，我々ヒトとは独立に進化した，まぎれもない別種であることが確かめられている．このフローレス人は，8万年前に現われ，1万2,000年ほど前には謎の絶滅を遂げている．ヒトとの直接的な接触があったのか，また，ヒトの存在が彼らの絶滅に関連しているのか興味が尽きない．

　もう一種，人類の歴史を語る際に忘れてはならない姉妹種がいた．ホモ・ネアンデルターレンシス（**ネアンデルタール人**）である（図15.5）．ヒトがアフリカを出て西アジアに到着した頃，ネアンデルタール人はすでに寒冷地へ適応を遂げて定着していた．筋肉質でずんぐりした体型ではあったが，化石から復元された彼らの姿は，我々にきわめてよく似ている．髭を剃りスーツを着れば，地下鉄ですれ違っても違和感を感じないと言われるほど容貌も似通っている．脳の容積にいたっては，我々ヒトよりもむ

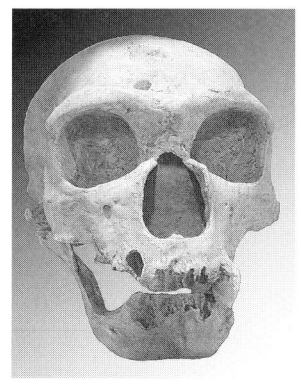

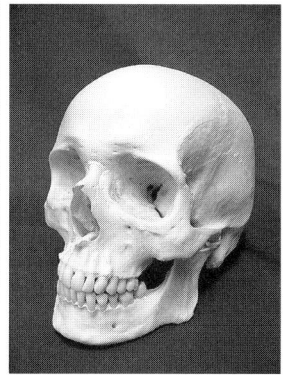

図15.5　進化の「隣人」
（左）ネアンデルタール人（*Homo neanderthalensis*）の頭骨．［Wikipediaより：Creative Commons「表示-継承」：Luna04 氏］．（右）ヒト（*Homo sapiens*）の頭骨（複製）．

しろ大きかったことが知られている.

　ネアンデルタール人とヒトとの関係は平和的なものであっただろうか？それとも，両者の間でしばしば暴力的な接触があったのであろうか？ 残念ながら，この問いに答えてくれる直接的な証拠はまだみつかっていない．しかし，ヒトの分布域が拡がるのに対応するかのように，ネアンデルタール人の化石はしだいに各地から姿を消していく．まるでそこが終焉の地であるかのように，イベリア半島の先端からみつかった3万年前の生痕化石を最後に，彼らは姿を消す．

　近年，ゲノム科学が彼らの進化と絶滅の謎を解明しようとしている．ネアンデルタール人の化石骨からDNAを抽出し，そのゲノムを解読することが可能となってきているのだ．2010年には，ネアンデルタール人ゲノムの暫定的な解読結果が得られ，ヒトのゲノムとの類似点や相違点が詳しく解析され始めている．ゲノムの比較解析の結果から，ネアンデルタール人とヒトとの間で交雑が起こっていた可能性も示唆されている．ネアンデルタール人から受け継いだ何らかの適応的な遺伝子が，本当に我々の体の中で「生き残っている」のか？ さらなる解析が待たれている．

15-2　進化と人間心理

　暴力がまったくないヒト社会はどこにもないであろう．殺人を犯す確率は，どの社会においても男性のほうが高い．このことは，ほかの多くの霊長類と同じような性淘汰が，ヒト集団の中でもある程度働いてきたことを示唆する．

　しかし，だからといって，私たちのDNAに刻まれた「好ましくない」性質を進化学が肯定しているわけでは決してない．この点はよく混同されるので注意が必要である．地震や台風についての科学的知識を得ることは，自然災害を肯定することとは異なる（図15.6）．ときに暴力や戦争へと向かってしまうヒトの心理的傾向についても，それが生じてきた背景を探ることが必要であろう．

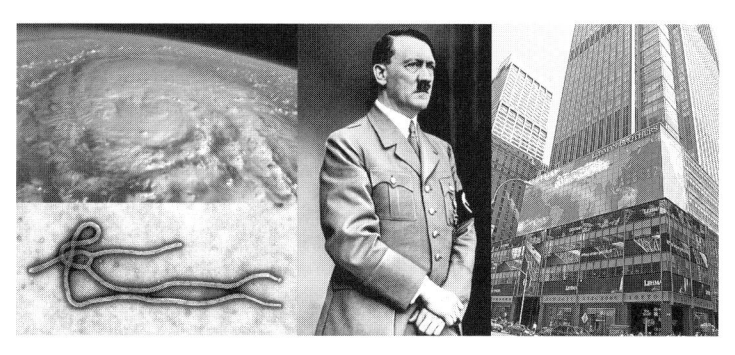

図 15.6 学問とその対象
自然災害や強毒ウィルス，独裁者，経営破綻について研究することは，そうした対象の存在を容認することとはまったく異なる．ヒトの心理や行動を研究する場合も，同様のことが言える．ときに暴力や戦争へと向かってしまうヒトの心理を進化学の視点で考えることは，暴力や戦争を肯定することを意味しない．（左上）気象学者は，台風についてよりよく知ることで，防災に役立てることができる．[Wikipedia より：アメリカ航空宇宙局]（左下）エボラ出血熱による被害を食い止めるためには，エボラ・ウィルスの感染過程や進化の速さについて研究しなければならない．[Wikipedia より：アメリカ疾病管理予防センター]（中）アドルフ・ヒトラーはなぜ民衆を熱狂させ，権力を握ることができたのか？彼のような独裁者を二度と生まないためには，ときとして社会の構成員を熱狂させてしまう集団心理について，その進化的背景を探り，ヒト集団が犯してしまいがちな過ちを事前に予測することも必要だろう．[Wikipedia より；Creative Commons「表示-継承」：ドイツ連邦共和国アーカイブ]（右）経済活動も集団心理によって大きな影響を受ける．金融危機を引き起こす原因の深いところで，ヒトの認知能力の限界や心理的バイアスが関与している．写真はリーマンブラザーズの旧ニューヨーク市本部．[Wikipedia より；Creative Commons「表示-継承」：David Shankbone 氏]

15.2.1 男と女の心理

多くの人にとって，異性との関係は，大きな喜びの源であるとともに，大きな苦悩をもたらすこともある．ときに，自分自身では制御しきれなくなる熱情や嫉妬の背後には，私たちが祖先から受け継いだ心理的な特性が隠れていそうである．

恋愛感情における嫉妬について，性淘汰の観点から以下のような実験が行なわれた．アメリカ，韓国，日本の大学生を対象に，以下のような質問がなされた．あなたに異性のパートナーがいるとする．そのパートナーが，「自分以外の異性と強烈なセックスを楽しんでいること」と「自分以外の異性に心から惚れ込んでしまったこと」のどちらに，より強い苦しみを感じるか？実験を行なった国にかかわらず，回答結果には統計的に有

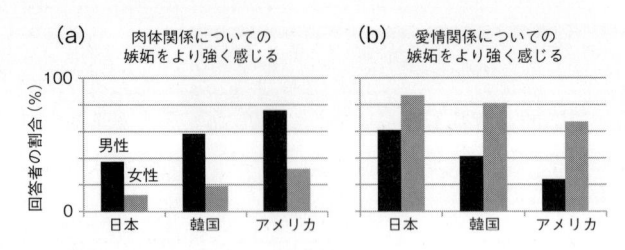

図 15.7　嫉妬の男女差に関する心理実験
(a) パートナー（恋人や配偶者）が「自分以外の異性と強烈なセックスを楽しんでいること」を想像することにより強い苦悩を感じると答えた被験者の割合．(b) パートナーが「自分以外の異性に心から惚れ込んでしまったこと」を想像することにより強い苦悩を感じると答えた被験者の割合．[Buss, D. M. et al.: Personal Relationships 6, 125-150（1999）をもとに作図]

意な男女差がみられた．男性は，パートナーが他の異性と性的関係を持つことにより強い苦悩を感じ，女性は，パートナーの心が他の異性へと移ることをより避けたがる傾向があったのである（図15.7）．

多くの動物種とヒトが共有する性淘汰の歴史が，この男女差をもたらしていると考えられる（「性的対立」に関する9.2項を参照）．多くの動物では，雄は産卵や妊娠，子の世話といった繁殖のコストを負担しないため，獲得したパートナーの数によって繁殖の成功度が決まる．そのため雄は，より多くの雌を囲い込むことさえできれば，繁殖を独占し，潜在的に非常に多くの子孫を残すことができる．一方の雌では，産卵や妊娠，子の世話に高いコストを払うため，生涯に産むことのできる子の数には上限がある．ヒトの場合，子どもの数のギネス記録は，男性で1,042人に対し女性では69人（16組の双子を含む）である．男性の記録は，18世紀のモロッコの王によるもので，この王が権力を用いて女性を独占していたことが窺い知れる．史上最大の帝国を築いたジンギス・カンは，現在世界中に住む男性のうち1,600万人のY染色体に，彼に由来する特異な突然変異を残している．

つまり，できるだけ多くの女性を囲い込み，その性的関係を独占してきた男性が，多くの子孫を残してきたであろうことが推察される．パートナーの性的関係に無頓着な男性は，あまり多くの子孫を残してこなかったであろう．一方の女性では，パートナーが他の女性と関係を結んだところ

で，彼女が残す子どもの数に「直接的な」影響はない．パートナーが性的に誠実であることよりも，パートナーが自分や子どもを気遣い続けることのほうが，適応的な意味を持っていたことであろう．文学やドラマに描かれるステレオタイプの心理にも，雌雄が受けてきた性淘汰の過程の違いが関係していると言える（同性内の個体差は大きいけれど）．

　このように，心理や行動の進化を促した究極要因を，進化学（行動生態学）的に考察することが可能である．しかし，人の心理に自然淘汰や性淘汰の理論を適用する**進化心理学**を学ぶ際には，注意も必要である．一見，「なるほど」と思わせる説明でも，もっと有力な仮説が存在するかもしれない．もう１つ注意したいことがある．たとえ，過去に暴力や嫉妬，差別が高い適応度をもたらしていたことが推測されたとしても，それらは，今の，そして未来のヒト社会において尊重されるべきものではない．この点が誤解されるとおぞましい悲劇をよぶ．ナチスの優生政策による犠牲者数は，核兵器によって命を落とした人の数を上回る．しかし，こうした点に十分な注意をはらうならば，私たち自身についてより深く知る機会を進化心理学は与えてくれる．

15-3　世界史を動かす力

　人類の歴史は，征服と殺戮の歴史とも言える．最近の1,000年を例にとってみても，紛争も戦争も経験してこなかった民族は１つもないであろう．人類進化の「負の側面」が垣間みられるのは，暴力沙汰においてだけではない．経済の分野においても，集団心理に駆り立てられて投資を続けるうちにバブルの崩壊を招いてしまうことがある．経済学では，賢明で合理的な経済人（"*Homo economicus*"）を前提とする理論に不備が指摘され，心理学の知見を利用して「不合理な」私たちの経済活動を説明する分野も現れている．

　ヒトの歴史には再現性がある．それは，私たち個人個人の心理や行動をある方向へと向かわせる見えない力が存在するからではないだろうか．この「ヒトの本性」について深い科学的洞察が得られないとすれば，私たちはこれからも歴史上の過ちを繰り返し続けるだろう．世界史を形作ってき

た見えない力について，生物としての私たちの側面に着目して考察してみよう．

15.3.1 農業の起源とマルサスの呪い

　武器を手にし，組織された集団での効率的な狩りを行なうようになったヒトは，世界の各地に分布域を拡げていった．しかし，効率的な狩りは同時に，彼らの生活を支える大型哺乳類の絶滅を引き起こした．1万1,000年前の彼らは，新たな食物源をみつける必要にせまられていたと想像できる．

　農業は，こうした状況のなかで生まれた．定住生活を営み，植物を育てて食料を得るようになった集団が，1万1,000年前以降，世界のさまざまな場所で現れるようになる（図15.8）．農業は，狩猟採集に比べ，同じ面積の土地から10倍の効率で食物（カロリー換算）を供給する．このため，狩猟採集から農業へと舵を切った集団は，急速に人口を増やしていったと想像される．

　しかし農業は，食料問題を本質的には解決しなかった．それどころか，悪化させた形跡が残っている．農耕を始めた初期の人々の骨は，狩猟採集民の頃のものよりも，栄養失調やそれに付随する病気の痕跡を多くとどめている．これは，農業による食料生産の増加を，人口の増加がすぐに追い越してしまったためである．ヒトに限らず，生物の個体数の増加は，図

図15.8　農耕が起源したとされる場所
ジャレド・ダイアモンド「銃・病原菌・鉄」（草思社）をもとに作図．[白地図はWikipediaより；Creative Commons 「表示-継承」；Sémhur氏]

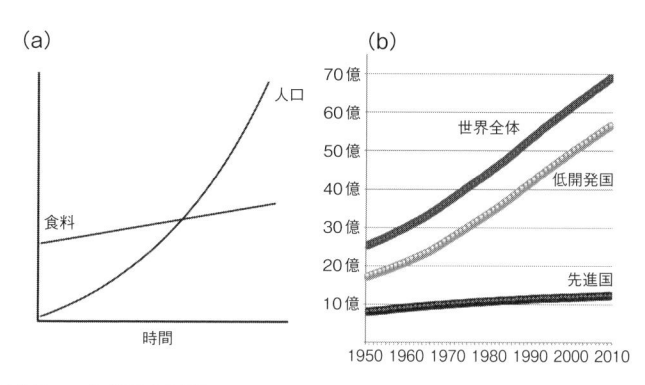

図 15.9 マルサスの予測
人口は時間とともに，幾何級数的に増加し，食料の増産速度を上回ることが，トマス・ロバート・マルサス（1766-1834）によって指摘されている（a）．現在の世界人口は 70 億人と推定され（b），2050 年には 90 億人に達してしまうと予測されている．[右のグラフは，国際連合が提供するデータをもとに作成]

15.9のような曲線を描く．一方で，食料の生産は，時間に対して直線的にしか増加しないことが知られている．その結果，食料生産を高める革新的技術が生まれても，人口が急増してしまうことで，一人あたりの摂取カロリーはいずれ低下する．この現象に気づいた最初の人物であるマルサス（18世紀イギリスの人口学者）は，人口の増加を抑えるしくみがなければ，やがて人類は食料不足に直面するであろうと予言している．

おそらく，狩猟採集民は，人工的な妊娠中絶や口減らし（嬰児の殺害）などを習慣的に行なうことで，限られた食物資源で社会を保っていたのであろう．また，集団内や集団間で頻発する争いも，結果的に人口を抑制する働きをしていたであろう．一方，新たなかたちの食料不足に直面した農耕社会は，大規模な戦争と侵略を繰り返し，統合され，巨大化していった．

15.3.2 征服する側とされる側

農業は，ヒトの社会を根本的に変える役割を果たした．収穫物として，富を蓄積することが可能になったのである．やがて，富めるものと貧しいものの格差が生まれた．富を管理するために文字が発明され，生産に直接加わらない職人や商人，軍人が台頭し，やがて強力な支配階級が台頭して

いった．

　より多くの富を得ようとする支配階級の存在と，社会内部で常態化した食料不足．そうした構造を持つヒト社会の行き着く先は，いつの時代も似通っている．戦闘において，人口の多い農耕社会の集団は，狩猟採集民の集団よりも圧倒的に有利であっただろう．また，分業化の進んだ農民社会なら，戦闘の専門家集団を組織して，近隣の集団を容易く蹴散らすことができたであろう．多くの場合，敗れた側は，男性なら殺されるか，奴隷として食料生産や戦争に利用され，女性はハーレムの一部として組み込まれていった．

　農業は，ヒトのゲノムにもその痕跡を残してきたらしい．穀物を貯蔵するようになると，ヒトのまわりにネズミがはびこるようになり，発疹チフスや黒死病（ペスト）などの重篤な病気が農耕社会の集団内に拡がった．また，家畜を飼うようになった社会では，インフルエンザやはしか，百日咳，結核，天然痘といった感染症がヒトへと宿主を替え，猛威をふるうようになった．これらの感染症は，ときに人口の半数以上を死へと至らしめる．きわめて強い自然淘汰が働き，こうした感染症に対して抵抗性を示す対立遺伝子が，ヨーロッパやアジアの農耕社会の集団の中に拡がっていった．

　感染症による自然淘汰は世界史に大きな影響を与え，現在の世界の構造を決める一因となってきた．ヨーロッパ諸国は，大航海時代に南北アメリカ大陸，アジア，アフリカ，オセアニアの各地域に攻め込み，次々と植民地を建設していった．この侵略において，銃や剣よりも大きな役割を果たしたのが，ヨーロッパ人がもちこんだ感染症である．特に天然痘は，抵抗性のない集団の中にひとたび拡がれば，人口の90％以上を死へと追いやることもある．南北アメリカ大陸のいたるところで先住民社会の全滅や壊滅が起き，侵略者に対して抵抗する力を奪っていった．

　南北アメリカ大陸でも農業が起源し，巨大な帝国が存在した．しかし，家畜化に適した野生動物がほとんど生息していなかったか，すでに絶滅してしまっていた．そのため，この地域では，家畜由来の感染症に対する抵抗性がヒト集団のなかで進化する機会があまりなかったようである．結果として，ユーラシア大陸から一方的に感染症を受け取る運命にあったと言

える．

15-4　ヒトの未来と進化学

　戦争，テロリズム，強権政治，貧富の格差，飢餓，環境汚染，生物多様性喪失，熱帯林の破壊，地球温暖化，金融危機…．人類の未来はあまり明るくないように思える（図 15.10）．よいことであれ悪いことであれ，私たちは，他の霊長類と共有する心的特性と，彼らと分岐してから進化させた行動様式の両方を基礎として，社会生活を営んでいる．私たちに宿るヒトとしての本性は，しばしば個人や集団，国家の間に軋轢を生むもとになる．しかし，血縁淘汰（5.3項）やゲーム理論（第3章参照）で説明される進化によって，他者と協力しようとする傾向を濃厚に持っている種であることも確かである．

　ヒトの心理と行動パターンを形作った自然淘汰や性淘汰，そして，そうした淘汰が働いた環境についての科学的な考察がなければ，体系的に人間性を捉えることはできない．人や社会の振る舞いが，過去に群れ間の争いで有利に働いたであろう攻撃性など，自然淘汰の「悪い」影響を受けてい

図 15.10　環境破壊による文明の崩壊
モアイ像で有名なイースター島にはかつて，高度な文明を持つ国家が存在した．しかし，大規模な森林伐採によって土壌が劣化し，増加した人口を支えきれるだけの食料生産が行なえなくなり，文明は衰退の一途をたどった．[Wikipedia より：Creative Commons 「表示-継承」：Ian Sewell 氏]

コラム 15

人口増加と感染症予防の逆説的関係

現在，10億人が飢餓に苦しむなかで，世界の人口はますます増え続けている．人口の増加をいかに抑えていくかが，新たな紛争の種を生み出さないためにも重要な課題となっている．

ヒト上科のなかでもヒトはとりわけ出産間隔が短く，人口が増加しやすい種である（表15.1）．しかし，出生率（1人の女性が生涯に出産する子の数）は進化ゲームの最重要形質であるから，生物個体が置かれる環境によって最適解が大きく変わるはずである．環境条件によって出生率を柔軟に変化させる性質をヒトが進化させているのであれば（図15.11），その鍵となる環境条件を見極める必要があるだろう．

世界150カ国を比較した研究から，ヒトに感染症を引き起こす病原体や寄生性生物（マラリア原虫，チフス菌，フィラリア，デングウィルスなど）の多様性が高い国ほど，出生率が高い傾向にあることがわかった．出生率に影響する要因としては他にも，各国の経済や社会，人口学的要因，宗教，民族構成が関与していた．しかし，これらの効果を除外した上でも，「病原体や寄生性生物の多様性が高

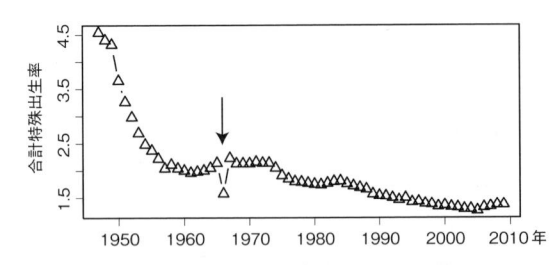

図15.11　日本における出生率（合計特殊出生率）の推移
　　教育水準の上昇などの社会学的な要因に影響を受けて，日本の出生率が低下してきたことが指摘されている．矢印は干支で丙午（ひのえうま）にあたる年で，「この年生まれの女性は気性が激しく，夫を尻に敷く」という迷信のために出生率が一時的に大きく低下した．まわりの社会環境によって，繁殖にかかわるヒト個体の行動戦略が大きく変化し得ることをこれらの統計が示している．［厚生労働省が開示したデータをもとに作成］

い国ほど出生率が高い」，という強い相関がみられた（表15.2）．

この結果は，「感染症を抑制すれば人口増加も抑制される」ことを暗示する．感染症で死亡するヒトが少なくなれば，むしろ人口が増加するのではと想像してしまいがちだが，現実は逆のようである．相関関係に基づく研究成果であるため，因果関係についてのさらなる研究が必要である．たとえば，公衆衛生の改善によって病原菌の撲滅を行った国や地域において，実際に出生率が低下したのかどうか追跡調査することができるだろう．

表15.2　ヒトの出生率に影響する要因の統計解析

　ヒトの出生率に影響を与え得るさまざまな変数（説明変数）を，1つの統計モデルで解析した結果．それぞれの変数が，他の変数と独立に出生率に与えている影響を読み取ることができる．「偏回帰係数」が正の値ならば，その変数が出生率を上昇させる（負ならば減少させる）ことを示唆する．この値の絶対値が大きいほど，効果が強いことを示す．危険率（P値）をみるかぎり，下記の要因のそれぞれが出生率に統計的に有意な影響を与えている．宗教や民族は数値化できない変数であるため，偏回帰係数は計算されていない．「経済・社会・人口学的変数」は，国の総人口，人口増加率，人口密度，総死亡率（すべての年代），乳幼児死亡率，期待余命，国民総生産をひとまとめにした変数．この変数の値が大きいと，死亡率と乳幼児死亡率が高く，期待余命が短く，GNPが低い国であることを示す．最後の2段は，2つの説明変数の「交互作用」を検定しているが，発展的な内容なので，詳しく知りたい人は統計学の教科書を参照されたい．[Guégan et al.: Evolution 55, 1308-1314（2001）をもとに作成]

説明変数	偏回帰係数	自由度	F統計量	危険率（P）
病原生物の多様性	0.683	1	59.0	0.000
国の面積	-0.060	1	119.4	0.000
宗教	..	4	7.4	0.004
民族	..	5	16.4	0.002
経度	-0.046	1	30.5	0.000
経済・社会・人口学的変数	-0.122	1	68.9	0.000
病原性物の多様性 × 民族	..	5	17.6	0.002
病原性物の多様性 × 国の面積	-2.498	1	43.7	0.000

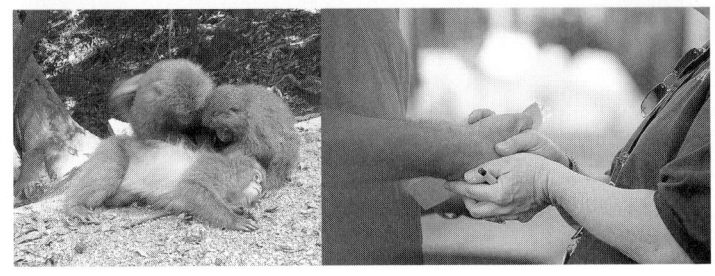

図 15.12　ヒトの未来を考える
ヒトは，環境問題や紛争を克服できるだろうか？　人間性の由来を解き明かし，社会の好ましい未来を考える上で，進化学がもたらす知見は重要な意味を持っている．(左上) 森林破壊．自然生態系が損われれば，私たちが「当たり前」と思ってきた生態系サービス（気候の安定化，保水，害虫の大発生の抑制など）も失われていく．[Wikipedia より：Creative Commons「表示-継承」：Peer V 氏]（右上）戦争．ヒトが祖先から受けついだ攻撃性と強力な武器の発明は，今も世界のどこかで悲劇を生み出し続けている．[Wikipedia より：アメリカ合衆国海兵隊]（左下）ニホンザルの社会的行動（毛繕い）．多くの動物は，攻撃性だけでなく，互恵的な行動も進化させてきた．（右下）ヒトどうしの友好関係．私たちヒトにも，互恵的な行動を促す心理が備わっている．そしてその互恵性は，個体が置かれる社会環境によっては非常に強いものとなる．[Wikipedia より：Kevin Galvin 氏]

ることがわかることもある．しかし，人類進化の最も画期的な部分は，高度な情報処理によって柔軟な行動がとれることである．私たちは人間性の負の部分を冷静に考察することで，より好ましい個人や社会の状態を実現する能力を有している（図 15.12）．

　残念ながら，我が国の教育と学問の世界には，分野間の高い垣根が存在し，個々の研究分野が，その分野の視野の範囲内で歴史や人間性を語っている（これは何も日本に限ったことではないだろうが）．しかし，人類が直面する数々の問題（コラム 15）に対処するためには，歴史学，政治学，

経済学，社会学はもとより，心理学，進化学，生態学，物理学など，異なる研究分野の知見を統合して，人間性を体系的に理解することが必要になる．進化ゲームの視点は，多様な学問分野をつなぐ土台として，ヒトの未来を考える機会を私たちに与えてくれる．

参考文献

1) 粕谷英一：行動生態学入門，東海大学出版会（1990）
2) グレゴリー・コクラン，ヘンリー・ハーペンディング（古川奈々子 訳）：一万年の進化爆発—文明が進化を加速した，日経BP社（2010）
3) 国連ミレニアムエコシステム評価 編：生態系サービスと人類の将来，オーム社（2008）
4) 斎藤成也・諏訪 元 他：ヒトの進化（シリーズ進化学5），岩波書店（2006）
5) ジャレド・ダイアモンド（倉骨 彰 訳）：銃・病原菌・鉄—1万3000年にわたる人類史の謎，草思社（2000）
6) ジャレド・ダイアモンド（楡井浩一 訳）：文明崩壊 滅亡と存続の命運を分けるもの，草思社（2005）
7) ジャレド・ダイアモンド（長谷川真理子 訳）：人間はどこまでチンパンジーか？ —人類進化の栄光と翳り，新曜社（1993）
8) チャールズ・ダーウィン（長谷川真理子 訳）：人間の進化と性淘汰（ダーウィン著作集1），文一総合出版（1999）
9) 長谷川寿一・長谷川真理子：進化と人間行動，東京大学出版会（2000）
10) オレン・ハーマン（垂水雄二 訳）：親切な進化生物学者—ジョージ・プライスと利他行動の対価，みすず書房（2011）
11) 山極寿一：人類進化論—霊長類学からの展開，裳華房（2008）

参考になるウェブサイト

京都大学グルーバルCOE　霊長類ゲノムデータベース：
http://gcoe.biol.sci.kyoto-u.ac.jp/pgdb/

あとがき

　本書で紹介した内容は，進化生態学・行動生態学の研究成果のごく一部である．生き物の世界には，不思議なことがまだまだ山のようにある．本書であげた例を通して，生き物の不思議さを探るときのものの考え方といったものを感じ取っていただけたらと思う．

　本書には，重要だけれども取り上げなかったことがたくさんある．ここではそのうちのいくつかを述べておきたい．まず第一に，遺伝子頻度のランダムな浮動による進化については第1章で簡単に触れただけである．しかしもちろん，ランダムな浮動による進化が重要でないわけがない．分子進化の中立説に代表されるように，ランダムな現象は，進化に大きな影響を及ぼす重要な要因である．第二に，遺伝子型と表現型の違いも本書では無視している．個体の性質は，その個体が持っている遺伝子によって完全に決まるわけもなく，環境要因の影響も受ける．だから，同じ遺伝子型の個体であっても，違った性質を持った個体に育つことのほうがむしろ普通だ．ただし，ゆるやかにせよ，遺伝子型と表現型に相関があるのなら，本書の議論はそれほど影響は受けない．第三に，異なる遺伝子型の個体どうしの交配のこともあまり考えていない．たとえば，黒い花と白い花（第1章参照）が交配したらどうなるのであろうか？ おおまかにいうと，黒い花と白い花の子（灰色の花とする）の適応度が両親の適応度の中間の値を取るのならば本書の議論は成り立つ．つまり，黒い花と白い花のうち，適応度の高いほうが集団を占めるようになる．しかし，灰色の花の適応度が一番高いとなると話はややこしくなる．

　共立出版の信沢孝一さん・山本藍子さんには，原稿の遅れのせいで多大なご迷惑をおかけしてしまった．信沢さんの，寛容でありながら厳格なご指導のおかげでこの本の完成をみた．また，石井　博・小野清美・塩寺さとみ・関　元秀・土松隆志・林　岳彦・牧野崇司・松浦真奈・山田翔一・

吉田智彦・若生悠華の諸氏には原稿の一部を読んでいただき貴重なコメントをいただいた．平塚　明・福田　宏・高田宜武・畑　啓生・川口利奈・末次健司・細川貴弘・川北　篤の諸氏には生物の写真に関してお世話になった．これらの方々にこの場を借りて深く感謝したい．

さくいん

あ

アカシカ　125
アサガオ　76
アノールトカゲ　4
アブラナ科　137
アメリカボウフウ　97
アンテキヌス　116

い

異型花柱性　135
維持コスト　189,195
1対1から偏った性比　46
一年草　21
1回繁殖型　97
一夫一妻　112,114
遺伝　4
遺伝子型　7
遺伝子の損得　61
遺伝的多型　37
遺伝的利益　114
イブキジャコウソウ　136
イワイチョウ　135

う

打ち負かされない戦略　39
浮気　111,112,114

え

栄養器官　21
S遺伝子　136
S対立遺伝子　137
X染色体　40
エネルギー投資量　72,73,74
LMA　191

お

大きな花　166
オオヒエンソウ　166
雄側のS遺伝子　138

か

雄器官　132,143
雄と雌の数の比　40
雄の付属腺タンパク質　120
オゾン層　75
オブリン　121
親子間の対立　75
親子の間に利害の食い違い　70
親子の対立　74

か

開放花　13
開放花生産　189
開放花モデル　189
ガウス記号　197
ガガンボモドキ　119
核遺伝子　140
核遺伝子による稔性回復　143
花粉　150,168
仮雄しべ　165
カリフォルニアカモメ　75
カロース　76

き

記憶　170,173,181
キク科　137
菊沢喜八郎　202
危険　97
危険回避　163,177
危険嗜好　164
儀式的な闘争　24
寄主　47
キバナアキギリ　164
キバナコスモス　176
逆比　105
究極要因　1
休眠種子　97
共系統分岐　219
共進化　78
兄弟姉妹間の血縁度　57
共優性　138

極核　*128*
局所的配偶競争　*47*
極大点　*103, 196*
近交弱勢　*133, 136, 147*
菌根共生　*85*
近親交配　*55, 117*

く

クサフジ　*184*
軍拡競走　*79*

け

ケシ科　*137*
血縁個体　*69*
血縁度　*57, 61, 73*
血縁淘汰　*61, 69, 70*
血縁度の非対称性　*59*
ゲノム　*124, 128*
ゲーム　*24*
ゲームモデル　*40*
ゲーム理論　*24*

こ

高緯度　*202*
光合成好適期間　*197, 198*
光合成速度　*189*
光合成不適期間　*197*
構成コスト　*191, 195*
交配グループ　*47*
交尾　*121*
交尾成功度　*125*
効率　*194, 195, 205*
効率最大　*193, 194*
コオロギ　*125*
呼吸速度　*189*
コストベネフィットモデル　*192*
コスト・ベネフィット　*206*
個体にとって有利な性質　*11*
ゴマノハグサ科　*137*
個葉　*205*
婚姻贈呈　*119*
混合戦略　*33*

さ

再交尾　*121, 122*

最後通牒ゲーム　*66*
採餌経験　*169, 172, 176, 182*
採餌効率　*185*
最大光合成速度　*191*
最適資源投資戦略　*13, 19*
最適戦略　*13, 26, 188, 196, 198*
最適戦略理論　*188*
最適投資の基本原理　*22*
最適投資の基本原理1　*16*
最適投資の基本原理1'　*18*
最適な種子サイズ　*75*
最適な卵の大きさ　*19*
最適な投資量　*72*
最適な発芽率　*109*
再訪花　*173*
作業記憶　*181*
作成コスト　*189*
サクラソウ　*135*

し

自家花粉　*146, 148, 155*
視覚による認識　*174*
自家不和合性　*136, 160*
自家不和合性の崩壊　*138*
自家和合性　*160*
時間的な資源投資　*21*
時間的に変動する環境　*98, 107*
至近要因　*1*
自殖　*132, 133, 138, 146*
自殖種子　*133*
自殖率　*136, 157, 159*
雌性先熟　*160*
雌性両性異株　*140, 143*
自然淘汰　*2*
自然淘汰による進化　*3*
自然淘汰の基本原理　*24*
自然とのゲーム　*25*
シダ植物　*75*
シベナガムラサキ　*153*
子房　*76*
社会性昆虫　*54*
雌雄異花同株　*146*
雌雄異株　*143, 146*
雌雄同株　*131, 146*
種子休眠　*107*

種子サイズ　76
種子繁殖　21
受精嚢　56
種にとって有利な性質　9
種の保存　9
種皮　76
種分化　209
純光合成速度　189
純利得　192, 194, 195
ショウジョウバエ　123, 124
常緑広葉樹林　204
常緑樹　187
常緑針葉樹林　204
常緑性樹種の二峰分布　203, 205
植物における性的対立　126
植物における父性　127
シロアリ　55
シロイヌナズナ　128, 138
進化的自殺　220
進化的に安定　41
進化的に安定な状態　35
進化的に安定な戦略　26
真社会性昆虫　55
侵入可能　29
人類の起源　228

す

スズメバチ　55, 65
スミレ　14

せ

精液　119
性決定様式　56
生残個体数　106
精子間の競争　115
性染色体　56
生存率曲線　72, 73
生存率のばらつき　102
生態学的地位　207
性的対立　111, 120
性淘汰　78
性比　40, 46
性表現　131
性ペプチド　121, 123
セイヨウミツバチ　62, 65

絶対共生　84
戦略　188

そ

相加平均　106
操業期間　194
総光合成産物量　195, 200
総光合成速度　189
総状花序　155
相乗平均　106
総投資資源量　189
相同染色体　58
相利共生　83

た

代替戦術　37
大量絶滅　225
他家花粉　146, 148, 155
タカ対ハトのゲーム　29
多寄生バチ　47
他殖種子　133
他殖成功率　159
多年草　97
短期記憶　181
探索イメージ仮説　183
炭素経済　191
タンニン　76

ち

長期記憶　181
重複受精　127
鳥類　112, 114
直接的利益　119
貯精嚢　122

つ

ツバキ　187
強い互恵性　65
ツリフネソウ　14

て

低緯度　202
DNAバーコーディング　219
定花性　182, 185
適応度　7, 26, 188, 205

適応度の増加の見返り　18
適応放散　209
転流　76
転流を阻害する物質　76

と

同化産物の量　72
同花受粉　155, 156
同祖遺伝子　57, 58, 59
淘汰　4
トウヒ　136
トガサワラ　136
ときどきの探索　179
トコジラミ　119
凸の関数　72
トラップライン　176, 179
トリバース　74

な

ナス科　137
ナデシコ科　140
ナミハダニ　52

に

ニアファー探索　169
臭いの利用　173
2回微分　103
ニッチ　207
2倍体　56
人間社会　65
認知的な制約　181

ね

ネアンデルタール人　233

は

胚　76, 128
配偶体型自家不和合性　136
倍数性　56
胚乳　76, 128
ハチドリ　162, 178
発芽特性　97
発生要因　1
パッチ離脱　179
ハナツクバネウツギ　174

花のジレンマ　150, 157, 160
ハナバチ　161, 173
ハナバチ媒花　155
葉の老化　187
ハミルトン則　61
ハミルトンの3/4仮説　61
バラ科　137
ハリナシバチ　173
半倍数性　55, 56

ひ

ヒイラギ　187
被陰効果　206
被子植物　76
微分不可能　198
ヒメフンバエ　122
費用（コスト）　191
ヒルガオ科　137
頻度依存淘汰　37

ふ

フィッシャーの性比の理論　41
複雑な花　164
不公正　67
フジアザミ　179
不正行為　67
付属腺タンパク質　122
フタホシコオロギ　117
不適期間　198
プライス　24
分散　97
分子系統樹　215

へ

ペア外の子　112, 114
ペア内の子　114
平均適応度　36
閉鎖花　13
ベニベンケイ　175
変異　3

ほ

訪花者の臭い　173
訪花者の誘引　150
包括適応度　59, 60, 73

胞子体型自家不和合性 136
報酬 150, 168, 179
他の訪花者 173
ホテイアオイ 151, 153, 158
ポリシング 62

ま
埋土種子 107, 108
マツ 136
マルバアサガオ 159
マルハナバチ 151, 153, 158, 162, 169, 173, 174, 177, 179, 183, 184
マンテマ 136

み
ミゾソバ 14, 189
ミゾホオズキ 156
見た目の良い花序 171
蜜 150, 168
蜜腺 164, 165
ミツバチ 55, 62, 173, 182
蜜分泌速度 173
蜜量が回復するまでの時間 177
蜜量の個体内変異 161
ミトコンドリア遺伝子 140, 142, 144
ミトコンドリア遺伝子による雄性不稔 142
ミヤコグサ 184

む
無性生殖 220

め
メイナード=スミス 24
雌側のS遺伝子 138
雌器官 132, 142

も
目的関数 188, 195
木本植物 75

や
野生型 44

ゆ
有害な突然変異 134
優性 138
有性生殖 220
雄性先熟 160
ユキヒメドリ 114
輸卵管 56

よ
葉群 205
葉寿命 187
葉寿命モデル 205
葉面積指数 206
予測不可能な環境条件 97

ら
落葉樹 187
落葉樹モデル 205
落葉樹林 204
裸子植物 76
乱婚 112, 126
ランダムな浮動による進化 6

り
利他行動 54, 55
利他的懲罰 66
利他的報酬 66
利得（ベネフィット） 191
両賭け戦略 107
隣花受粉 155, 156, 164, 166

れ
歴史要因 1
レミング 9
連鎖 136

ろ
老化係数 191, 196

わ
Y染色体 40
ワーカー 55, 62
ワーカーポリシング 62

著者プロフィール

酒井聡樹（さかい　さとき）
1960年10月25日生まれ
1989年3月　東京大学大学院理学系研究科植物学専門課程修了
現　　在：東北大学大学院生命科学研究科・准教授・理学博士
専　　攻：植物進化生態学
主要著書：これから論文を書く若者のために：大改訂増補版（共立出版），これからレポート・卒論を書く若者のために（共立出版），これから学会発表する若者のために〜ポスターと口頭のプレゼン技術〜（共立出版），100ページの文章術〜わかりやすい文章の書き方のすべてがここに〜（共立出版）
趣　　味：サッカーは創造のスポーツ，科学は創造の行為，創造性豊かな文化を育もう．

高田壮則（たかだ　たけのり）
1953年5月9日生まれ
1986年3月　京都大学大学院理学研究科博士後期課程修了
現　　在：北海道大学大学院地球環境科学研究院・教授・理学博士
専　　攻：数理生態学
主要著書：草木を見つめる科学（種生物学会編，文一総合出版），数の数理生物学（「数理生物学要論シリーズ1」，日本数理生物学会編，共立出版）
趣　　味：ペンシルパズル，数理パズル

東樹宏和（とうじゅ　ひろかず）
1980年8月4日生まれ
2007年9月　九州大学大学院理学研究府博士後期課程修了
現　　在：京都大学大学院人間・環境学研究科・助教・理学博士
専　　攻：生物多様性に関わる生態学および進化生物学
主要著書：共進化の生態学（分担執筆：種生物学会編，文一総合出版），進化生物からせまる（分担執筆：「シリーズ群集生態学2」大串隆之・近藤倫生・吉田丈人編，京都大学学術出版会）
趣　　味：旅，野外調査，地味な生き物探し

生き物の進化ゲーム
—— 進化生態学最前線：生物の不思議を解く ［大改訂版］

The evolutionary games in life
—— *Advances in the evolutionary ecology : In search of the wonder of life, Revised edition*

NDC 468, 467.5　　　　　　　　　　　　　　　　　検印廃止　Ⓒ 2012

1999 年 9 月 25 日　初　　版 1 刷発行
2008 年 9 月 25 日　初　　版 7 刷発行
2012 年 11 月 25 日　大改訂版 1 刷発行

著　者　酒井聡樹・高田壮則・東樹宏和
発行者　南條光章
発行所　共立出版株式会社　　［URL］ http://www.kyoritsu-pub.co.jp/

　　　　〒112-8700　東京都文京区小日向 4-6-19　　電　話　03-3947-2511（代表）
　　　　FAX　03-3947-2539（販売）　　　　　　　　FAX　03-3944-8182（編集）
　　　　振替口座　00110-2-57035 番

印刷所　真興社
製本所　協栄製本　　　　　　　　　　　　　　　　　　　　Printed in Japan

　　　　　　　　　　　　　　　　　　　　　　　　　社団法人
ISBN 978-4-320-05724-1　　　　　　　　　　　　　自然科学書協会
　　　　　　　　　　　　　　　　　　　　　　　　　会員

JCOPY　＜(社)出版者著作権管理機構委託出版物＞
本書の無断複写は著作権法上での例外を除き禁じられています．複写される場合は，そのつど事前に，(社)出版者著作権管理機構（電話 03-3513-6969，FAX 03-3513-6979，e-mail: info@jcopy.or.jp）の許諾を得てください．